特大型碳酸盐岩气藏高效开发丛书

安岳气田龙王庙组气藏地面工程集成技术

李 勇 宁永乔 陈彰兵 颜廷昭 等编著

石油工业出版社

内 容 提 要

本书对安岳气田龙王庙组气藏地面工程集成技术进行了详细介绍。内容主要包括：地面工程系统集成技术、绿色环保安全节能技术、高效建产技术、安全运行管理等，对提高地面工程项目管理水平、节约投资、缩短工期、提高质量、增加可控、降低风险，建立"标准化设计、工厂化预制、模块化安装、机械化作业、数字化管理"理念有指导意义。

本书可供从事油气地面工程建设的技术人员、管理人员及科研人员参考使用，也可供高等院校相关专业师生参考阅读。

图书在版编目（CIP）数据

安岳气田龙王庙组气藏地面工程集成技术／李勇等编著. — 北京：石油工业出版社，2020.12

（特大型碳酸盐岩气藏高效开发丛书）

ISBN 978-7-5183-4476-5

Ⅰ.①安… Ⅱ.①李… Ⅲ.①碳酸盐岩油气藏-地面工程-研究-安岳县 Ⅳ.①TE344

中国版本图书馆 CIP 数据核字（2020）第 267277 号

出版发行：石油工业出版社

（北京安定门外安华里 2 区 1 号楼　100011）

网　　址：www.petropub.com

编辑部：（010）64523687　图书营销中心：（010）64523633

经　销：全国新华书店

印　刷：北京中石油彩色印刷有限责任公司

2020 年 12 月第 1 版　2020 年 12 月第 1 次印刷
787×1092 毫米　开本：1/16　印张：11.75
字数：270 千字

定价：100.00 元
（如出现印装质量问题，我社图书营销中心负责调换）
版权所有，翻印必究

《特大型碳酸盐岩气藏高效开发丛书》
编委会

主　　任：马新华
副 主 任：谢　军　徐春春
委　　员：(按姓氏笔画排序)

　　　　马辉运　向启贵　刘晓天　杨长城　杨　雨
　　　　杨洪志　李　勇　李熙喆　肖富森　何春蕾
　　　　汪云福　陈　刚　罗　涛　郑有成　胡　勇
　　　　段言志　姜子昂　党录瑞　郭贵安　桑　宇
　　　　彭　先　雍　锐　熊　钢

《安岳气田龙王庙组气藏地面工程集成技术》
编 写 组

组　　长：李　勇
副 组 长：宁永乔　陈彰兵　颜廷昭　向启贵　王志强
成　　员：李仁科　蒲远洋　张　良　李　卫　陈　文
　　　　　昝林峰　王薛辉　计维安　范　蓉　高晓根
　　　　　陈朝明　戴万能　李昭葶　洪荣琳　李英存
　　　　　连　伟　游　龙　舒玉春

序

全球常规天然气可采储量接近50%分布于碳酸盐岩地层,高产气藏中碳酸盐岩气藏占比较高,因此针对这类气藏的研究历来为天然气开采行业的热点。碳酸盐岩气藏非均质性显著,不同气藏开发效果差异大的问题突出。如何在复杂地质条件下保障碳酸盐岩气藏高效开发,是国内外广泛关注的问题,也是长期探索的方向。

特大型气藏高效开发对我国实现大力发展天然气的战略目标,保障清洁能源供给,促进社会经济发展和生态文明建设,具有重要意义。深层海相碳酸盐岩天然气勘探开发属近年国内天然气工业的攻关重点,"十二五"期间取得历史性突破,在四川盆地中部勘探发现了高石梯—磨溪震旦系灯影组特大型碳酸盐岩气藏,以及磨溪寒武系龙王庙组特大型碳酸盐岩气藏,两者现已探明天然气地质储量9450亿立方米。中国石油精心组织开展大规模科技攻关和现场试验,以磨溪寒武系龙王庙组气藏为代表,创造了特大型碳酸盐岩气藏快速评价、快速建产、整体高产的安全清洁高效开发新纪录,探明后仅用三年即建成年产百亿立方米级大气田,这是近年来我国天然气高效开发的标志性进展之一,对天然气工业发展有较高参考借鉴价值。

磨溪寒武系龙王庙组气藏是迄今国内唯一的特大型超压碳酸盐岩气藏,历经5亿年地质演化,具有低孔隙度、基质低渗透、优质储层主要受小尺度缝洞发育程度控制的特殊性。该气藏中含硫化氢,地面位于人口较稠密、农业化程度高的地区,这种情况下对高产含硫气田开发的安全环保要求更高。由于上述特殊性,磨溪寒武系龙王庙组气藏高效开发面临前所未有的挑战,创新驱动是最终成功的主因。如今回顾该气藏高效开发的技术内幕,能给众多复杂气藏开发疑难问题的解决带来启迪。

本丛书包括《特大型碳酸盐岩气藏高效开发概论》《安岳气田龙王庙组气藏特征与高效开发模式》《安岳气田龙王庙组气藏地面工程集成技术》《安岳气田龙王庙组气藏钻完井技术》和《数字化气田建设》5部专著,系统总结了磨溪龙王庙组特大型碳酸盐岩气藏高效开发的先进技术和成功经验。希望这套丛书的出版能对全国气田开发工作者以及高等院校相关专业的师生有所帮助,促进我国天然气开发水平的提高。

中国工程院院士

前 言

天然气作为重要的清洁能源,在我国一次能源消耗中的比例越来越高,天然气产业将是我国未来一个时期内一次能源发展最快的产业。中国石油西南油气田公司深耕四川盆地 60 余年,建立了我国第一个完整的天然气工业体系,是中国石油天然气集团有限公司下属唯一的天然气全产业链公司。公司目前具备年产能力 $300\times10^8m^3$,历年累计产天然气 $4900\times10^8m^3$,拥有集输和燃气管道总长 4.2×10^4km,年综合输配能力 $350\times10^8m^3$,建有国内最大日调峰能力 $2200\times10^4m^3$ 的相国寺储气库,区域管网通过中贵线(中卫—贵阳)和忠武线(忠县—武汉)与中亚、中缅、西气东输等管道连接,是我国能源战略通道的西南枢纽。

安岳气田龙王庙组气藏是大型碳酸盐岩气藏,该气藏于 2012 年 12 月 5 日以磨溪 8 井开始试采与建设为起点。2017 年,磨溪开发项目部天然气年产量首次突破 $100\times10^8m^3$,成为全国首个"百亿作业区"。截至 2020 年 6 月,龙王庙组气藏已投产井 55 口,日产天然气 $2760\times10^4m^3$,年产气能力 $90\times10^8m^3$,累计产气 $503.74\times10^8m^3$。已成为中国石油西南油气田公司实现"三步走"高质量发展新路径的主力气田之一。

根据气藏特点,通过对集输系统技术和净化系统技术的一系列研究论证,最终形成了更为高效的地面工程系统集成技术,确保了地面工程的顺利实施。面对日益严苛的环保要求,地面工程采用绿色环保安全节能技术,对尾气、污水、噪声进行了治理,形成了相关的技术成果。为了更好地规避工程建造传统模式下的各种设计、建造及过程控制管理的问题,有效地提高工程项目管理水平,节约投资,缩短工期,提高质量,增加可控,降低风险,采用模块化建设模式。践行"标准化设计、工厂化预制、模块化安装、机械化作业、数字化管理"的理念,首次在国内针对大型气田地面工程创造性引入模块化建设模式。基于龙王庙气藏具有高温、高压、中含硫、单井产量大,安全开发风险高的特点,实施了一系列安全运行管理措施,对气田地面集输系统进行了腐蚀控制与评价研究,探讨了集输管道完整性管理措施,建立了快速应急管理体系、质量监督管理体系和 HSE 监督管理体系。

本书是对安岳气田龙王庙组气藏建设地面工程技术与实践的总结,由中国石油西南油气田公司组织编写,中国石油工程建设有限公司(CPECC)西南分公司、中国石油集团工程服务有限公司西南工程建设分公司参与了编写工作。第一章和第二章由 CPECC 西南分公司陈彰兵负责牵头编写;第三章由中国石油西南油气田公司颜廷昭、CPECC 西南分公司陈彰兵负责牵头编写;第四章由中国石油集团工程服务有限公司西南工程建设分公司王志强负责牵头编写;第五章由中国石油西南油气田公司向启贵负责牵头编写。全书由李勇负责统稿。

本书系统梳理了龙王庙组气藏开发地面工程技术与实践,但囿于学识和能力,错误与纰漏仍在所难免,尚请读者给予谅解,也恳请读者批评指正。

目 录

第一章 概述 …………………………………………………………………… (1)
 第一节 气藏概况 …………………………………………………………… (1)
 第二节 地面工程技术面临的挑战 ………………………………………… (6)

第二章 地面工程系统集成技术 ……………………………………………… (7)
 第一节 集输系统技术 ……………………………………………………… (7)
 第二节 净化系统技术 ……………………………………………………… (15)

第三章 绿色环保安全节能技术 ……………………………………………… (29)
 第一节 含硫尾气净化节能减排工艺技术 ………………………………… (29)
 第二节 含硫气田水闪蒸气除臭技术 ……………………………………… (38)
 第三节 污水零排放技术 …………………………………………………… (46)
 第四节 噪声治理技术 ……………………………………………………… (57)

第四章 高效建产技术 ………………………………………………………… (62)
 第一节 标准化设计、模块化建造技术 …………………………………… (63)
 第二节 模块化、数字化施工 ……………………………………………… (71)
 第三节 高效建产技术成果 ………………………………………………… (134)

第五章 安全运行管理 ………………………………………………………… (135)
 第一节 地面集输系统腐蚀控制与评价 …………………………………… (135)
 第二节 集输管道完整性管理 ……………………………………………… (149)
 第三节 龙王庙含硫气田快速应急管理体系 ……………………………… (162)
 第四节 龙王庙气藏开发质量监督管理 …………………………………… (166)
 第五节 龙王庙气藏开发 HSE 监督管理 ………………………………… (173)

参考文献 ……………………………………………………………………… (176)

第一章 概 述

安岳气田磨溪区块龙王庙组气藏位于四川盆地中部,地跨四川省、重庆市,探明天然气地质储量 $4403.83\times10^8\text{m}^3$,为我国迄今最大的单体海相碳酸盐岩整装气藏。

第一节 气藏概况

一、地理及构造位置

磨溪龙王庙组气藏位于四川盆地中部遂宁市、资阳市及重庆市潼南境内,东至武胜—合川—铜梁,西达安岳县安平店—高石梯地区,北至遂宁—南充一线以南,南至隆昌—荣昌—永川一线以北。研究区域内地面出露侏罗系砂泥岩地层,丘陵地貌,地面海拔 250~400m,相对高差不大。气候温和,年平均气温 17.5℃,公路交通便利,水源丰富,涪江水系从本区通过,自然地理条件和经济条件相对较好,为天然气的勘探开发提供了有利条件。

磨溪龙王庙组气藏区域构造位置处于四川盆地川中古隆起平缓构造区威远—龙女寺构造群,处于乐山—龙女寺古隆起区(图1-1),东至广安构造,西邻威远构造,北邻蓬莱镇构造,西南到河包场、界石场潜伏构造,与川东南中隆高陡构造区相接。

四川盆地历经多期沉积演化和构造运动,乐山—龙女寺古隆起是在加里东运动时期于地台内部形成的、影响范围最大的一个大型古隆起,自西而东从盆地西南向北东方向延伸,该隆起和盆地中部硬性基底隆起带有相同的构造走向,组成该隆起核部最早为震旦系及寒武系,外围坳陷区为志留系。构造从震旦纪以来,一直处在稳定隆起基底背景之上,虽经历数次构造作用,但其作用方式主要表现为以水平挤压、升降运动为主。古今构造的生成与发展具有很强的继承性,其构造格局于志留纪末加里东期定型,晚三叠世末的印支运动得到较大发展,到喜马拉雅期三幕最终定型,才形成现今的构造格局。

二、勘探开发简况

(一)龙王庙组气藏的发现

磨溪龙王庙组气藏发现井为磨溪8井,该井位于四川盆地乐山—龙女寺古隆起磨溪—安平店潜伏构造震旦系顶构造高部位,目的是了解磨溪—安平店潜伏构造震旦系灯影组及上覆层系储层发育及含流体情况,主探震旦系灯影组、兼探寒武系洗象池组和龙王庙组。于2011年9月8日开钻,2012年4月14日完钻,2012年5月14日完井。完钻井深5920m,完钻层位震旦系灯影组灯一段。在钻井过程中寒武系龙王庙组见2次气测异常显示,录井、测井资料揭示龙王庙组白云岩溶孔储层发育。

为了掌握龙王庙组储层流体、压力、产能,对龙王庙组储层分两层进行试油。2012年9月9日,第一层试油为龙王庙组下段(4697.5~4713m),射孔酸化,射厚15.5m,测试产气107.18×

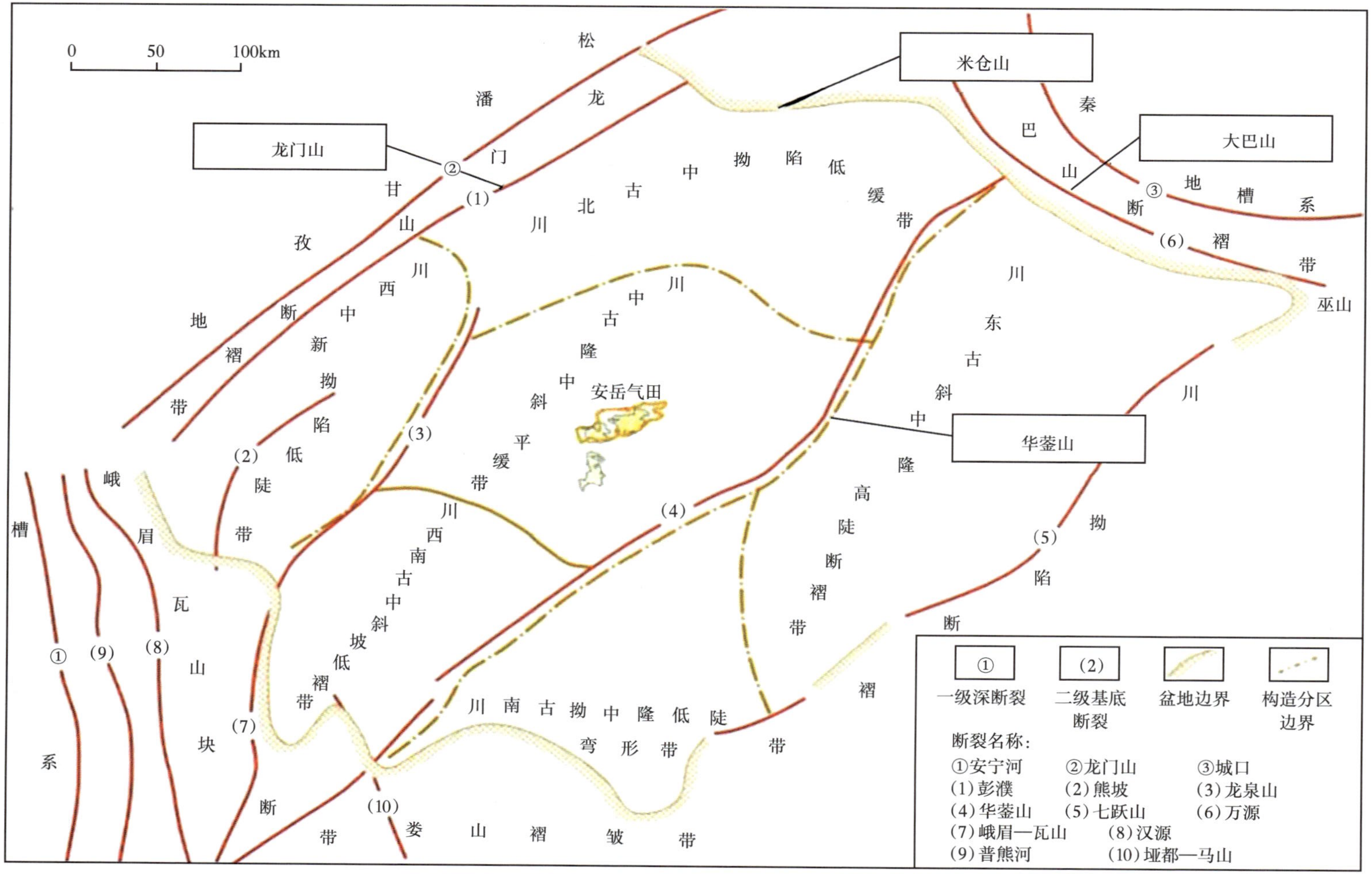

图 1-1 磨溪龙王庙组气藏区域构造位置示意图

$10^4m^3/d$，硫化氢含量 $10.03g/m^3$，稳定油压 54.55MPa，稳定时间 2h30min。2012 年 9 月 28 日，第二层试油为龙王庙组上段，射厚 29m，测试产气 $83.50×10^4m^3/d$，硫化氢含量为 $9.20g/m^3$，稳定油压 53.67MPa，稳定时间 2h50min。磨溪 8 井龙王庙组获得高产工业气流，成为磨溪龙王庙组气藏的发现井。

(二) 勘探简况

磨溪龙王庙组气藏处在川中加里东古隆起核部，该古隆起一直以来都被地质家认为是震旦系—下古生界油气富集的有利区域。对四川盆地加里东古隆起的勘探始于 20 世纪 50 年代中期，迄今已有半个多世纪的历史。大体可以分为三个主要阶段：

第一阶段：威远震旦系大气田发现（1956—1967 年）。1956 年威基井钻至下寒武统，1963 年加深威基井，1964 年 9 月获气，发现了震旦系气藏，至 1967 年，探明我国第一个震旦系大气田——威远震旦系气田，探明地质储量 $400×10^8m^3$。

第二阶段：持续探索加里东大型古隆起（1970—2010 年）。通过持续不断地研究，认识到古隆起对区域性的沉积、储层和油气聚集具有重要控制作用，是油气富集有利区域。同时也持续不断地开展对古隆起震旦系—下古生界油气勘探工作：

（1）2005 年以前，古隆起甩开预探、资阳集中勘探和威远寒武系重新认识，但勘探效果不理想，获得女基井、安平 1 井等小产气井，资阳震旦系获天然气控制储量 $102×10^8m^3$，预测储量 $338×10^8m^3$，威远构造钻探寒武系专层井 6 口（威寒 1、101~105 井），仅威寒 1 井在龙王庙组测试产气 $12.3×10^4m^3/d$，产水 $192m^3/d$。

（2）2005—2010 年，风险勘探阶段。通过重新对震旦系—下古生界地层对比、沉积相、储层发育主控因素等综合研究，同时针对震旦系—下古生界的地震资料重新处理解释，编制加里东古隆起区震顶连片构造图，开展了井位目标优选，先后部署了磨溪 1 井、宝龙 1 井、螺观 1 井等风险探井，未获突破。

这一阶段虽勘探未获大的突破，但在近 40 年的勘探、研究过程中不断探索和总结，为加里东大型古隆起高石梯—磨溪地区震旦系—下古生界勘探重大发现奠定了基础。

第三阶段：勘探突破、立体勘探与重点区块评价（2011 年至今）。通过持续不断地研究和探索勘探，逐步深化地质认识和优选钻探目标，取得了乐山—龙女寺古隆起震旦系—下古生界油气勘探的重大突破：

（1）高石梯区块震旦系率先获得突破。2011 年 7—9 月，以古隆起震旦系—下古生界为目的层，位于乐山—龙女寺古隆起高石梯构造的风险探井高石 1 井率先在震旦系获得重大突破，在灯影组获得高产气流，灯二段测试日产气 $102×10^4m^3$，灯四段测试日产气 $32×10^4m^3$，展现出川中古隆起区震旦系—下古生界领域良好的勘探前景。为了解高石梯—磨溪地区震旦系灯影组及上覆层系储层发育及含流体情况，2011 年磨溪区块部署了磨溪 8、9、10、11 井等 4 口探井，高石梯区块部署了高石 2、3、6 井等 3 口探井，同时部署三维地震勘探 $790km^2$。

（2）磨溪区块龙王庙组再次取得重大突破。2012 年 9 月，位于磨溪构造东高点的磨溪 8 井试油获气，揭开了安岳气田寒武系龙王庙组气藏的勘探开发序幕，随后磨溪 9、10、11 等井龙王庙组相继获高产工业气流。为了进一步扩大勘探成果，尽快探明磨溪地区寒武系龙王庙组气藏，2012—2013 年部署三维地震勘探 $1650km^2$，总计三维地震 $2330km^2$。2012 年 10 月提交磨溪 8 井区块 220.3km² 控制储量 1318.82×10⁸m³,磨溪 9 井区块 134.9km² 预测储量 594.36×10⁸m³。为进一步落实气藏含气范围和地质储量,磨溪地区先后部署和实施了磨溪 12 井等 12 口探井,主探寒武系龙王庙组和震旦系灯影组,同时部署了磨溪 201~205 井等 5 口针对龙王庙组的专层井,2013 年 12 月提交国家储量委员会磨溪龙王庙组气藏 805.26km² 探明储量 4403.83×10⁸m³,预示着磨溪龙王庙组气藏将成为中国单次提交单一层位探明储量规模最大的气藏。

这一阶段深化了乐山—龙女寺古隆起对油气富集成藏控制作用的认识。指出古隆起对龙王庙组沉积相展布、储层云化和多期岩溶改造、油气聚集成藏有重要控制作用,为龙王庙组的勘探提供了重要理论支撑,明确了下步勘探方向。同时也为重点评价和探明磨溪区块龙王庙组气藏奠定了坚实的基础。

截至 2020 年 12 月 31 日,磨溪探明储量区内龙王庙组完钻井 70 口(表 1-1),其中钻穿龙王庙组地层的井 27 口,完成试油井 65 口,获工业气井 61 口(探井 21 口,开发井 37 口,评价井/滚评井 3 口),获井口测试产量 7064×10⁴m³/d(探井 1854×10⁴m³/d,开发井 5083×10⁴m³/d,评价井/滚评井 27m³/d)。

表 1-1 磨溪构造龙王庙组气藏分区测试产量统计表

分区	类型	完钻井（口）	试油井（口）	工业气井（口）	工业气井测试产量（10⁴m³/d）
磨溪探明储量区	探井/评价井	25	22	21	1854
	开发井	39	38	37	5083
	评价井、滚评井	6	5	3	127
合计		70	65	61	7064

(三) 开发简况

自 2012 年 9 月安岳气田龙王庙组气藏发现以来,高效开展气藏开发评价工作,获取了大量动静态资料,深化了气藏认识,并于 2012 年 12 月完成龙王庙组气藏试采方案。受地面集输管线条件限制,选择磨溪 8 井、磨溪 9 井和磨溪 11 井采用轮换试采方式,分别于 2012 年 12 月 5 日、2013 年 3 月 20 日、2013 年 5 月 10 日投入试采,录取动态资料,认识气藏特征和开发规律。2013 年 10 月 30 日磨溪龙王庙组气藏 300×10⁴m³/d 试采净化装置顺利开产,磨溪 10 井、磨溪 12 井、磨溪 204 井、磨溪 13 井和磨溪 205 井等 5 口井也于 2013 年 10 月底和 11 月相继投入试采。

2013 年 3 月完成龙王庙组气藏开发概念设计,2014 年 3 月完成龙王庙组气藏开发方案,磨溪龙王庙组气藏进入气藏开发阶段。2014 年 8 月底 1200×10⁴m³ 净化装置第一列和第二列投运,日处理气量 600×10⁴m³;9 月底 1200×10⁴m³ 净化装置第三列和第四列投运,日处理气量 600×10⁴m³。开发方案批复以来,气田开发建设取得了显著的进展。

截至 2020 年 12 月 31 日,磨溪龙王庙组气藏磨溪区块已投投产井 56 口,开井 52 口(磨溪 18 井、磨溪 202 井、磨溪 205 井、磨溪 16C1 井关井),日产气 2705.5×10⁴m³、日产液 1746.4m³,累计产气 549.6×10⁸m³,累计产液 166.3×10⁴m³;高石梯区块已投产井 2 口,开井 1 口(高石 6 井生产、高石 102 井关井),累计产气 3.03×10⁸m³,累计产液 6.06×10⁴m³,气藏开发效果良好,取得了丰富的生产动态资料,为深化气藏认识提供了有力支撑(图 1-2)。

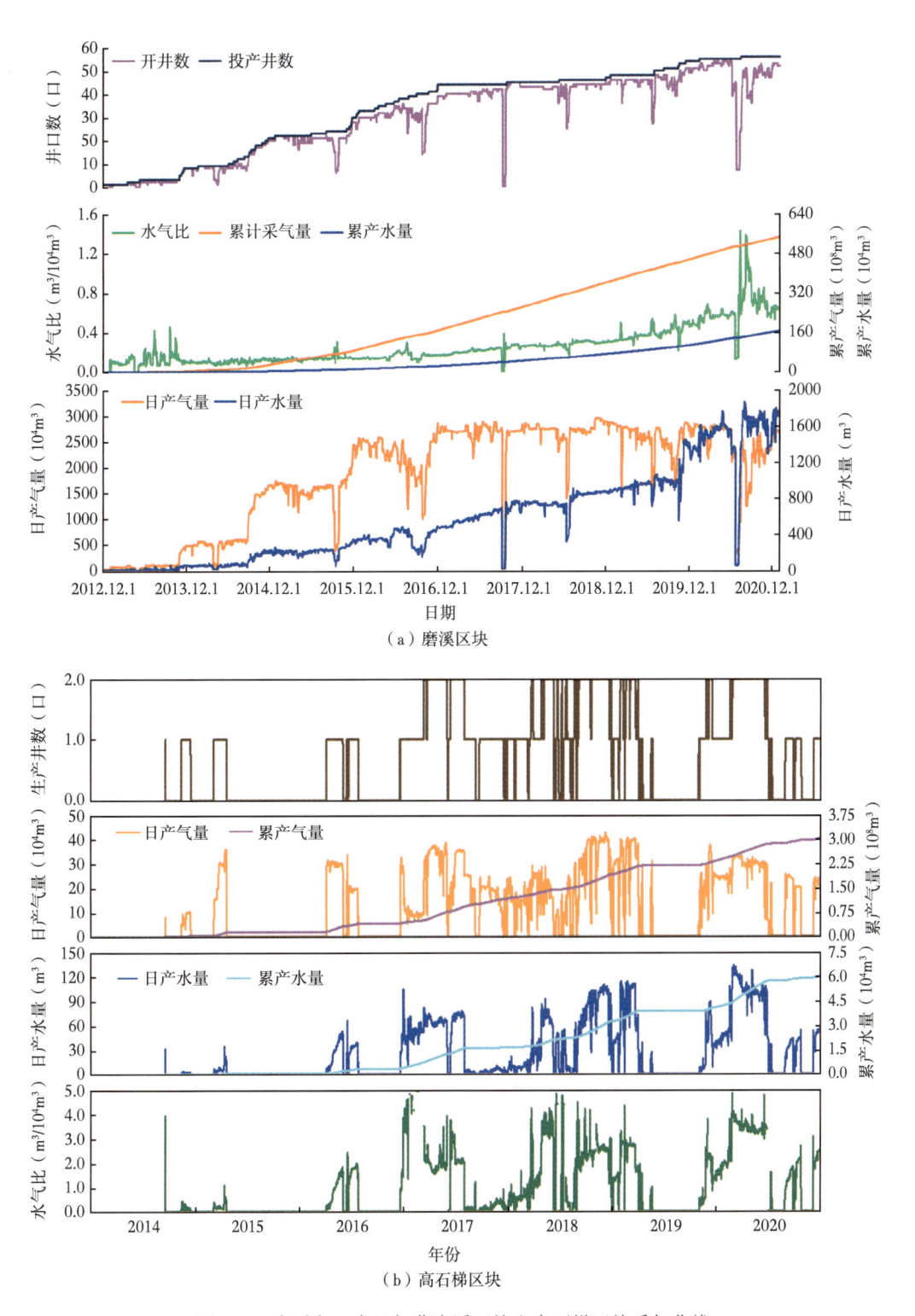

图 1-2 磨溪龙王庙组气藏磨溪区块和高石梯区块采气曲线

第二节　地面工程技术面临的挑战

为了保证安全、快速、高效、优质地上产,安岳气田磨溪区块龙王庙组气藏分成3个阶段进行开采,每个建设阶段十分紧张。磨溪项目 $10×10^8 m^3/a$ 地面试采工程和一期 $40×10^8 m^3/a$ 地面工程(以下简称一期工程),分别在2013年10月和2014年8月成功建厂并完成投产;对于磨溪气田二期 $60×10^8 m^3/a$ 地面工程(以下简称二期工程),存在高温、高压、高产、较高含硫等特点,面临占地小、时间紧、任务重、环保要求严等挑战,具体表现如下:

(1)"三高"气田。高温:井口温度>100℃;高压:井口压力>60MPa;高产:单井 $150×10^4 m^3/d$。

(2)含硫酸性气田。原料气中 H_2S 含量:$10\sim15 g/m^3$,CO_2 含量:$30\sim60 g/m^3$。

(3)严格的环保要求。随着环保意识不断提高及新环保法的实施,国家对三废排放的要求也日趋严格。

(4)场地受限。试采 $300×10^4 m^3/d$($10×10^8 m^3/a$)工程在原厂扩建,场地空间受限。

(5)时间紧、任务重。2012年9月发现气田,2013年10月试采阶段投产,2014年8月建产第一阶段投产,2015年10月建产第二阶段投产,产能规模达 $110×10^8 m^3/a$,时间紧、任务重。

(6)无模块化施工技术及管理经验可借鉴。对于产能规模达 $110×10^8 m^3/a$ 大型天然气处理厂国内尚无开展模块化施工的技术和管理方式可以借鉴,需要进行技术和管理的创新。

第二章 地面工程系统集成技术

根据气藏特点,通过对集输系统技术和净化系统技术的一系列研究论证,最终形成了更为高效的地面工程系统集成技术,确保了地面工程的顺利实施。地面工程原料天然气从各气井中采出经节流降压,通过采气管线混输至集气站,在集气站内分离、计量后通过集气管线输送至集气总站,经集气总站再次分离后进入天然气净化厂的天然气处理工艺装置。从集气总站来的原料天然气在天然气净化厂内经过滤分离、脱硫、脱水处理后,达到外输气标准,经计量后输送至北内环磨溪分输站进行外输。

第一节 集输系统技术

一、高效平稳集输管网系统

(一)龙王庙气田管网布局

依据 $110×10^8 m^3/a$ 产能建设的总体布局,选定西区集气站、东区集气站、西北区集气站及集气总站站址,结合布井方位,确定内部集输管网布置(图2-1)。

图2-1 龙王庙气田内部集输管网布置图

(二)气液混输和气液分输

根据磨溪区块龙王庙组气藏构造的特点及开发布井方式,对于磨溪区块的采气管道,由于单井产量高、井口温度高,并且气藏资料显示目前无确切证据证实有地层水,因此从水力学上来看,采气管道形成段塞的概率较小,从热力学上来看,水合物形成风险较小,因此采气管道采用气液混输的输送方式。

对于磨溪区块的集气干线,由于气藏开发分不同的阶段,而且即使在相同阶段地面工程也是分期建设,井区内的气井相继投产,集气干线内输量变化范围较大,管内流速难以保证,如果采用气液混输,段塞及水合物形成的风险均较大,水合物抑制剂的注入量也会大大增加,因此集气干线采用气液分输的输送方式。

本工程集输管网采用气液混输与气液分输相结合输送方案。各单井原料气经两级节流及计量后,由采气管线气液混输输送至集气站或集气总站进行分离,集气站至集气总站的集气干线采用气液分输的技术方案,集气总站原料气分离气田水后进入紧邻的磨溪天然气净化二厂统一处理。

(三)压力系统

磨溪区块龙王庙组气藏开发地面工程产品气流向为北内环磨溪站,考虑龙王庙组气藏的开发前景,为了充分利用北内环的输气能力(设计压力 6.3MPa),磨溪天然气净化二厂出站压力按 6.3MPa 运行,考虑净化厂内 0.4MPa 压降,集气总站 0.1MPa 压降,则集气总站进站压力为 6.8MPa。按照 6.8MPa 作为交接压力计算整个内部集输的节点压力。依据单井配产进行水力计算,得出井口运行压力在 6.97~7.98MPa 之间。井口二级节流后至集气总站间内输管网设计压力确定为 8.5MPa。

(四)集输管线管径选择

根据本工程含硫湿气输送的特点,集输管网的选择应复核以下原则:

(1)系统采用气液混输和气液分输相结合的集气工艺,模拟计算时集输管网管径复核采用 HYSYS,集输管线适应性分析采用 OLGA 多相流软件;

(2)控制原料气管内流速为 3~8m/s,减小管内积液对管道内壁腐蚀,保证缓蚀剂预膜效果;

(3)地面集输系统最高操作压力应低于 8.5MPa,避免设备的压力等级过高,造成投资增加。

据国内外资料调研及经验,气液输送管线管内流速宜控制在 3~8m/s,可减小管内积液;同时防止管道压损增大及预膜时缓蚀剂黏附不佳的情况。单井的配产范围为 $(50~100)\times10^4m^3/d$,丛式井场配产范围 $(100~300)\times10^4m^3/d$,采气管网选用枝状管网进行考虑,很少有井间串接的连接方式,因此选取 $20\times10^4m^3/d$、$50\times10^4m^3/d$、$80\times10^4m^3/d$、$100\times10^4m^3/d$、$150\times10^4m^3/d$、$200\times10^4m^3/d$、$300\times10^4m^3/d$、$400\times10^4m^3/d$ 八组流量数据进行不同管径下的流速校核。采气管径的粗选主要通过管道内流速进行确定,假设采气管线起点压力 7.5MPa,管线长度设定为 100m,起点温度 30℃,计算各种输量在不同管径条件下的流速,详见表 2-1。

表2-1 各种管径下的计算结果

输气量 ($10^4 m^3/d$)	管径 (mm)	管道流速 (m/s)	输气量 ($10^4 m^3/d$)	管径 (mm)	管道流速 (m/s)
20	DN80	5.7	150	DN200	6.9
	DN100	3.6		DN250	4.5
	DN150	1.6		DN300	3.2
50	DN100	9.2	200	DN250	5.9
	DN150	4.0		DN300	4.2
	DN200	2.3		DN400	2.6
80	DN150	6.4	300	DN300	6.1
	DN200	3.7		DN400	4.6
	DN250	2.4		DN500	2.5
100	DN200	4.7	400	DN300	8.2
	DN250	3.0		DN400	5.2
	DN300	2.1		DN500	3.3

考虑已获产产量比较高以后可能会扩建提产,及后期出现新开发气井串接进此管网,在采气管线管径选择中不能局限于3~8m/s的流速范围,可对管径进行适当放大,管径选取结果见表2-2。

表2-2 不同流量推荐选取管径

输气量($10^4 m^3/d$)	管径(mm)	管道流速(m/s)
20	DN100	3.6
50	DN150	4.0
80	DN200	3.7
100	DN200	4.6
150	DN250	4.5
200	DN300	4.2
300	DN400	4.6
400	DN400	5.2

(五)集输管线适应性分析

采气管线至集气站采用气液混输方式,集气站至集气总站采用气液分输方式,都属于湿气输送,结合川内独特的地形地貌,管道流动可能会出现段塞流,严重段塞流不仅会大大增加管输压降,影响采气效率,而且管内大量积液还会造成下游设备处理困难,给生产运行带来很大的困难,针对选择的管径对典型的采气管线、集气干线用OLGA多相流软件进行流动情况分析,以预测风险。根据本工程的采气管线的选择,分别对DN200、DN250、DN300的采气管线进行适应性分析,采气管线选择磨溪008-12井组复线至磨溪10井复线DN200采气管线、磨溪

008-9井组井至西北区集气站DN250采气管线和磨溪008-10井组至西眉阀室DN300采气管线进行计算。

1. 磨溪008-12井组至磨溪10井采气管线复线

由于磨溪区块龙王庙组气藏$60×10^8m^3/a$开发地面工程在磨溪008-12井组新增2口井(磨溪008-12-X1、磨溪008-12-X2),设计在磨溪008-12井组至磨溪10井之间建立一条采气管线复线,新增2口井配产范围$(50～100)×10^4m^3/d$,分析流量$(30～200)×10^4m^3/d$管道的适应性。末点压力为7.4MPa,起点温度为30℃,进行模拟计算,计算结果见表2-3。

表2-3 磨溪008-12井组至磨溪10井采气管线适应性分析

输量 ($10^4m^3/d$)	管径 (m)	长度 (km)	压力(MPa)起点	压力(MPa)末点	清管压力 (MPa)	温度(℃)起点	温度(℃)末点	流速(m/s)起点	流速(m/s)末点	管内积液量 (m^3)	是否有段塞
30	DN200	8.3	7.52	7.40	7.48	30	10.67	1.37	1.26	6.71	有
50	DN200	8.3	7.45	7.40	7.47	30	12.76	2.30	2.12	0.002	无
70	DN200	8.3	7.51	7.40	7.51	30	14.68	3.21	3.01	0.002	无
80	DN200	8.3	7.54	7.40	7.54	30	15.51	3.65	3.45	0.002	无
100	DN200	8.3	7.61	7.40	7.62	30	16.89	4.52	4.35	0.001	无
200	DN200	8.3	7.67	7.40	7.67	30	17.34	5.82	5.73	0.001	无

从表2-3看出,磨溪008-12井组采气管线复线选择DN200管线有较好的适应性,当前配产情况$(96×10^4m^3/d)$下,管线内的流动状态较好,积液不多,无段塞风险。

2. 磨溪008-9井组至西北区集气站采气管线

磨溪008-9井组设计产量为$(50～80)×10^4m^3/d$,考虑后期采气管线串接,分析流量$(50～300)×10^4m^3/d$管道的适应性。末点压力为7.2MPa,起点温度为30℃进行模拟计算,结果见表2-4。

表2-4 磨溪008-9井组采气管线适应性分析

输量 ($10^4m^3/d$)	管径 (mm)	长度 (km)	压力(MPa)起点	压力(MPa)末点	清管压力 (MPa)	温度(℃)起点	温度(℃)末点	流速(m/s)起点	流速(m/s)末点	管内积液量 (m^3)	是否有段塞
50	DN250	5.9	7.39	7.20	7.44	30	11.14	1.58	1.73	13.35	有
80	DN250	5.9	7.30	7.20	7.32	30	13.98	2.56	2.40	1.32	无
100	DN250	5.9	7.32	7.20	7.34	30	15.44	3.20	3.02	0.67	无
200	DN250	5.9	7.54	7.20	7.55	30	19.65	6.20	6.19	0.001	无
300	DN250	5.9	7.90	7.20	7.92	30	20.86	8.81	9.34	0.002	无

从表2-4看出,磨溪008-9井组采气管线选择DN250管线有较好的适应性,产气量在大于$50×10^4m^3/d$时,管线内的流动状态较好,积液不多,无段塞风险。在当前低配产情况$(50×10^4m^3/d)$下积液量较大,可通过加强清管来降低段塞风险。

3. 磨溪008-10井至西眉阀室采气管线

磨溪008-10井组当前配产为$(65～197)×10^4m^3/d$,分析流量$(50～300)×10^4m^3/d$管道的

适应性。假设末点压力为6.91MPa,起点温度为30℃,进行模拟计算,计算结果见表2-5。

表2-5 磨溪008-10井采气管线适应性分析

输量 ($10^4 m^3/d$)	管径 (m)	长度 (km)	压力(MPa) 起点	压力(MPa) 末点	清管压力 (MPa)	温度(℃) 起点	温度(℃) 末点	流速(m/s) 起点	流速(m/s) 末点	管内积液量 (m^3)	是否有段塞
50	DN300	5.7	7.17	6.91	7.21	30	11.29	1.16	1.08	71.31	有
80	DN300	5.7	7.05	6.91	7.10	30	13.74	1.84	1.75	26.18	有
100	DN300	5.7	7.03	6.91	7.02	30	15.20	2.32	2.21	9.52	有
200	DN300	5.7	7.04	6.91	7.05	30	19.92	4.65	4.52	0.002	无
300	DN300	5.7	7.21	6.91	7.21	30	21.90	6.81	6.86	0.003	无

从表2-5看出,在磨溪10井采气管线在当前$(65\sim197)\times10^4 m^3/d$配产下,在磨溪008-12井组$[(59\sim141)\times10^4 m^3/d]$接入到磨溪10井组后,该条管线的输送量可以达到$338\times10^4 m^3/d$,根据模拟计算可以看出,产能在$200\times10^4 m^3/d$后管道运行情况较好,无段塞风险,根据该区块产能前景较好,产量能够得到有效保证,正常生产时无段塞风险。

通过配产分析,该管线的输量在$(124\sim338)\times10^4 m^3/d$,考虑低产量情况下,分析该管线的积液及清管情况,设定磨溪008-10井组配产为$80\times10^4 m^3/d$工况下,对磨溪008-10井组清管后管内积液量变化进行计算,结果如图2-2所示。

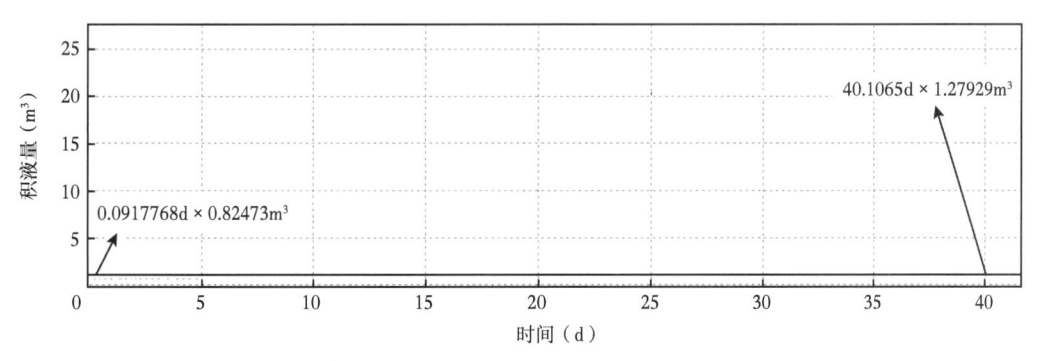

图2-2 $80\times10^4 m^3/d$工况下磨溪10井组采气管线清管后积液量变化曲线

通过图2-2可以发现,在初始状态时管内气液平衡,积液量为$26.18 m^3$,清管后管内积液量降为$0.82 m^3$,40天后管内积液为$1.28 m^3$,管内积液聚集的速率较慢,为$0.0115 m^3/d$,理论上清管周期较长,而实际运行过程中流量较$80\times10^4 m^3/d$高,理论上不清管管道积液也不会太多,结合目前现场实践经验,建议磨溪10井的清管周期为3个月。

4. 集气干线

西北区集气站设计规模为$600\times10^4 m^3/d$,根据$110\times10^8 m^3/a$总体配产,西北区集气站进站气量为$(395\sim529)\times10^4 m^3/d$,并通过集气干线输往集气总站。集气干线应能适应极端运行情况,考虑磨溪天然气净化二厂的处理能力和气井的接替投产,分析输量$(100\sim900)\times10^4 m^3/d$集气干线的适应性,见表2-6。

表 2-6　西北集气干线适应性分析

管径(mm)	输量($10^4 m^3/d$)	长度(km)	压力(MPa) 起点	压力(MPa) 末点	平均流速(m/s)	管内积液量(m^3)	是否有段塞
DN400	100	10.8	6.96	6.9	1.4	450.2	有
	200	10.8	7.05	6.9	3.6	45.3	有
	300	10.8	7.12	6.9	4.1	28.1	有
	400	10.8	7.25	6.9	5.4	4.1	无
	500	10.8	7.42	6.9	6.6	0.43	无
	600	10.8	7.61	6.9	7.5	0.31	无
	700	10.8	7.84	6.9	8.5	0.003	无
	800	10.8	8.08	6.9	9.4	0.004	无
	900	10.8	8.35	6.9	12.0	0.004	无

从表2-6看出,当流量低于$300×10^4 m^3/d$时,集气干线内积液量较大,可通过提产和加强清管频率来解决积液问题;当流量为$(400~700)×10^4 m^3/d$时,管内积液较少、流速合理且压降不高。当流量高于$700×10^4 m^3/d$,管内流速较高影响缓蚀剂防腐效果,压降较大使井口压力较高接近了设计压力。

在输量较低时,管内积液量较大,为增强运行工况的范围,在开发地面工程(一期)已将集气总站各期的分离器一次建成,集气总站设有5台DN1500×7500的分离器,且每个分离器配有DN1200×7500的积液包,按分离器气体空间占有的高度分率为0.5进行计算,则集气总站对液量的捕集能力达到$60.41 m^3$,可适应集气干线的输量高于$200×10^4 m^3/d$工况下的积液捕集。在输量低于$200×10^4 m^3/d$工况下,可以通过增加清管频率,并在清管时保持分离器液相手动阀门开启来适应清管工况。

二、多级安全保护系统

充分考虑全气田的系统联锁保护设计。在开发净化厂两路独立供电电源同时停电或外输干线爆管时,需进行全气田联锁截断。在此极端工况下,气田主要紧急联锁设置为:采气井口安全截断系统主/被动切断、井下安全阀主/被动切断、采气井被动放空、集气站主/被动放空、集气总站主/被动放空5级应急手段;同时,在磨溪第二净化厂故障后,可实现手/自动的方式对气田内所有井口装置同时主动下达远程关井命令;由于考虑到关井命令的重要性,在试采净化厂设置了备用应急远程关井的功能。

三、超低能耗集输系统

(一)正常工况井口节流温度

原料气由井口采出后,经过二次节流降压后进入采气管线输送到集气站,最后输送到净化厂。结合开发提供的井口流动压力和井口流动温度,通过HYSYS软件计算出天然气的井口节流温度及水合物形成温度见表2-7。

表 2-7 井口节流温度及水合物形成温度

配产 ($10^4m^3/d$)	井口压力 (MPa)	井口温度 (℃)	井口压力下水 合物生成温度 (℃)	一级节流至30MPa		二级节流至7.5MPa	
				流体温度 (℃)	水合物形成温度 (℃)	流体温度 (℃)	水合物形成温度 (℃)
50	61.45	75.51	27.89	65.17	22.95	23.13	12.82
80	59.28	91.55	27.49	80.93		42.37	
100	57.12	98.31	28.01	80.14		51.95	
120	56.67	92.68	27.52	80.11		45.15	

通过计算可见,正常流动工况下,各井二级节流后流体温度都比水合物形成温度高10℃以上,无水合物形成风险;在开井工况时,流体温度接近环境温度10℃,10℃天然气从约60MPa节流至7.5MPa,井筒里一段长度内的气体及节流阀后的气体已进入水合物形成区域,存在水合物形成风险。

(二)开井工况井口温度

1. 工况分析

开井初期时由于井筒内有一段静止气,该段气体压力高(关井压力64MPa),温度接近环境温度,冬季川渝地区地温接近10℃,为满足开井要求,需要将井口温度提升至35℃左右,才能进入正常生产流程。

同时根据磨溪现场开井意见反馈,开井时由于井筒内气体温度低,在建立6MPa左右背压的条件下,开井节流之后温度低,达到-30℃左右。

开井低温气体经过二级节流之后的L360QS管材,进入气液分离器。具体流程如图2-3所示,具体温度模拟见表2-8。

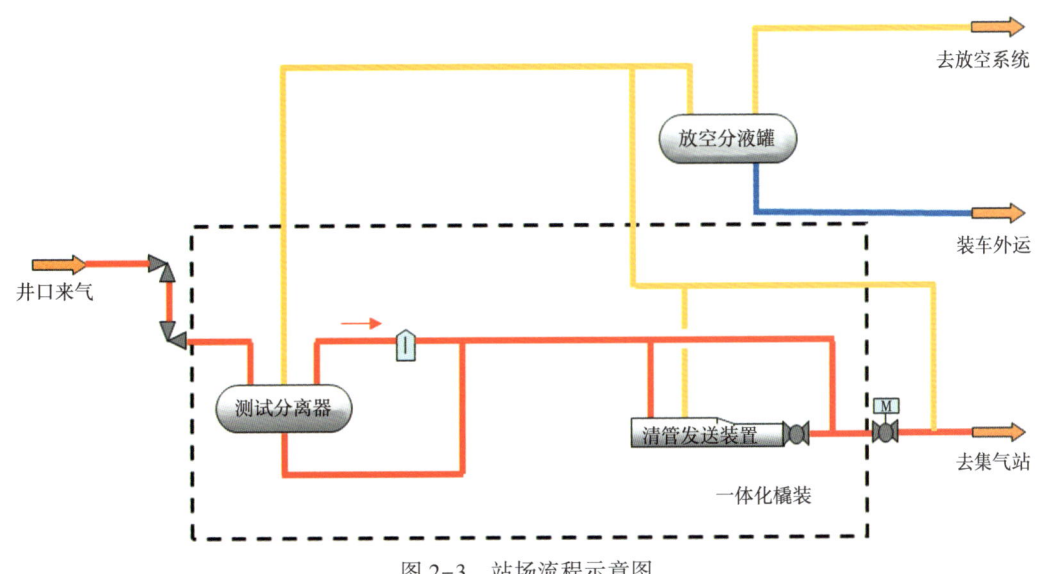

图 2-3 站场流程示意图

表2-8　开井工况下站内节点温度模拟

井口压力 (MPa)	井口温度 (℃)	一级节流压力 (MPa)	一级节流温度 (℃)	二级节流压力 (MPa)	二级节流温度 (℃)	至分离器温度 (℃)
62	25	27	17.8	5	−42.4	−41
62	25	27	17.8	5.5	−38.9	−37.6
62	25	27	17.8	6	−35.5	−34.2
62	41(临界温度)	27	32.2	5	−19	−18.1

2. L360QS 管线使用温度压力

L360QS 管线低温低应力工况下使用温度压力说明(表2-9):

(1) 管线临时使用,温度可以低于许用温度,但应力值需满足规范要求。

(2) 根据 ASME B31.3 第三章《材料》里面图 323.2.2B 碳钢材料无需冲击试验时最低设计金属温度的降低量的说明(图2-4),L360QS 材质如果在比最低设计温度−29℃还要低条件下使用,由压载、管道自重、端部位移、温差引起的综合轴向应力比及温度降低量要求需满足以下曲线。

表2-9　二级节流后 L360QS 管材使用温度压力表

正常工况		低温低应力工况		
使用温度 (℃)	使用压力 (MPa)	使用温度 (℃)	使用压力 (MPa)	许用应力 (MPa)
−29~100	8.5	−29	8.5	360
		−35	8.5	360×0.9=324
		−40	7.5	360×0.8=288
		−45	7	360×0.72=259.2

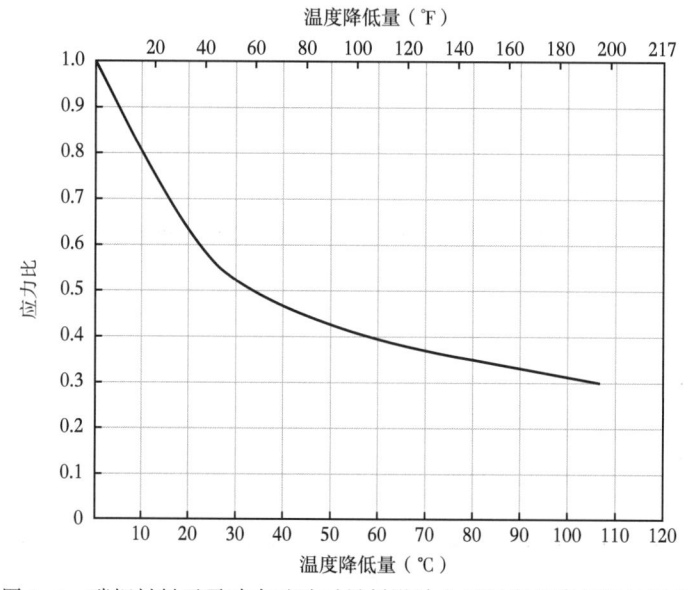

图2-4　碳钢材料无需冲击试验时最低设计金属温度的降低量的说明

3. 气液分离器使用温度压力

根据 GB 150.3—2011《压力容器第 3 部分：设计》附录 E 中规定，在低温低应力工况下，管线的环向应力应该小于管线屈服强度的 $\frac{1}{6}$ 且小于 50MPa（表 2-10）。

表 2-10 气液分离器使用温度压力

正常工况		低温低应力工况		
使用温度 （℃）	使用压力 （MPa）	使用温度 （℃）	使用压力 （MPa）	许用应力 （MPa）
−20~100	8.925	−70~−20	3	50

根据以上模拟和分析结果，站内管线在开井低温工况下，满足规范要求；站内分离器不能满足规范要求。

(三) 建议措施

采用开井加热炉橇。

(1) 开井工艺流程。

将井口高压原料气通过高压管段连接至本移动式开井工况节流橇，在橇内进行加热—节流—加热——节流工艺后，原料气节流到满足正常生产需要的约 7.5MPa，18℃ 的工况。

开井工况下接入采气树另一翼，加热炉橇另一端为高压软管，接入井场一体化橇的预留接口，开井后原料气在橇内进行加热—节流—加热—节流后，进入分离器，再进入管线输送至下游。当原料气温度上升至 35℃ 左右，将原料气导入正常生产流程，移走开井加热炉橇。

(2) 优点。

①解决了开井初期高压、低温的恶劣工况问题。

②实现开井工况含硫天然气的零放空，具有很好的环保意义和经济价值。

③对该设备进行成橇设计，整橇为可移动式结构，整个气藏只需配备 2 套即可有效解决整个气藏的井场开井问题。

④该橇装设备通用性强，由于磨溪区块地层压力一致，开井流量可人为控制一致 [(30~40)×10^{4}m^3/d]，所以移动式开井加热橇可一橇多用。

第二节 净化系统技术

一、MDEA 脱硫脱碳工艺技术

(一) 工艺方案的比选

根据安岳气田的统计和分析，原料气处理量大，其中含有硫化氢和二氧化碳，但不含有机硫，需要一种成熟可靠、简单易行、节能降耗的工艺来同时脱除这两种组分，并达到净化气要求。原料气条件如下：

处理量:600×10⁴m³/d(20℃,101.325kPa);
压力:6.7MPa;
温度:20℃。
原料天然气组成见表2-11。

表2-11 原料天然气组成表

组分	摩尔分数(%)
硫化氢	1.0650
二氧化碳	3.2991
甲烷	95.4382
乙烷	0.1408
丙烷	0.0101
水	0.0468
合计	100

1. 工艺方法简介

脱除天然气中的酸性杂质的方法很多,按其脱硫(碳)剂的不同可分为固体脱硫(碳)法和液体脱硫(碳)法两大类。

1)固体脱硫(碳)法

固体脱硫(碳)法中可分为固体吸附法和膜分离法。

固体吸附法中,常用的吸附剂有氧化铁(海绵铁)、活性炭、泡沸石和分子筛等,由于它们吸附硫(碳)容量较低,再生和更换脱硫(碳)剂费用较高等问题,通常只适于含硫(碳)量很低的天然气处理,其应用远没有液体脱硫法那样广泛。

膜分离法是20世纪80年代以来迅速兴起的气体分离方法。它利用气体对薄膜渗透能力的差异进行物理分离,其优点是能耗低、无化学污染、可实现无人操作,缺点是烃损耗较大及低压渗透气的处理等问题。膜分离法较适用于井场橇装装置。目前该法主要用于从天然气或伴生气中脱除 CO_2 和 H_2O。

2)液体脱硫(碳)法

液体脱硫(碳)法按溶液的吸收和再生方式可分为液相氧化还原法、化学吸收法和物理吸收法三类。

(1)液相氧化还原法。

液相氧化还原法又称液相直接转化法。这类方法种类很多,在工业上应用最具代表性的是蒽醌(A·D·A)法。此类方法中 H_2S 由碱性溶液吸收后,直接以空气氧化再生,生成硫。它具有以下特点:可直接生成硫,基本无二次污染;多数方法可以选择性脱除 H_2S,而基本上不脱除 CO_2;净化度高;操作压力高低均可采用。

(2)化学吸收法。

化学吸收法是以可逆反应为基础,以弱碱性溶剂为吸收剂的脱硫方法。溶剂与原料气中的酸性组分(主要是 H_2S、CO_2)反应生成化合物,当吸收了酸气的富液温度升高、压力降低时,这些化合物就分解放出酸气。这类方法中最具代表性的是碱性盐溶液法和醇胺法。前者在工业上常用的有本菲尔德(Benfield)法、卡塔卡勃(Catacarb)法和氨基酸盐(Alkazid)法等,主要用于脱除 CO_2。醇胺法是天然气脱硫工业中最主要的一种方法。以醇胺法处理含硫天然气,再继以克劳斯硫回收装置从脱硫再生出的酸气中回收元素硫,是天然气净化工艺最基本的技术路线。

(3) 物理吸收法。

物理吸收法是基于有机溶剂对天然气中酸性组分的物理吸收而将其脱除。溶剂的酸气负荷正比于气相中酸性组分的分压,当富液压力降低时,随即放出所吸收的酸气组分。目前在工业上应用的有机溶剂主要有砜胺法使用的环丁砜,费卢尔(Flour)法使用的碳酸丙烯酯,普里索尔(Purisol)I 法使用的 N-甲基吡咯烷酮(NMP),埃斯塔索文(Estasolven)法使用的磷酸三丁酯(TBP)及塞勒克梭(Selexol)法使用的聚乙二醇二甲醚等。

环丁砜(二氧化四氢噻吩)是当前天然气脱硫应用最广泛的物理溶剂,它不仅对天然气中酸性组分,特别是 H_2S 的吸收能力高,而且对有机硫(COS、RSH 和 RSR)有相当高的脱除效率。因而砜胺法主要适用于酸气分压高且含有机硫的原料气。但通常都不单独使用环丁砜,而是与某些胺组成混合溶剂,比如与二异丙醇胺(DIPA)组成砜胺法(Sulfinol-D)溶剂,与甲基二乙醇胺(MDEA)组成新砜胺法(Sulfinol-M)溶剂等。此类方法兼具物理吸收法与化学吸收法两者的优点,其操作条件与脱硫效果大致和醇胺法相似。在砜胺法溶剂中,由于有物理溶剂环丁砜的存在,不仅使混合溶剂具有脱除有机硫化物的良好效果,而且使它的酸气负荷大为提高,因此该法迄今仍是处理高酸气分压、含有机硫天然气的主要工业方法。由于它与其他物理吸收法一样易吸收重烃,所以砜胺法亦不宜用于处理重烃含量高的天然气。

(4) 液体脱硫(碳)法适用范围。

液相氧化还原法能选择性脱除 H_2S,因而近年来正在天然气脱硫方面推广应用。但因其吸收硫容量小,一般在 0.3g/L 以下,且硫黄质量差,通常用于焦炉气和天然气压力较低,硫含量不高的情况。化学吸收法主要用于脱除 H_2S、CO_2。物理吸收法适于处理酸气分压高的天然气,具有溶剂不易变质、比热容低、腐蚀性小、能脱除有机硫化物等优点,但不宜处理重烃含量高的天然气,且多数方法由于受溶剂再生程度的限制,其净化度不能与化学吸收法相比。化学-物理吸收法是一种将化学溶剂烷醇胺与一种物理溶剂组合的方法,典型代表为砜胺法,主要适用于酸气分压高且含有机硫的原料气。

2. 工艺方法选择

通过上述脱硫(碳)工艺方法简介,根据原料天然气中 H_2S 和 CO_2 的含量及 GB 17820—2018《天然气》对商品天然气中 H_2S 和 CO_2 含量的规定,可供选择的脱硫(碳)工艺方法有:甲基二乙醇胺(MDEA)法、Sulfinol-D(环丁砜和二异丙醇胺水溶液)法、Sulfinol-M(环丁砜和甲基二乙醇胺水溶液)法、一乙醇胺(MEA)法、二乙醇胺(DEA)法等。

上述 5 种脱硫(碳)工艺使用情况对比见表 2-12。

表 2-12 脱硫(碳)工艺方法使用情况对比表

脱硫(碳)方法	MDEA	Sulfinol-D	Sulfinol-M	MEA	DEA
化学溶剂	MDEA	DIPA	MDEA	MEA	DEA
物理溶剂	—	环丁砜	环丁砜	—	—

续表

胺液浓度(%)(质量分数)	20~50	30~50	30~50	15~25	30~40
酸气负荷(mol/mol)	0.4~0.7	>0.5	>0.5	0.3~0.5	>0.5
选择脱硫能力	有	无	有	无	无
溶解烃量	少	较多	较多	少	少
再生难易程度	易	较易	较易	难	较难
腐蚀性	弱	较弱	较弱	强	较强
国外装置数(套)	>50	>140	>140	几百套	>65

按 GB 17820—2018《天然气》规定,产品气中 H_2S 含量不大于 20mg/m³、CO_2 含量不大于 3%(摩尔分数)。因此必须几乎全部脱除天然气中的 H_2S,但不需将原料天然气中的 CO_2 全部脱除,只需部分脱除即可,若将 CO_2 脱除过多将大大增加装置的能耗,降低企业的经济效益。因此,在选择工艺方法时应充分考虑脱硫(碳)溶剂须具有较好的选择性(即对 H_2S 具有极好的吸收性,对 CO_2 仅部分吸收)。上述各工艺方法中 Sulfinol-D(环丁砜和二异丙醇胺水溶液)法、一乙醇胺(MEA)法和二乙醇胺(DEA)法不具有选择性,这些方法都不宜采用。对于本工艺技术拟在 Sulfinol-M 法和 MDEA 法中进行选择。

3. 方案优化

1)Sulfinol-M 法

优点:

(1)酸气负荷较高。

(2)对设备腐蚀较轻微。

缺点:

(1)溶液吸收重烃能力强,酸气中烃含量增加,对硫黄回收装置带来不利影响。

(2)且在装置运行时,环丁砜有一定的损失,溶液循环泵能耗较大,装置运行成本较高。

(3)溶液价格较高。

2)MDEA 法

优点:

(1)选择性好。在脱除 H_2S 的同时仅部分脱除 CO_2,天然气脱损率低,且能确保净化天然气的品质要求。

(2)解吸温度低,降低了溶液再生能耗。其热降解和化学降解小,可长期稳定操作,从而降低了装置运行和投资费用。

(3)对设备腐蚀较轻微。

(4)溶剂蒸汽压低、气相损失小、溶剂稳定性好。

3)消耗指标对比

MDEA 法与 Sulfinol-M 法主要消耗指标对比见表 2-13。

表 2-13　MDEA 法、Sulfinol-M 法主要消耗指标对比表

项目	MDEA 法	Sulfinol-M 法
新鲜水(t/h)	1.5	1.5
循环水(t/h)	1305	1392
0.4MPa 蒸汽(t/h)	91	121
电(轴功率)(kW)	2429	2664
溶剂(t/a)	71	88

4. 推荐方案

根据原料气气质条件,原料气不含有机硫,从节能降耗方面,MDEA 法优于 Sulfinol-M 法,故本工艺技术推荐脱硫(碳)工艺采用 MDEA 法。

脱硫(碳)装置采用甲基二乙醇胺(MDEA)水溶液脱除天然气中几乎所有的 H_2S 和部分 CO_2,溶液循环量约为 190m³/h。吸收塔顶湿净化天然气送至脱水装置。脱硫吸收塔塔底富胺液经再生后分两股分别送至本装置 MDEA 吸收塔、MDEA 闪蒸塔循环使用。胺液再生所得酸气送至硫黄回收装置处理。

自厂外来的原料气进入脱硫(碳)装置,经过滤分离除去天然气中夹带的机械杂质和游离水后,自下部进入脱硫(碳)吸收塔与自上而下的 MDEA 贫液逆流接触,天然气中几乎全部 H_2S 和部分 CO_2 被脱除,湿净化气送至下游的脱水装置进行脱水处理。吸收塔底出来的富胺液经闪蒸并与热贫胺液换热后进入再生塔上部,富液自上而下流动,经自下而上的蒸汽汽提,解吸出 H_2S 和 CO_2 气体。再生塔底出来的贫胺液经换热、冷却后,由过滤泵升压,升压后分一小股贫胺液进入闪蒸塔以脱除闪蒸气中的 H_2S,其余贫液进入溶液过滤系统,过滤后的贫胺液由溶液循环泵送至脱硫吸收塔完成胺液的循环。再生塔顶的酸气送至下游硫黄回收装置。

(二)MDEA 溶液配比的选择

本工艺技术使用 TSWEET 软件来核算脱硫(碳)装置(图 2-5)。TSWEET 软件为国外

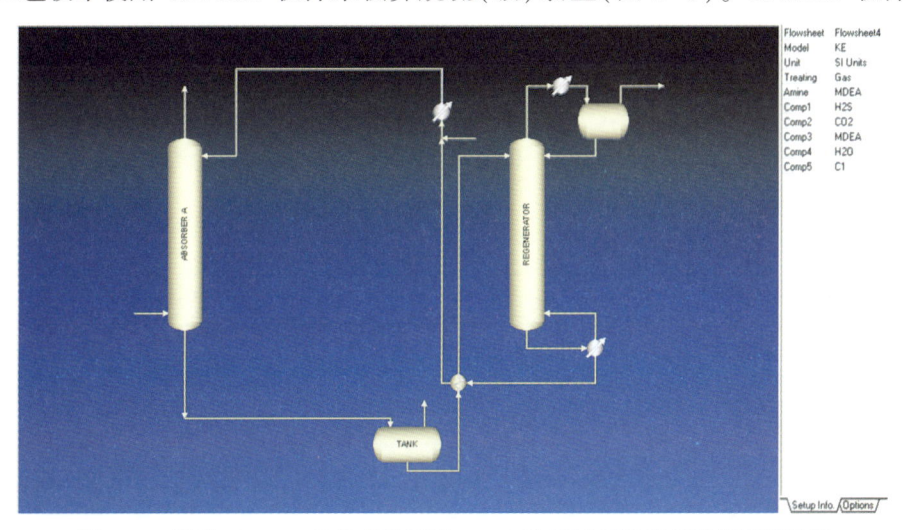

图 2-5　使用 TSWEET 软件对改进型 MDEA 法脱硫(碳)进行数值模拟运行

Bryan公司成功开发的模拟物理化学吸附法的脱硫(碳)工艺计算软件,国外的著名的大型工程公司(如JACOBS、BV公司等)普遍使用该软件。

为确认MDEA溶液配比,首先确定水的含量。大量的核算数据表明,若溶液含水量过少,再生困难,溶液黏度大,导致换热设备效果变差,而且与酸性气体同时被吸收的烃类量也随溶液水含量的减少而增加,但是溶液中水含量过高容易引起发泡。重点研究改进型MDEA法溶液配比为胺:水=55:45和胺:水=45:55和胺:水=35:65这三种情况下,对于相同原料气进料条件,脱硫(碳)吸收塔出来的湿净化气中硫含量的变化。确定节能降耗型MDEA法溶液中胺含量为45%最佳。

(1)进吸收塔原料气气质条件见表2–14。

表2–14 原料天然气进吸收塔气质条件表

参数		数值
流量(kmol/h)		10388
压力(MPa)		6.7
温度(℃)		20
摩尔组成(%)	氮气	0.5698
	二氧化碳	3.2800
	甲烷	94.8857
	乙烷	0.1399
	丙烷	0.0100
	硫化氢	1.0588
	水	0.0558
	合计	100

(2)出吸收塔湿净化气气质条件见表2–15至表2–17。

表2–15 MDEA溶液配比为胺:水=55:45时出吸收塔湿净化气气质条件

参数		数值
流量(kmol/h)		10192
压力(MPa)		6.56
温度(℃)		47.2
摩尔组成(%)	氮气	0.5859
	二氧化碳	1.6416
	甲烷	97.4394
	乙烷	0.1436
	丙烷	0.0103
	硫化氢	0.0001(23mg/m³)
	水	0.1791
	合计	100

表2-16　MDEA溶液配比为胺:水=45:55时出吸收塔湿净化气气质条件

参数		数值
流量(kmol/h)		10190
压力(MPa)		6.56
温度(℃)		47.3
摩尔组成(%)	氮气	0.5860
	二氧化碳	1.6298
	甲烷	97.4397
	乙烷	0.1438
	丙烷	0.0103
	硫化氢	0.0001(11mg/m³)
	水	0.1903
	合计	100

表2-17　MDEA溶液配比为胺:水=35:65时出吸收塔湿净化气气质条件

参数		数值
流量(kmol/h)		10190
压力(MPa)		6.56
温度(℃)		47.2
摩尔组成(%)	氮气	0.5861
	二氧化碳	1.6258
	甲烷	97.4399
	乙烷	0.1439
	丙烷	0.0103
	硫化氢	0.0001(11mg/m³)
	水	0.1939
	合计	100

由以上的模拟数据可知,在循环量一定(190m³/h)时,MDEA溶液配比为胺:水=35:65,净化气中的硫含量最少,但溶液容易引起发泡。MDEA溶液配比为胺:水=55:45,净化气中的硫含量最高,不满足GB 17820—2018《天然气》中二类天然气的指标要求。MDEA溶液配比为胺:水=45:55,净化气中的硫含量居中,硫含量≤20mg/m³完全达到国家气质标准。

因此经过反复核算、优化对比,本工艺技术推荐组成为:胺:水=45:55。

(三)MDEA法脱硫(碳)工艺的技术特色

通过以上的研究论证,本工艺技术认为MDEA法酸气负荷高,溶液循环量少。Sulfinol-M法的循环量为226m³/h,而MDEA法循环量为190m³/h。

MDEA 法溶剂损失量小。Sulfinol-M 法消耗量为 88t/a,而 MDEA 法消耗量为 71t/a。MDEA 法工艺流程简单,工程量小,投资低,可比 Sulfinol-M 法节约投资 235 万元。

(四) 国内外同类技术的比较分析

国际上大型工程公司普遍采用的配比为 MDEA40%~55%,水 60%~45%,本书利用国际先进软件 TSWEET 对溶剂的配比进行了进一步优化,本工艺技术针对气田的气质条件,推荐 MDEA 法(图 2-6)溶液配比为胺∶水=45∶55。

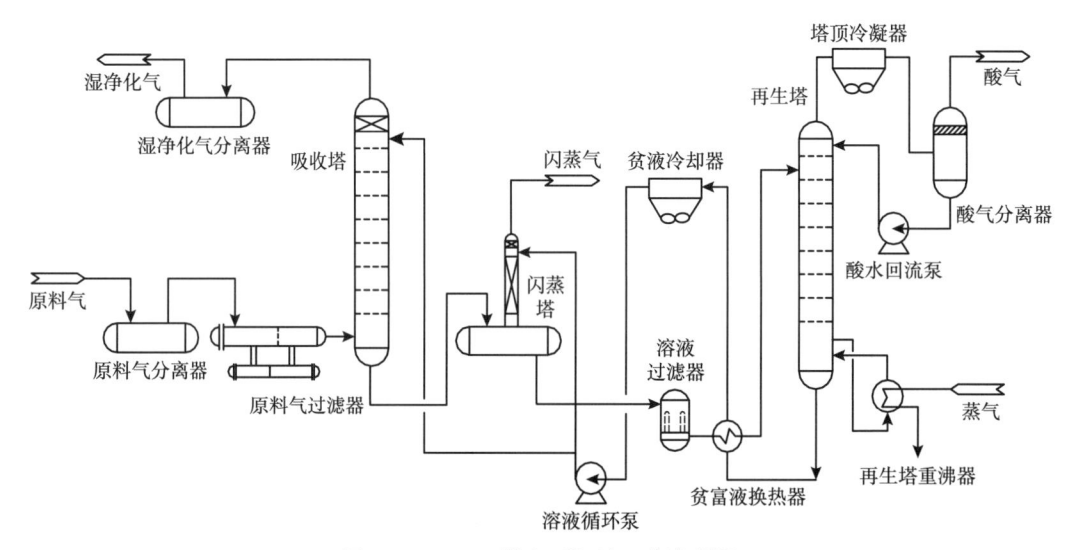

图 2-6 MDEA 脱硫(碳)法工艺流程图

二、TEG 脱水工艺技术

(一) 工艺方案的比选

自地层中采出的天然气及脱硫后的净化天然气,一般都有饱和水,它是天然气中有害组分。天然气中饱和水的存在,减少了输气管道的输送能力,降低了天然气的热值。当天然气被压缩或冷却时,饱和水会从气流中析出形成液态水。在一定条件下,液态水和气流中的烃类、酸性组分等其他物质一起将形成像冰一样的水合物。水合物的存在会增加输气压降,减少输气管道通过能力,严重时还会堵塞阀门、管道及过滤分离设备,影响正常供气。在输送含有酸性组分的天然气时,液态水的存在还会加速酸性组分(H_2S、CO_2 等)对管壁、阀件的腐蚀,减少管道的使用寿命。因此,天然气一般必须经过脱水处理,达到规定的水含量指标后,才允许进入输气干线。

管输天然气的水含量指标,有"绝对含水量"及"露点温度"两种表示方法。绝对含水量指单位体积天然气中含有的水的质量。露点温度,是指在一定的压力下天然气中饱和水冷凝析出第一滴水时的温度。各国对管输天然气水含量指标的表示方法和要求不一。

美国等西方国家多控制脱水后气体的绝对含水量,如 API SPEC12GDU《天然气甘醇脱水装置规范》指出,脱水后气体的最大含水量一般为 110mg/m³(7lb/MMscf)。中国和俄罗斯等国家采用水露点指标,水露点指标与天然气管输条件和环境条件的联系更为直接,使用方便。SY/T 0076—2008《天然气脱水设计规范》规定,管输天然气水露点在起点输送压力下应比输送条件下最低环境温度低5℃。

可用于天然气脱水的工业化方法有多种,如溶剂吸收法、低温分离法、固体吸附法、膜分离法等。

天然气脱水方法应根据油气田开发方案、油气集输系统、天然气的压力、组成、气源状况、地区条件、用户要求、脱水深度等具体情况,对各种可能采用的方法进行技术和经济指标的对比后,选出最佳的天然气脱水工艺。

模拟湿净化气进装置条件见表2-18。

表 2-18 模拟湿净化气进装置条件

参数		数值
流量(kmol/h)		1019.2
压力(MPa)		6.56
温度(℃)		47.3
摩尔组成(%)	氮气	0.5859
	二氧化碳	1.6416
	甲烷	97.4394
	乙烷	0.1436
	丙烷	0.0103
	硫化氢	0.0001(11mg/m^3)
	水	0.1791
	合计	100

1. 工艺方法简介

1) 低温分离法

(1) 低温分离法脱水原理。

随着天然气压力升高,温度降低,天然气中饱和水含量也降低,被水饱和的天然气可通过直接冷却至低温或先将天然气增压再冷却至低温进行脱水。天然气冷却达到的温度必须低于管输天然气要求的水露点温度。低温分离法可利用焦耳—汤姆逊效应使高压气体膨胀制冷获得低温,从而使气体中一部分水蒸气和烃类冷凝析出,以达到露点控制的目的。

天然气冷却法脱水要解决水合物形成的问题,通常在气流中注入水合物抑制剂。水合物抑制剂常用的有甲醇(MeOH)、乙二醇(EG)或二甘醇(DEG)。

冷却脱水又可分为直接冷却、加压冷却、膨胀制冷冷却和冷剂制冷冷却四种。

(2) 低温分离法工艺流程。

外来的高压原料气进入原料气过滤分离器,除去原料气中夹带的机械杂质及游离水后,进入原料气预冷器,同时注入甲醇或乙二醇贫液,原料气与出低温分离器的干气进行换冷预冷后,再经节流阀节流(或外部制冷)降温,然后进入低温分离器,天然气中绝大部分饱和水被脱除。自低温分离器底部分出的含有甲醇或乙二醇的含醇污水经预处理送至甲醇或乙二醇回收装置进行醇回收,从低温分离器顶部流出的干气经聚结器进一步分离,再经原料气预冷器换热后外输。

(3) 低温分离法适用范围。

低温分离法具有设备简单,占地面积小(不需后增压时),投资低,装置操作费用低等优点。但该法只适用于高压天然气且有足够压力降可利用的气田天然气处理,而对于压降小的天然气,则达不到足够的水露点要求;如果没有足够的压力降可利用而必须采用增压或由外部引入冷源时,则需增加装置的投资和运行费用。若采用该工艺,为防止高压天然气节流后形成水合物,需注醇。因此,尚存在含醇污水的处理问题,需设置醇回收装置,装置复杂(包括节流装置、含醇污水处理装置、醇回收装置等),投资和运行费用高,操作维护工作量大。

低温分离法一般用于有压力能利用的,且需同时脱水和脱烃的装置。若单纯用于脱水,其投资和运行费用均比别的脱水工艺高。

2) 固体吸附法

(1) 固体吸附法脱水原理。

流体与多孔固体颗粒相接触,流体中某些组分的分子(如天然气流中的水分子)被固体内孔表面吸着的过程叫吸附过程。吸附是在固体表面力作用下产生的,根据表面力的性质,吸附过程分为物理吸附和化学吸附两类。

物理吸附主要由范德华力或色散力所引起,气体的吸附类似于气体的凝聚,一般无选择性,是可逆过程,吸附过程所需活化能小,所以吸附速度很快,较易达到平衡。化学吸附主要是由于吸附剂表面的未饱和化学键力和吸附质之间的作用,它类似于化学反应,有显著的选择性,并且大多数是不可逆的,吸附热大,活化能大,吸附速度较慢,需要较长时间才能达到平衡。

吸附过程在天然气处理工业中的应用正在不断发展,用化学吸附过程脱除天然气中的饱和水,因吸附水后的吸附剂不能用一般方法再生,故工业上很少应用。物理吸附过程是可逆的,吸附了水的吸附剂可用改变温度和压力的方法改变平衡方向,达到吸附剂再生的目的。目前用于天然气脱水的吸附过程多为物理吸附过程。

用于天然气脱水的吸附剂应具有较大的吸附表面积;对脱除的物质具有较好的吸附活性及对要脱除的组分具有较高的吸附容量,在使用过程活性保持良好,使用寿命长;有较高的吸附传质速度;能简便而经济地再生;吸水后能保持较好的机械强度;具有较大的堆积密度,有良好的化学稳定性、热稳定性以及价格便宜、原料充足等特性。用于天然气脱水过程的吸附剂主要有活性铝土矿、活性氧化铝、硅胶、分子筛等。该类方法中分子筛脱水应用最广泛,技术成熟可靠,脱水后干气含水量可低至 1mL/m^3,水露点可达到 -120℃。

(2) 分子筛脱水工艺流程。

为保证装置连续操作,每套装置至少需要两个吸附塔。在双吸附塔的流程中,一塔进行脱水,另一塔进行吸附剂的再生和冷却,两塔切换操作。在三塔或多塔装置中,切换程序有所不同,对于普通的三塔流程,一般是一塔脱水,一塔再生,另一塔冷却。

原料气经原料气聚结器除去夹带的液滴后自上而下地进入分子筛脱水塔,进行脱水吸附过程。脱除水后的干气进入产品气粉尘过滤器除去分子筛粉尘后,作为本装置产品气输送出去。

再生循环由两部分组成——加热与冷却。冷却气自上而下通过刚完成再生过程的分子筛脱水塔,以冷却该塔。冷却气出塔后进入再生气加热炉,经再生气加热炉加热至280~300℃后,自下而上地进入刚完成吸附过程的分子筛脱水塔,进行分子筛再生过程。出塔后的富再生气经过再生气冷却器冷却后,再进入再生气分离器分离出凝液,之后再生气可返回到湿原料气中,如果经计算不影响产品气的质量指标,再生气也可掺入产品气中,还可进入工厂燃料气系统中。

(3)分子筛脱水适用范围。

与甘醇吸收法比较,分子筛脱水具有脱水后的干气中水含量可低至$1mL/m^3$,水露点可达-50℃以下;对进料气的温度、压力和流量变化不敏感;无严重的腐蚀和溶剂发泡方面的问题;一般情况下,对于小流量气体的脱水成本较低等优点。但对于大装置,其设备投资和操作费用较高;且气体压降较大;分子筛易中毒和破碎;分子筛再生时耗热量较高,在低处理量操作时尤为显著。

分子筛脱水一般适用于下列场合:

①使用膨胀机的NGL回收装置及LNG装置要求上游天然气水露点低于-50℃;
②天然气同时脱水和净化;
③LPG和NGL脱水同时要脱除微量的硫化物(H_2S、COS、CS_2、硫醇)时。

3)溶剂吸收法

(1)溶剂吸收法脱水原理。

溶剂吸收法是目前天然气工业中普遍采用的脱水方法。溶剂吸收脱水是根据吸收原理,采用一种亲水液体与天然气逆流接触,从而脱除气体中的水。用作脱水吸收剂的物质应对天然气有高的脱水深度,对化学反应和热作用较稳定,容易再生,蒸汽压低,黏度小,对天然气和液烃组分具有较低溶解度,发泡和乳化倾向小,对设备无腐蚀性等性质,同时还应是价格低廉,容易得到的物质。常用的脱水吸收剂有甘醇类化合物和金属氯化物盐溶液(主要是氯化钙水溶液)两大类,目前广泛采用的是甘醇类化合物。各种吸收剂的主要优缺点见表2-19。

表2-19 不同吸收剂的比较

脱水溶剂	优 点	缺 点
氯化钙水溶液	投资及操作费用低,补充量小	与重烃会形成乳化液;能产生化学腐蚀;吸水容量小;露点降较低且不稳定;与H_2S会形成沉淀;更换溶液劳动强度大且有废$CaCl_2$溶液处理问题
二甘醇水溶液(DEG)	浓溶液不会固化;天然气中有O_2、CO_2和H_2S存在时,在一般操作温度下溶液是稳定的,吸水容量大	蒸气压较三甘醇高,携带损失量比三甘醇大;溶剂容易再生,但用一般方法再生的二甘醇水溶液浓度不超过95%;露点降小于三甘醇溶液,当贫液浓度为95%~96%(质量)时,露点降约为28℃
三甘醇水溶液(TEG)	浓溶液不会固化;天然气中有O_2、CO_2和H_2S存在时,在一般操作温度下溶液是稳定的,吸水容量大,容易再生,用一般再生方法可得到浓度为98.7%的三甘醇水溶液,蒸汽压低,携带损失量小,三甘醇浓度可高于99.96%(质量),露点降可达70℃以上	投资及操作费用较$CaCl_2$水溶液法高,当有轻质烃液体存在时会有一定程度的发泡倾向,有时需要加入消泡剂

氯化钙水溶液是最早用于天然气脱水的吸收剂,现在很少采用,但是对于交通不便、产气量不大的边远气井和井站,或严寒地区,这种方法仍有其方便之处,故这种脱水装置至今仍有应用。

甘醇类化合物是吸收法天然气脱水装置中用得最广泛的吸收溶剂,常用的甘醇类化合物有二甘醇和三甘醇,其主要物理性质见表2-20。

表2-20 甘醇溶剂的主要物理性质

物理性质	二甘醇(DEG)	三甘醇(TEG)
分子式	$C_4H_{10}O_3$	$C_4H_{14}O_4$
相对分子质量	106.12	150.17
沸点(101.3kPa绝压下)(℃)	245	287
冰点(℃)	-8	-7.2
密度(20℃)(kg/m³)	1116	1123
导热系数(15.6℃)[W/(m·K)]	0.249	0.241
蒸发潜热(101.3kPa)(kJ/kg)	540	416
黏度(20℃)(mPa·s)	35.7	47.9
闪点(开杯)(℃)	143	166
表面张力(25℃)(mN/m)	44	45
理论热分解温度(℃)	164.4	206.7

甘醇溶液有很好的吸水性能是由于甘醇和水的分子有很好的互溶性,因甘醇分子具有醚基和羟基基团,液态水分子通过氢键与之有强的缔合力,水分子与甘醇分子缔合成不稳定的较大的复分子,极大地降低了甘醇溶液的水蒸气压。而只要与溶液相接触的气相中水蒸气分压高于溶液的水蒸气压,则气相中的水蒸气就要被溶液吸收,此即甘醇溶液脱水的机理。

自1936年第一套用二甘醇作为吸收剂的天然气脱水装置建成投产后,至1957年9月,仅北美就有甘醇脱水装置500余套。早期投产的甘醇脱水装置多用二甘醇作吸收剂。由于三甘醇热稳定性较好,对于相同重量百分浓度的甘醇溶液,三甘醇可获得较大露点降,因此,当需要获得较大的露点降时,三甘醇是最常采用的脱水溶剂,美国的甘醇装置中有85%使用三甘醇。在我国,由于二甘醇及三甘醇的产量及价格等因素,二甘醇和三甘醇均有采用。当采用三甘醇脱水和固体吸附剂脱水都能满足露点降要求时,采用三甘醇脱水经济效益更好。近几年来,我国各油气田引进或自行设计的甘醇脱水装置中也多以三甘醇作吸收剂。

(2)溶剂吸收法适用范围。

溶剂吸收法脱水工艺流程简单、技术成熟,装置操作简单,占地面积小,与其他脱水法相比具有可获得较大露点降、热稳定性好、易于再生、损失小、气体压降小、装置投资及运行费用较低等优点。但当天然气中存在轻质油则有时需加入消泡剂;而当天然气中含有酸性组分(如CO_2、H_2S)时则可能需加入缓蚀剂中和剂或增设富甘醇汽提塔以分离出酸性气。

溶剂吸收法脱水应用于油气田无自由压降可利用,能满足管输天然气水露点要求,下游不采用深冷法回收轻烃的场合。

2. 工艺方法选择

低温分离法一般采用注乙二醇节流膨胀制冷,它们大多和轻烃回收过程相结合,该方法一般用于有压力能(压力降)可利用的高压气田,本工程不宜采用。

固体吸附法是利用干燥剂表面吸附力将湿天然气中的水分子吸附脱除,常用的干燥剂有硅胶、活性氧化铝、分子筛等,该类方法中分子筛脱水应用最广泛,技术成熟可靠。

溶剂吸收法是利用脱水溶剂的良好吸水性能,通过在吸收塔内天然气与溶剂逆流接触进行气、液传质以脱除天然气中的水分,脱水剂中甘醇类化合物应用最为广泛。

固体吸附法与甘醇吸收法相比,具有以下优缺点。

优点:

(1)脱水后的干气中水含量可低于 $1mL/m^3$,水露点可低于$-50℃$;

(2)受进料气体温度、压力和流量的变化影响较小;

(3)装置设计和操作简单,占地面积小;

(4)无严重的腐蚀和溶剂发泡方面的问题;

(5)一般情况下,对于小流量气体的脱水成本较低。

缺点:

(1)对于大装置,其设备投资和操作费用较高;

(2)气体压降大;

(3)吸附剂易中毒和破损;

(4)吸附剂再生时耗热量较高,在低处理量操作时尤为显著。

按 GB 17820—2018《天然气》规定,产品天然气的水露点在出厂压力条件下应比最低环境温度低 5~7℃。根据净化气管道所经安岳地区的气象条件,要求本净化厂脱水后干天然气的水露点≤-5℃(在出厂压力条件下)即可。固体吸附法一般用于小流量、大露点降的气体的脱水,本工程不宜采用。甘醇吸收法工艺流程简单、技术成熟,具有可获得较大露点降、热稳定性好、易于再生、损失小、节能降耗等优点。

通过上述分析,适合本工程脱水的工艺方法为溶剂吸收法。本工程提出最常用的三种溶剂吸收法供选择,即氯化钙水溶液、二甘醇水溶液、三甘醇水溶液。

3. 推荐方案

通过不同溶剂优缺点比较,本书推荐脱水工艺采用三甘醇(TEG)吸收法。

原料气进装置经原料气过滤分离器气液分离后,自下部进入 TEG 吸收塔。在塔内湿净化天然气自下而上与 TEG 贫液逆流接触,脱除天然气中的饱和水。脱除水分后的天然气出塔后经产品气分离器分液后作为产品气出装置。

从 TEG 吸收塔下部出来的 TEG 富液经塔底液位调节阀减压后先经 TEG 再生塔富液精馏柱顶换热盘管换热,然后进入 TEG 闪蒸罐闪蒸,闪蒸出来的闪蒸气调压后进入燃料气系统用作工厂燃料气。闪蒸后的 TEG 富液经过 TEG 过滤器除去溶液中的机械杂质和降解产物。过滤后的富液经 TEG 贫/富液换热器换热后进入 TEG 再生塔富液精馏柱提浓。TEG 富液在 TEG 再生塔中被加热至 200℃左右后,经贫液精馏柱、缓冲罐进入 TEG 贫/富液换热器中与 TEG 富液换热,换热后的 TEG 贫液至 TEG 冷却器进一步冷却,再由 TEG 循环泵送至 TEG 吸收塔顶部完成溶液循环。

TEG 富液再生产的再生气，经 TEG 再生气分液罐分液后，进入 TEG 再生气焚烧炉焚烧后排入大气。工艺流程如图 2-7 所示。

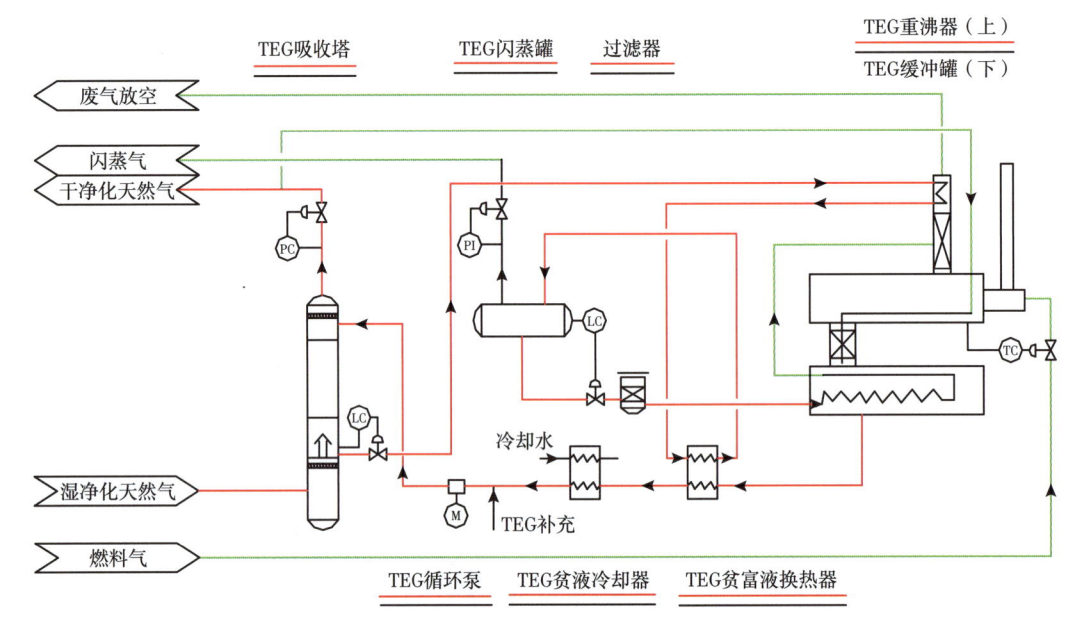

图 2-7 典型三甘醇脱水工艺流程图

第三章　绿色环保安全节能技术

面对日益严苛的环保要求,地面工程对尾气、污水、噪声进行了一系列的攻关治理,形成了相关的绿色环保安全节能技术,达到了国内外先进水平。

第一节　含硫尾气净化节能减排工艺技术

一、主要工艺方法

天然气净化厂尾气中的污染物主要是硫化物,包括 H_2S、SO_2 及有机硫(COS、CS_2、CH_3SH 和 C_2H_5SH 等)等,要实现达标排放需对所有这些组分进行有效脱除。但目前还没有哪一种单一工艺过程能够同时将上述所有组分净化而满足排放要求。现有的常用做法是首先将其转化为同一种硫化物后再用一种工艺进行脱除,主要包括标准还原吸收工艺、Cansolv 工艺及 SOP 制酸工艺。

(一)标准还原吸收工艺

标准还原吸收工艺是尾气处理还原吸收法中最主要,也是应用较广泛的一种方法。20世纪 70 年代初由荷兰 Shell 公司开发,工艺流程如图 3-1 所示。工厂总硫黄回收率可达

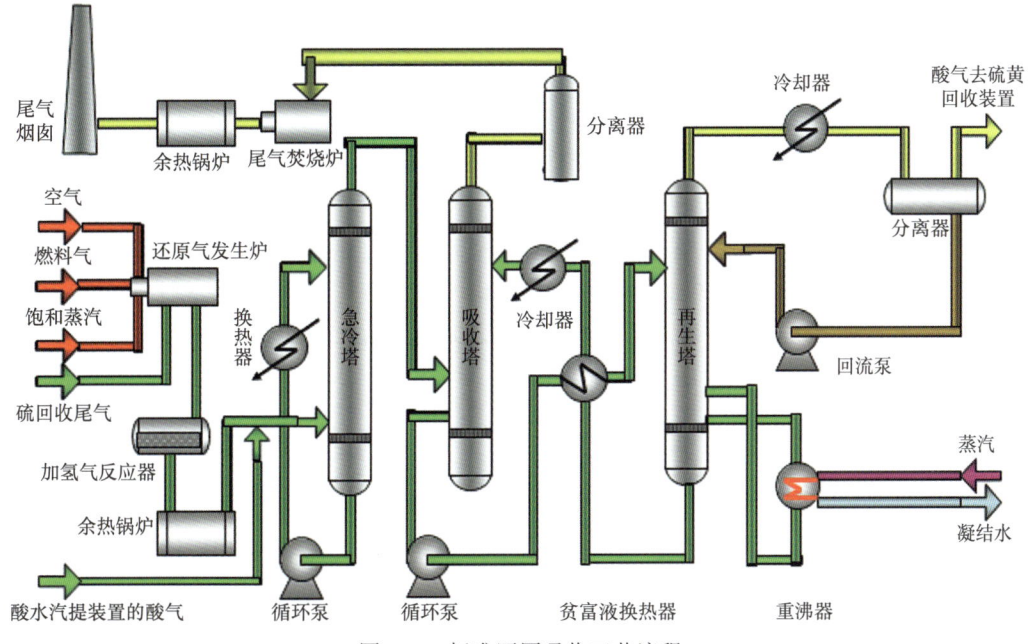

图 3-1　标准还原吸收工艺流程

99.8%以上。标准还原吸收工艺包括还原部分、吸收部分、溶液再生部分、溶液保护部分及尾气焚烧部分。

1. 还原部分

从硫黄回收装置来的尾气被蒸汽加热至230~280℃后进入到装有还原催化剂的反应器反应,过程气中绝大部分的硫化物还原为H_2S;同时,COS、CS_2等有机硫水解成H_2S,然后进入废热锅炉。在废热锅炉中,过程气被冷却到170℃,与气田水处理装置的尾气和酸水汽提装置的酸气一起进入急冷塔,在塔内与冷却水逆流接触,被进一步冷却到40℃。冷却后的气体进入低压脱硫部分。急冷塔底的酸水一部分先被急冷水泵加压,再经急冷水冷却器、急冷水后冷器冷却后作急冷塔的循环冷却水,另一部分经过滤器过滤后送至酸水汽提装置。

2. 吸收部分

从急冷塔出来的塔顶气进入吸收塔,与MDEA贫液逆流接触。气体中几乎所有的H_2S被溶液吸收,仅有部分CO_2被吸收。从吸收塔顶出来的排放气经焚烧炉焚烧后排放。

3. 溶液再生部分

从吸收塔底部出来的MDEA富液经富液泵进入贫富胺液换热器与再生塔底出来的MDEA贫液换热后进入再生塔上部,与塔内自下而上的蒸汽逆流接触进行再生,解析出H_2S和CO_2气体。再生热量由塔底重沸器提供。MDEA热贫液自再生塔底部引出,经贫液泵进入贫富胺液换热器与MDEA富液换热,经过滤系统除去溶液中的机械杂质和降解产物后再分别经贫胺液空冷器、贫胺液后冷器换热,温度降至40℃后进入吸收塔,完成整个溶液系统的循环。

由再生塔顶部出来酸性气体分别经再生塔顶空冷器、再生塔顶后冷器冷却后进入酸气分液罐,分离出酸性冷凝水后的酸气在0.08MPa(表压)下送至硫黄回收装置。分离出的酸性冷凝水由酸水回流泵送至再生塔顶部作回流。

4. 溶液保护部分

MDEA溶液配制罐、MDEA储罐均采用氮气密封,以避免溶液发生氧化变质。

5. 尾气焚烧部分

从吸收塔塔顶出来的排放气和来自硫黄回收装置液硫池的抽出气体,以及脱水装置来的再生废气分别进入焚烧炉进行焚烧,焚烧后的气体(烟道气)温度为600℃左右。从焚烧炉出来的烟气进入余热锅炉进一步冷却回收热量,冷却后的烟道气温度为300℃左右,通过烟囱排放。

(二)Cansolv工艺

Cansolv工艺是壳牌公司的专利技术。与标准还原吸收法不同的是,Cansolv工艺不需要将尾气加氢还原,可直接采用专利溶剂选择性吸收SO_2,含SO_2的富胺液通过加热汽提使吸收反应逆转,从而解吸出高浓度的SO_2气体。再生后的贫胺液可重新用于吸收SO_2,解吸出的SO_2可送回回收装置生产硫黄,工艺流程如图3-2所示。

Cansolv工艺主要可分为洗涤—吸收部分和再生净化部分。

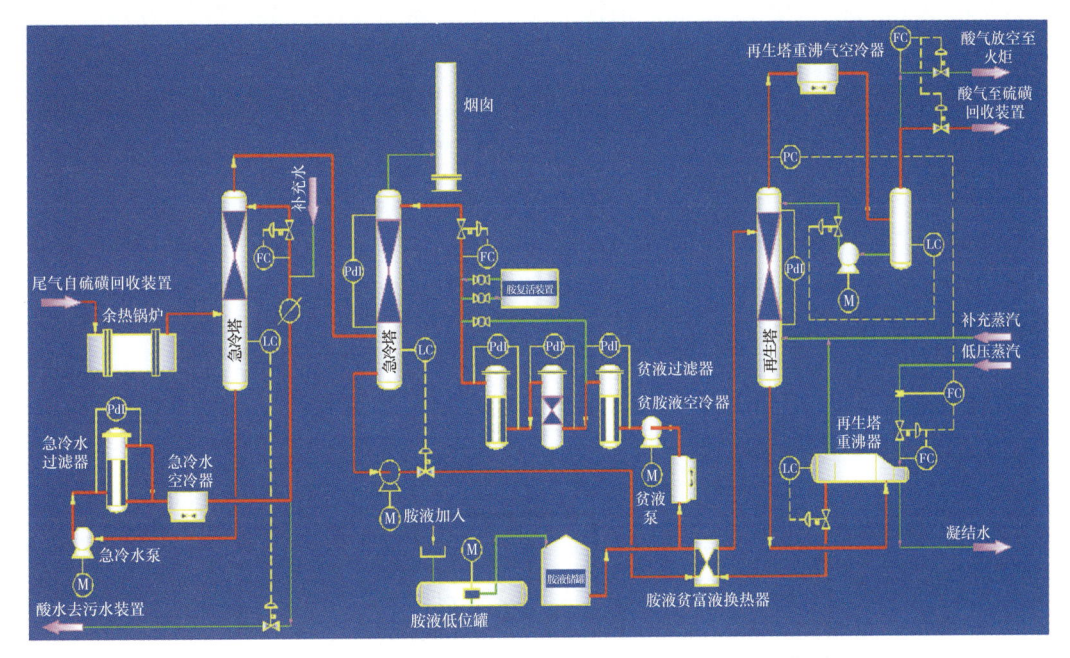

图 3-2 Cansolv 工艺流程

1. 洗涤—吸收部分

进入本装置的工艺气体在水喷淋预洗涤器中急冷并饱和,同时去除小颗粒灰尘和大部分强酸,预洗器中的洗液 pH 值很低,以保持强酸性条件,这样可防止 SO_2 与水反应,确保 SO_2 以气态形式进入吸收塔。经过预洗、过滤后的烟气进入吸收段,在吸收段的规整填料上,与贫胺液进行多级逆流接触,其中的 SO_2 与胺吸收剂发生如下反应:

$$R_1R_2NH^+-R_3-NR_4R_5+SO_2+H_2O \longrightarrow R_1R_2NH^+-R_3-NH^+R_4R_5+HSO_3^-$$

烟气中剩余的强酸与胺吸收剂发生如下反应:

$$R_1R_2N-R_3-NR_4R_5+HX \longrightarrow R_1R_2NH^+-R_3-NR_4R_5+X^-$$

式中的 X^- 表示强酸离子,如 Cl^-、NO_3^-、F^- 及 SO_4^{2-} 等。X^- 的存在可提高吸收液的抗氧化能力及降低再生能耗,这是其他湿法工艺所不具备的特性之一。吸收段具有很高的传质效率,可使吸收剂的 SO_2 负荷最大化。由于贫胺液对 SO_2 的选择吸收能力远高于其他种类的吸收剂,所以 Cansolv 工艺吸收剂的循环量要低得多,从而大大降低了系统运行能耗。此外,在整个吸收过程中,贫胺液不挥发,加热不分解,化学品消耗量很低(每年约补充 5%~10%)。

2. 再生净化部分

吸收 SO_2 后的富胺液通过贫/富胺液换热器加热后进入再生塔。再生塔的再沸器采用低压蒸汽为热源加热收集在塔底的贫胺液,使贫胺液中的水气化产生水蒸气,用以汽提富胺液,使其中的 SO_2 解吸。SO_2 解吸反应如下:

$$R_1R_2NH^+-R_3-NH^+R_4R_5+HSO_3 \longrightarrow R_1R_2NH^+-R_3-NR_4R_5+SO_2+H_2O$$

再生塔出来的贫胺液经过贫/富胺液换热器冷却后，返回吸收塔循环使用。在每次吸收循环期间，有3%~5%的贫胺液进入胺净化装置，以清除溶液中聚积的"热稳定性盐"（硫酸盐、硝酸盐、硫代硫酸盐、氯化物等），约10%的富胺液循环至传统的过滤装置，以除去富集的微粒；从再生塔解吸出来的高浓度SO_2经冷凝器冷却后送回硫黄回收装置。

（三）SOP制酸工艺

SOP制酸工艺是奥地利P&P公司的专有技术，该工艺硫回收效率可达99.95%。SOP制酸工艺适用于处理各种各样的含硫废气体，将废气中的硫化物回收为商品级的浓硫酸，同时进行热量回收，工艺流程如图3-3所示。

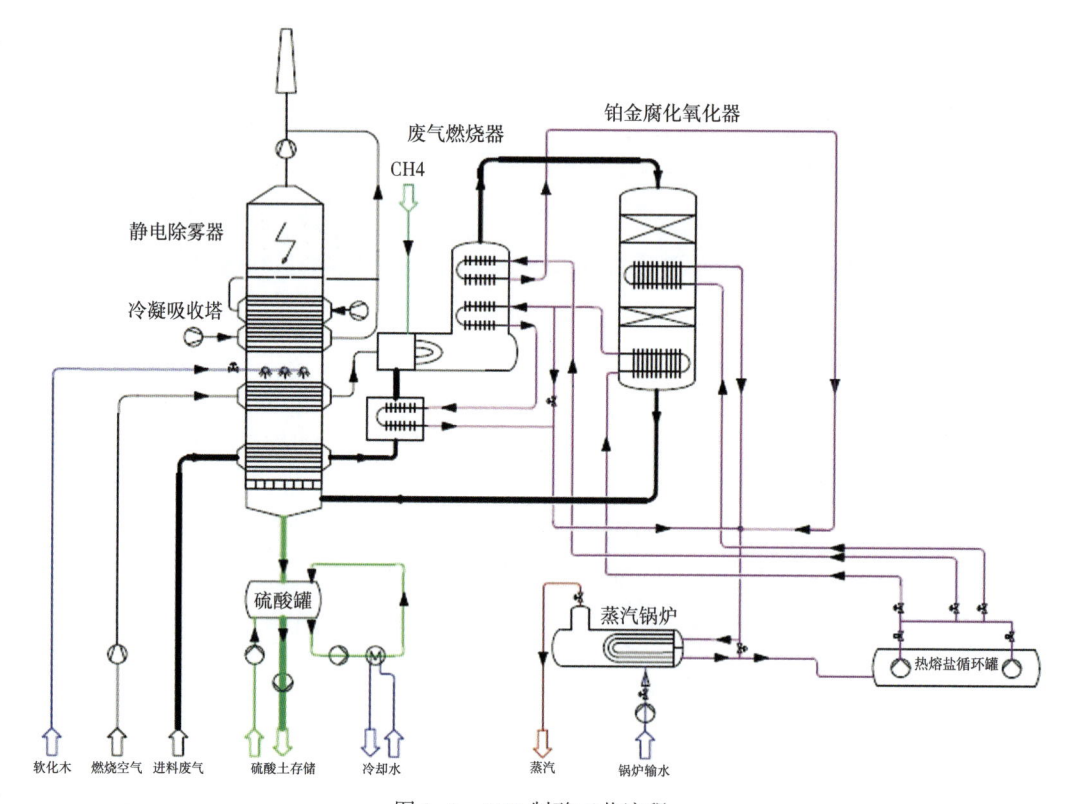

图3-3 SOP制酸工艺流程

SOP制酸工艺采用先进的两转两凝工艺，将高浓度H_2S产生的SO_2完全转化成SO_3，进而冷凝回收成需要的硫酸，主要包括以下过程：

（1）热氧化：气体通过燃烧将硫元素氧化转化成SO_2，反应式为：

$$H_2S + 3/2 O_2 \longrightarrow SO_2 + H_2O$$
$$S + O_2 \longrightarrow SO_2$$

（2）催化转化：气体在催化剂和热交换交替轮转，最多可经过4次催化床和换热冷却，每一次催化都将SO_2转化成SO_3，反应式为：

$$SO_2 + 1/2 O_2 \longrightarrow SO_3$$

(3)冷凝制酸:催化反应气控温大约260~280℃送入玻璃管冷凝器冷凝产生硫酸,其反应为:

$$SO_3 + H_2O \longrightarrow H_2SO_4$$

(4)二次转化冷凝:在较高的排放要求下,一次冷凝气可通过二级转化将残留的SO_2进一步转化成SO_3,随后冷凝制酸以满足严苛的环保要求。

(5)SOP工艺盐换热系统。

SOP工艺采用热熔盐作为热媒,热容量大,反应热快速迁移,能够实现高效的反应温度控制,从而保证SO_2向SO_3的高转化率。盐系统带有夹套,通过低压蒸汽避免盐凝固。

(6)SOP工艺蒸汽系统。

从热交换器中回流的高温盐流通过锅炉时产生蒸汽,同时冷却了盐流以达到控制温度的目的。蒸汽系统可产生饱和或过热蒸汽送入管网利用。

二、方案比选

以尾气气质条件(尾气量50000m^3/h,SO_2含量3600mg/m^3)为依据,重点比较最有可行性的3种尾气处理技术(标准还原吸收工艺、Cansolv工艺以及SOP制酸工艺),对比结果见表3-1。

表3-1 尾气处理技术方案对比表

项目	标准还原吸收工艺	Cansolv工艺	SOP制酸工艺
尾气处理装置占地(m×m)	90×40	80×40	制酸装置:35×25 硫酸储存及装车:85×75
尾气装置脱硫效率(%)	90	98	95
总硫黄回收率(%)	99.8	99.98	99.95
废气中的SO_2排放浓度(mg/m^3)	<500	≤300	≤300
操作弹性(%)	50~110	50~110	30~110
一次性投资(万元)	12500	工艺装置:8100 污水处理:3000 合计:11100	制酸:7500 储存装车及征地:5200 合计:12700
15年运行成本(万元)	12059	12807	9927
国内配套	可自主进行工艺包设计、基础设计和详细设计。设备、材料采购立足国内,关键设备和在线分析仪需引进	国外公司进行工艺包设计,国内完成基础设计和详细设计。设备、材料采购立足国内,吸收剂需进口	国外公司进行工艺包设计,国内完成基础设计和详细设计。设备、材料采购立足国内,催化剂、静电除雾器、玻璃管冷凝器需进口
催化剂	催化剂为常规催化剂,价格适中,采购方便,也可采购国产催化剂	吸收剂为专利溶剂,由工艺包商提供,价格昂贵	催化剂为特殊Pt催化剂,价格昂贵,由工艺包商提供

续表

项目	标准还原吸收工艺	Cansolv 工艺	SOP 制酸工艺
产物及废物排放	产物:硫黄 废物:酸性废水	产物:硫黄 废物:酸性废水	产物:浓硫酸(>95%) 无废水废渣排放
采购周期	在线分析仪需进口,采购周期 6~8 个月	SO_2 吸收剂需进口,采购周期约 5 个月	催化剂、静电除雾器、玻璃管冷凝器需进口,采购周期约 8~10 个月
初设设计周期	自尾气方案确定 1.5 个月内完成初设报审	自尾气方案确定 5 个月完成初设报审(合同谈判 1 个月,引进工艺包 3 个月,国内转化 1 个月)	自尾气方案确定 5 个月完成初设报审(合同谈判 1 个月,引进工艺包 3 个月,国内转化 1 个月)
优点	(1)装置一次性投资较低; (2)完全自主设计,不受制于人,初设周期可控; (3)设计、采购周期短; (4)工艺方法成熟,在天然气处理领域使用较广泛; (5)西南油气田公司在引进分厂、龙岗试采净化厂、罗家寨净化厂等已有成熟应用经验,能得到充分的技术支持和岗位培训	(1)脱硫效率最高; (2)吸收剂具有较高的热稳定性和化学稳定性,不容易起泡; (3)吸收剂对 SO_2 的选择吸收性是 CO_2 的 5000 倍,装置循环量低	(1)流程简单、操作方便; (2)无废水、废渣等排放; (3)操作弹性大,能适应原料气气量及硫化物浓度的大范围波动; (4)采用专有的玻璃冷凝管密封技术,使得高温工艺气与低温的反应空气进行热交换,回收冷凝热量,大幅提高系统能量回收率; (5)铂金催化剂转化率高、寿命长,且废催化剂可半价回收,降低了运行费用; (6)运行成本最低
缺点	(1)装置设备数量较多; (2)装置运行成本高	(1)需引进工艺包,工期长,不可控; (2)国内天然气厂尚无应用; (3)工艺介质腐蚀性强,对设备、管道腐蚀较重; (4)设备主材 316L、SMO245,一次性投资较大; (5)需增设一套胺液净化系统,温度越高,需要除去的热稳定盐越多; (6)含亚硫酸污水量大,只能采取碱中和的处理方式; (7)采用专利溶剂,价格昂贵; (8)要求进吸收塔的烟气中 H_2S 浓度要求小于 $5mL/m^3$,否则轻者会增加溶液中热稳定性盐量,影响 SO_2 脱除效率,重者会生成单质硫造成系统堵塞	(1)一次性投资高; (2)装置占地大,需新征地; (3)需引进工艺包,工期长,不可控; (4)天然气净化厂领域尚无应用;现场管理缺乏经验; (5)硫酸为强酸,储存、运输有一定的风险,存在道路限制; (6)需 400m 卫生防护间距; (7)酸雾对设备及周边可能造成影响; (8)制酸环评存在进度风险; (9)硫酸的销售市场不太明确

Cansolv 工艺虽一次性投资最低,但存在运行费用高,设备腐蚀严重、亚硫酸污水处理困难;SOP 制酸工艺虽然运行费用低,但一次性投资高;且两者均需引进工艺包,工期长,不能满足工程进度要求。

因此,从技术成熟度、安全环保、节能降耗等方面综合考虑,采用标准还原吸收工艺更优。

三、硫黄回收及尾气处理组合工艺

(一) 工艺原理

为适应新的环保要求,进一步降低 SO_2 排放量,中国石油工程建设有限责任公司西南分公司[原名中国石油集团工程设计有限责任工程(CPE)西南分公司,以下简称 CPECC 西南分公司]在总结各类硫黄回收及尾气处理技术优缺点的基础上,开发出具有自主知识产权的综合制氢硫黄回收及尾气处理专利技术,工艺原理如下。

1. 硫黄回收区

含硫化氢的酸气与空气在 SO_2 发生器中混合,生成一定量的 SO_2。在第一级还原气体发生器中,同时进行 H_2S 和 SO_2 生成单质硫的高温克劳斯反应和 H_2S 高温裂解生成 H_2 的反应,在第一级还原气体发生器中,可得到整个工艺需要的大部分氢量。通过硫黄回收尾气管线上的 H_2S/SO_2 分析仪,调整酸气与空气的比例,保证 H_2S/SO_2 比值为 2~4,即可减少 SO_2 发生器中 SO_2 的生成量,从而保证足够的过程 H_2 量。利用余热锅炉和热段冷凝器回收过程气的热源并分出冷凝的液硫。

第二级还原气体发生器中,在低于化学当量条件下燃烧燃料气生成 H_2,调整燃料气与空气的比例,在第二级还原气体发生器中,即可得到整个工艺需要的补充氢量。在第一级过程气预热器中,热段冷凝器出来的过程气与第二级还原气体发生器的高温还原气体混合,即可获得第一级催化反应需要的温度,以及 COS 和 CS_2 完全水解需要的温度。第一级催化反应器出口过程气进入第一级冷凝冷却器中冷却,分出冷凝的液硫;进入第二级过程气预热器,获得第二级催化反应需要的温度,第二级催化反应器出口过程气进入第二级冷凝冷却器中冷却,分出冷凝的液硫。

2. 加氢反应区

第二级冷凝冷却器出来的尾气经过第三级过程气预热器,即可获得加氢反应需要的温度,加氢反应器后管线上的 H_2 分析仪确保整个过程中过剩氢气量为 50%~70%。过程气在急冷塔中进一步冷却。

3. H_2S 脱除区

急冷塔顶出来的气体进入吸收塔,通过 MDEA 溶剂除掉所有的 H_2S,并把吸收的 H_2S 通过再生塔塔顶循环到硫黄回收区的 SO_2 发生器中。

通过这三个工艺区,即可获得 99.9% 的总硫收率,硫黄回收及尾气处理联合工艺流程图如图 3-4 所示。

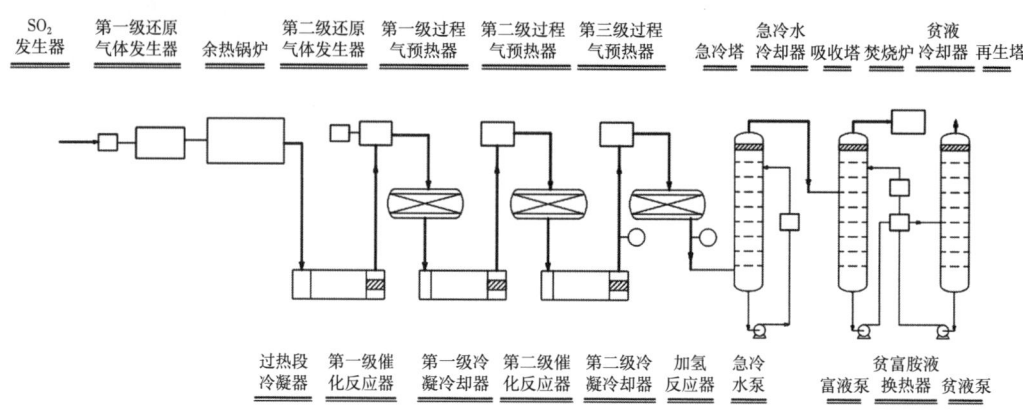

图 3-4　硫黄回收及尾气处理组合工艺流程图

(二) 改良点及创新点

(1) 加氢硫化物的氢源由硫黄回收装置内部产生,避免了 SCOT 工艺采用的外部氢源。外来的氢依赖发生氢气的工业装置提供,不利于氢气供应和质量的稳定性。外来氢气中的烃可能造成 H_2S 脱出区的吸收塔的严重发泡。

(2) 为完全还原硫化物,所需的氢气应有较大富余量,设置功能复合的两级还原气体发生器。

(3) 第一级还原气体发生器同时进行 H_2S 和 SO_2 生成单质硫的高温克劳斯反应和 H_2S 高温裂解生成 H_2 的反应,通过调整酸气与空气的比例,保证 H_2S/SO_2 比值为 2~4,减少 SO_2 发生器中 SO_2 的生成量,从而保证足够的过程 H_2 量。

(4) 第一级还原气体发生器,由于采用 H_2S/SO_2 高比率运行,有助于减轻上游装置工况波动带来的影响,使整个装置的操作较为平稳,容易实现 99.9% 总硫回收率。

(5) 第二级还原气体发生器在低于化学当量条件下燃烧燃料气生成 H_2,调整燃料气与空气的比例,保证空气/燃料气比值为 75%~90%,即可确保得到整个工艺需要的补充氢量。

(6) 第二级还原气体发生器不仅可获得氢源,同时可获得第一级催化反应需要的热源,COS 和 CS_2 完全水解需要的热源。

(7) 把还原气体发生器设置在硫黄回收区而非加氢反应区,更能保证加氢反应需要的温度不致过高,确保加氢反应更完全。

(三) H_2S/SO_2 的比值为 2~4 的节能降耗作用

采用 Sulsim 软件,模拟不同 H_2S/SO_2 控制比值的能耗情况,如图 3-5 所示。

提高硫黄回收尾气中 H_2S/SO_2 比值,可减少进入急冷塔的尾气量,降低冷却水的量,降低冷却水循环泵的电消耗。同时,减少进入吸收塔的尾气中 CO_2 含量,降低溶液循环量,减少再生所需蒸汽量,减少冷却贫液的空冷器风机的电耗量,减少冷却贫液后冷器的循环水量,累计节能 17714MJ/h,具体节能详情见表 3-2。

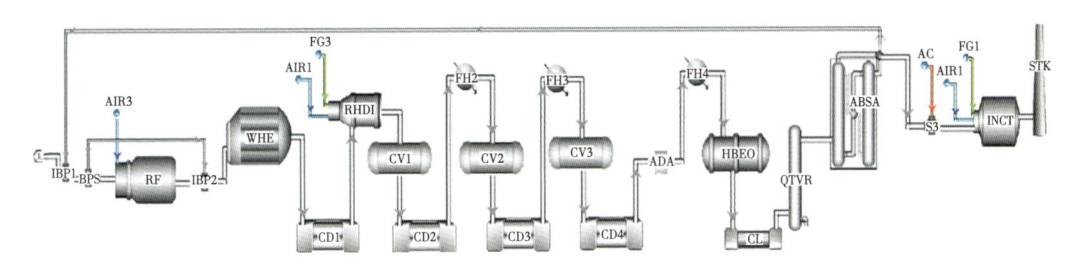

图 3-5 利用 Sulsim 软件计算不同 H_2S/SO_2 的比值的节能情况

表 3-2 不同 H_2S/SO_2 比值能耗对比表

项目	H_2S/SO_2 比值为 2	H_2S/SO_2 比值为 4
过程气量(kmol/h)	945	890
急冷水循环量(m^3/h)	130	110
急冷水后冷器水耗量(m^3/h)	260	215
胺液循环量(m^3/h)	190	160
贫液后冷器水耗量(m^3/h)	340	280
急冷水泵、富液泵、贫液泵电机功率(kW)	225	175
重沸器蒸汽量(t/h)	24	18

(四) 设置反应器采用低温加氢还原的节能降耗作用

适当降低硫黄回收装置的配风量,提高硫黄回收装置出口尾气中还原气量,确保尾气中的还原气量能满足尾气处理装置加氢反应的需要,则尾气处理装置的反应器可采用低温加氢还原,在线炉仅起进加氢反应器前尾气的再热作用,燃料气采用等当量燃烧,经计算消耗的燃料气量约 240m^3/h。若采用常规操作模式,由在线炉次化学当量燃烧产生还原气,同时再热进加氢反应器前尾气,经计算消耗的燃料气量约 350m^3/h。采取上述节能措施后,仅在线炉就能节约燃料近 110m^3/h(表 3-3)。

表 3-3 两种还原方式燃料气耗量对比表

项目	低温加氢还原	普通加氢还原
H_2S/SO_2 比值	4	4
加氢反应器入口温度(℃)	230	280
在线燃烧炉燃料气耗量(m^3/h)	240	350

(五) 设置焚烧炉烟道气废热锅炉的节能降耗作用

焚烧炉烟道气温度约 600℃,单套流量约 1215kmol/h。通过模拟计算,焚烧炉烟道气温度由 600℃ 降至 350℃ 能提供约 3162kW 的热量,能产生 4.9t/h 的低压饱和蒸汽,达到了回收能量的目的。若通过燃料气燃烧来产生低压饱和蒸汽,需消耗燃料气量约 404m^3/h。

(六)设置反应器出口余热锅炉的节能降耗作用

在尾气处理装置的反应器出口设置余热锅炉,利用过程气的余热产生低压饱和蒸汽供装置使用,既回收了余热又降低了急冷塔的冷却负荷。加氢反应器出口温度约306℃,单套流量约1029kmol/h。通过模拟计算,加氢反应器出口温度由306℃降至170℃能提供约1437kW的热量,能产生2.1t/h的低压饱和蒸汽,达到了回收能量的目的。若通过燃料气燃烧来产生低压饱和蒸汽,需消耗燃料气量约173m³/h。

(七)总硫回收率99.9%的减排作用

在总结各类硫黄回收及尾气处理技术优缺点的基础上,开发出具有自主知识产权的综合制氢硫黄回收及尾气处理专利技术。与同类引进技术99.8%的回收率相比,自主化的硫黄回收及尾气处理组合工艺在总硫回收率上高达99.9%以上(表3-4),进一步降低SO_2排放浓度,尾气中SO_2的排放减少140t/a,取得了很好的社会环保效益。中国石油自主化尾气处理专利技术实现了天然气净化厂脱硫脱碳、脱水、硫黄回收、尾气处理技术的全面自主化,消除了对国内外工程公司的技术依赖,对天然气净化厂的节能减排具有指导意义。

表3-4 硫黄回收及尾气处理装置性能

项目	第1日	第2日	第3日
SO_2排放量(kg/h)	2.75	3.1	3
SO_2排放速率(mg/m³)	204	227.25	204.25
总硫回收率(%)	99.95	99.94	99.94

第二节 含硫气田水闪蒸气除臭技术

在天然气田开发过程中,井口出来的高压含硫天然气夹带饱和水及游离水在站场分离器进行气液分离,分离得到的含硫气田水先存储于站内的气田水罐,再拉运或转输至回注站或处理站,典型流程如图3-6所示。

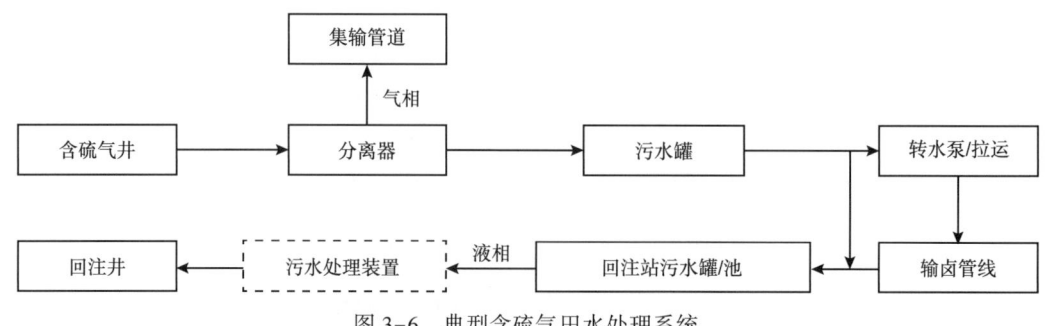

图3-6 典型含硫气田水处理系统

高压饱和水进入较低压的污水罐中后,根据亨利定律$p=ex$(p为溶质在气相中的平衡分压,x为溶质在液相中的摩尔分数,e为亨利常数,p值与温度压力以及溶质和溶剂的本质有关),不同温度与分压下气相溶质在液相溶质中溶解度不同,当溶剂压力降低时,溶剂中的溶质就会迅速解吸自动放出形成闪蒸。

含硫化氢气田水闪蒸气是在高压状态下溶解了饱和原料气的气田水在低压状态下(一般闪蒸压力为 0.2MPa)释放出的气体,主要有硫化氢、二氧化碳、水和甲烷等,具有恶臭气味。通过检测得出,含硫气田水闪蒸气中硫化氢含量可高达 $300g/m^3$ 以上,若不加控制,不仅会对大气环境造成污染,轻则影响站场员工和周边民众的身体健康,重则威胁人身安全。

随着环境排放要求的日益严格,根据龙王庙气藏开发工程环境影响评价结果要求,磨溪区块井站气田水罐后端呼吸管排入大气前应安装臭气脱除装置,通过去除气田水中逸散的硫化氢等气体,以达到 GB/T 14554—1993《恶臭污染物排放标准》规定的恶臭气体排放要求。通过实践,在磨溪区块先后试运了多种气田水闪蒸气除臭装置,形成了技术系列,能够实现气体达标排放的要求。

一、技术分类

国内外研究学者根据硫化氢的特性,研究了多种处理技术,主要有以下方法。

(一)化学吸收法

化学吸收法的主要原理是用碱液与酸性的 H_2S 气体发生可逆反应来脱除天然气中的 H_2S 气体,该方法利用了 H_2S 的弱酸性。该方法对操作压力较低和原料气中烃含量较高的情况是比较适合的。碱法、胺法、碳酸盐法和氨法等是最常用的化学吸收法。对各种吸收剂的选择和改进、对吸收剂的复配以及与吸收剂复配溶剂和添加剂的选择问题是近几年胺法脱硫技术的焦点。通过研究发展,形成了多种配方溶剂可供选择使用,以满足不同场合、不同的脱硫要求。寻找脱硫效果更好、成本更低的胺液将会是今后一段时间热点的研究课题。最早从气体中脱除二氧化碳和硫化氢等酸性气体的方法是碳酸盐法,该法能够将有机硫羰基硫完全脱除,而且碳酸盐化学性质稳定,不与氧气及羰基硫等发生降解反应。缺点是当气体中不含二氧化碳或者含二氧化碳较低时,该法并不适合。开发能够对反应有活化作用的新型活化剂是近年及以后的主要研究方向。氨法使用 $NH_3 \cdot H_2O$ 作为脱硫剂,有一定效果,但腐蚀性较强且会对环境造成污染。在焦炉煤气脱硫过程中,利用焦化厂自产的碱源可以产生经济效益,显示出经济上的优势。

(二)物理吸收法

物理吸收法是采用具有选择性比较强的物理吸收性能的溶剂吸收 H_2S 来实现的。物理吸收溶剂常以有机溶剂为主。根据所用溶剂的不同主要可分为:冷甲醇法、N-甲基-2-吡咯烷酮法、碳酸丙烯酯法、聚乙二醇二甲醚法、磷酸三丁酯法等。

(三)液相氧化还原法

以中性或弱碱性的溶液为脱硫剂的湿式氧化法也是一种新方法,脱硫剂中含有氧化剂,能够将溶液中吸收的硫化氢氧化成硫黄,并且溶液可以用空气再生循环使用。湿式氧化法和干式氧化法的脱硫机理是一样的,但操作过程却属液体吸收法的范畴。流程简单、具有选择性、可以回收利用、一次性投资低、操作弹性大等优点使湿式氧化法成为备受青睐的方法。湿式氧化的原理被部分运用在生物化学脱硫方法中。从1950年至今,很多工艺流程已经在该法的基础上发展而来,最著名的是 Stretford 法(ADA 法,英国煤气公司开发)和 LO-CAT 法(美国 ARI 技术公司开发)。与此同时,该法中的铁基工艺的研究也有较快发展。

(四)铁类化合物除硫剂

铁类化合物除硫剂主要有海绵铁、氧化铁与铁基复合物。海绵铁(Fe)是经特殊处理过的多孔巨大比表面积的铁。除硫反应:$Fe+H_2S \longrightarrow FeS\downarrow +2H^+$,$H^++OH^- \longrightarrow H_2O$。它不溶于水,但能与可溶硫化物反应生成几种稳定的铁硫化合物。对于 H_2S 是主要硫化物的低 pH 值钻井液,pH 值不超过 8,氧化铁是最有效的硫清除剂,其反应速度主要与温度、压力和混合强度有关,对 pH 值比较敏感。铁基复合物主要是 $C_{12}H_{22}FeO_{14}$(葡萄糖酸亚铁)、$C_{12}H_{22}FeO_{14} \cdot 2H_2O$,呈灰色或浅黄绿色的细粉或颗粒,略带焦糖气味,溶解度大,其与硫化氢反应,生成的沉淀多数是硫化亚铁。

(五)铜类化合物除硫剂

铜类化合物除硫剂主要是碳酸铜,其原理是利用加在钻井液中的碳酸铜,离解出的铜离子与硫化氢作用,生成硫化铜沉淀。硫化铜在钻井液中的还原性物质的作用下可生成硫化亚铜沉淀。这种物质的溶解度极低,即使在 pH 较低情况下也不易溶解转化为硫化氢,是钻井含硫气层可采用的除硫剂。碳酸铜作为短时间除硫剂还行,但是,由于碳酸铜和硫化铜有一个自发金属铜电镀的趋势,会与钻头形成铜—铁腐蚀电池,从而加速钻头腐蚀,对钻具寿命影响较大,因而碳酸铜除硫剂在逐渐被取代。

(六)锌类化合物除硫剂

锌类化合物除硫剂主要是氧化锌和碱式碳酸锌。对于氧化锌来说,以前很多采用纯氧化锌作为除硫剂,其原理是氧化锌与硫化氢反应生成难容物硫化锌,且氧化锌具有一定的吸附能力,有效地吸附其周围的硫化氢,提高除硫效率,但是,氧化锌颗粒较大,反应的比表面积小、孔隙率低,因而限制了它与硫化氢的反应速度和效率。所以现阶段部分油田采用纳米氧化锌作为除硫剂,用纳米氧化锌来吸收侵入井筒中的硫化氢比较迅速有效,纳米氧化锌在反应速度和效率上比分析纯氧化锌高得多,且其对钻井液性能并无不良影响,反而可以改善钻井液静止时的悬浮能力。对于碱式碳酸锌来说,碱式碳酸锌内含有碳酸锌和氢氧化锌,其除硫机理是碱式碳酸锌解离出的锌离子与硫化氢在钻井液中电离出的硫离子反应,生成难容物硫化锌,相对除硫效果比较好,且在钢材表面生成氢氧化锌的保护层,能减缓对钻头的腐蚀。但相关资料表面,其用于现场除硫时,除硫效果不是非常理想,对 pH 要求相对较高,对钻头腐蚀也有一定影响,它会轻微絮化处理过的高固体含量的钻井液,因而必须加入石灰使之沉淀,从而加大钻井液负担。

(七)活性炭法

活性炭在干法脱硫中是最常用的一种方法。一般认为,活性炭脱硫的机理是,在有氧气存在的条件下,H_2S 吸附在活性炭表面,在其表面的醌酚基团作用下,被催化氧化为单质硫。这样使得吸附平衡被打破,因此,活性炭的脱硫能力可以提高数十倍。

如果用过渡金属如铁、铜和钴等的氧化物浸渍活性炭,能够使活性炭的催化氧化活性得到显著增强,不仅可以使脱硫反应温度得到降低,又能使脱硫容量得到大大提高。

(八) 分子筛法

分子筛的成分是碱土金属或者是碱金属的硅铝酸盐晶体,而且具有骨架结构,是能力出众的吸附剂。表面积大、极性电荷局部高度集中是分子筛具有的优良性质。H_2S 等具有极性或可被极化的化合物能被分子筛的局部集中电荷强烈吸附。吸附剂可以再生是分子筛法的特点,但尾气处理费用偏高、装置投资高昂等问题是分子筛法的缺点。

(九) 膜分离法

膜分离法的主体是特制薄膜,这种膜可以使透过薄膜的不同气体的速率产生差异,利用这种差异来实现脱硫。膜分离法脱硫已在美国、加拿大等国家广泛使用,无需外加能源、方便灵活、操作简单、操作费用低、环境友好等特点是其优点,因此,发展前景较好。

(十) 微波法

微波法的主体是具有一定频率的电磁波,它能够激发 H_2S 分子,使分子能级得到提高,这样使得 H_2S 在短时间内脱除。有学者研究了催化剂为 FeS,在微波作用下,H_2S 分解为 H_2 和硫黄的实验。结果表明:在微波作用下,较短时间内,反应转化率可达 87%~95% 以上。

(十一) 生物法

从 1980 年开始,用生物净化的方法处理废气中硫化氢的研究逐渐兴起。在国内,生物法处理硫化氢废气的研究最先始于昆明理工大学和同济大学。黄若华、孙佩石等将反应器用生物膜填料塔充当,将挂膜采用活性污泥法进行填料,对硫化氢废气进行了生物法去除研究。邵立明等将液相曝气驯化后的城市污水处理厂二沉池污泥进行固定化小球试验,得出微生物去除硫化氢率经固定化后超 96% 的结论。殷峻等研究了处理低含量硫化氢气体的泥炭生物滤塔技术。任爱玲等研究了好氧生物膜法,该法对好氧生物进行 PVC 弹性填料后探究其对气体的脱硫性能,得出当硫化氢的体积质量低于 $1200mg/m^3$ 时,脱硫效率可以达到 90%。

(十二) 其他方法

硫化氢治理的新方法还有:低温等离子体技术、介质阻挡放电低温等离子体技术、纳米光催化技术等。室内和工作场所是这些新方法主要运用场所,仍在不断地发展和完善之中。

在龙王庙组气藏开发过程中,先后针对含硫气田水闪蒸气试用了碱液吸收脱硫、胺液吸收脱硫、液相氧化还原脱硫和固体氧化铁脱硫等 4 种方式。4 中除臭技术对比分析见表 3-5。

表 3-5 典型含硫气田水除臭技术对比分析表

项目	碱液吸收	胺液吸收	液相氧化还原脱硫	固体氧化铁脱硫
工艺复杂性	较简单	简单	较复杂	简单
操作稳定性	操作步骤相对复杂且较不稳定,入口管阀易堵塞;气田水罐压力负压后会导致溶液倒吸	装置较为稳定,但净化度较低;气田水罐压力负压后会导致溶液倒吸	装置操作复杂;运行平稳性不足;气田水罐压力负压后会导致溶液倒吸	操作相对简单稳定;压力波动影响小,但催化剂与氧气会产生反应热量积聚

续表

项目	碱液吸收	胺液吸收	液相氧化还原脱硫	固体氧化铁脱硫
安全环保合规性	使用的氢氧化钠和反应生成的硫化钠均属危化品,其购买、运输、储存、处置均需要有合规资质	溶液再生实施困难	液体可循环使用,产生液体硫黄属危险废物	产生的废剂为一般工业固废
投资费用	低	低	高	较高
运行消耗	定期更换药剂	定期更换药剂	定期更换药剂,定期排放清理硫黄	定期更换脱硫剂
净化度	较高	较低	高	高
占地面积	可橇装,占地较小	可橇装,占地较小	可橇装,占地大	可橇装,占地较大

通过综合技术经济分析得出:液相氧化还原脱硫和固体氧化铁脱硫均能实现碘量法检测硫化氢无检出的净化度,适合含硫气田水闪蒸气除臭。两种工艺比较,在8kg以上潜硫量,液相氧化还原技术具有技术经济优势;而在8kg以内潜硫量,干法脱硫则更具技术经济优势。

二、液相氧化还原法

磨溪地区含硫气田水闪蒸气除臭装置采用"铁法液相氧化还原脱硫+空气常温常压再生"工艺。

(一)反应原理

吸收反应:

$$R-X(复合脱硫剂)+H_2S \longrightarrow R-HS+HX$$

$$R-X(复合脱硫剂)+YHS(挥发性硫化物) \longrightarrow R-HS+YX$$

再生反应:

$$R-HS+HX+\frac{1}{2}O_2 \xrightarrow{复合催化剂} R-X+H_2O+S\downarrow$$

$$R-HS+YX+\frac{1}{2}O_2 \xrightarrow{复合催化剂} R-X+HYO+S\downarrow$$

复合脱硫剂体系在反应罐中与硫化氢和硫醇等有机硫反应,形成牢固的硫化物复合体,形成脱硫富液,富液进入再生罐后与空气充分混合,在复合催化剂的作用下快速再生生成硫黄。贫液循环使用。

(二)工艺流程

设备包括脱硫槽、再生槽、硫泡沫槽、过滤器、循环泵、鼓风机、硫泡沫泵,都安装在同一橇体上。闪蒸气通过进气管进入装置处理后,通过放空管排入大气中,工艺流程如图3-7所示,现场装置如图3-8所示。

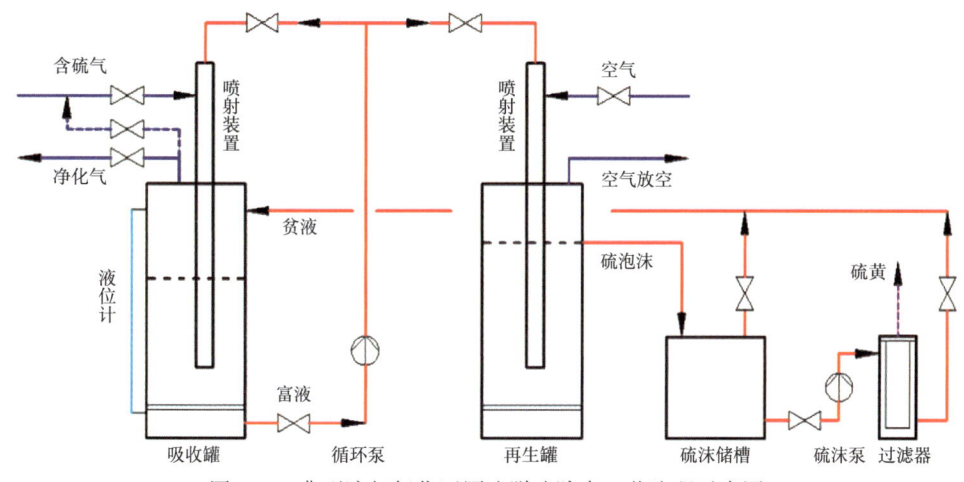

图 3-7 典型液相氧化还原法脱硫除臭工艺流程示意图

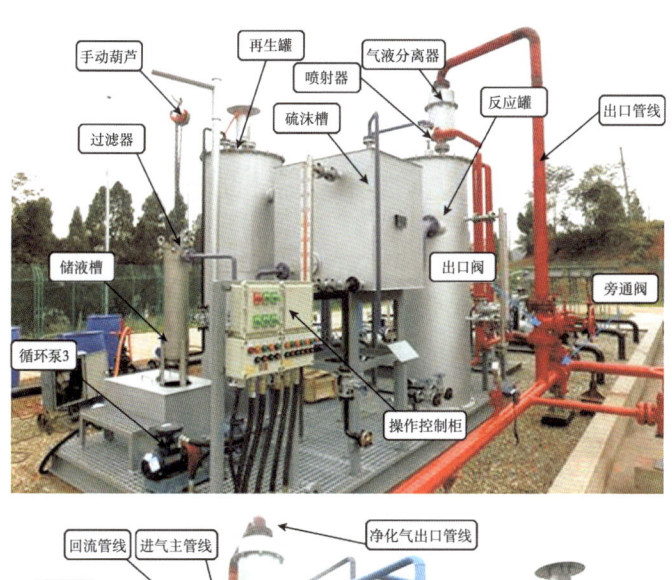

图 3-8 含硫闪蒸气液相氧化还原脱硫装置现场图

含硫气田水闪蒸气经管线进入吸收罐的喷射装置,与通过循环泵的脱硫液在喷射装置内混合,从吸收罐上方喷射到底部。在吸收罐内,硫化氢被脱硫溶液吸收后,被溶液中 Fe^{3+} 氧化为单质硫,净化后的闪蒸气从排空管线排出。脱硫后溶液经循环泵一部分作为吸收液进吸收罐上的喷射装置作为动力,另一部分进入再生罐内再生。在再生罐内,脱硫后溶液中的 Fe^{2+} 被氧化成 Fe^{3+},再生后脱硫溶液和硫一起流入硫沫储槽,在硫沫储槽内,上部脱硫溶液回流至吸收罐循环使用;储槽下部,大部分硫黄因重力作用而沉降到底部,通过硫沫泵,经过滤器分离产生粗硫黄。

在运行过程中将产生粗硫黄,在过滤过程中会将部分脱硫剂随硫黄带出,因而会有少量脱硫剂损耗,需另外补充。运行过程中补液量由硫黄的多少和再生过程中带走的水量决定,需运行一定时间才能确定补液量。

(三)运行效果

液相氧化还原除臭装置在常温、常用条件下运行,目前实际生产的最大含硫气田水闪蒸气的处理规模为 1700m^3/d,对应气田水量约 340m^3/d,日产粗硫黄 15~30kg。

粗硫黄各组分含量分析数据见表3-6。

表3-6 粗硫黄各组分含量检测结果一览表

序号	检测项目	实测值
1	硫(S)(以干基计)(%)	91.51
2	水分(%)	38.73
3	灰分(以干基计)(%)	8.32
4	酸度(以 H_2SO_4 计)(以干基计)(%)	0.00032
5	有机物(以 C 计)(以干基计)(%)	0.17
6	砷(AS)(以干基计)(%)	0.000044
7	铁(Fe)(以干基计)(%)	0.0044

通过硫沫过滤产生粗硫黄工作的劳动强度较大,在后期的装置中采用了一体化自动过滤系统,大大降低了员工劳动强度。

三、固体氧化铁法

含硫气田水闪蒸气小型除臭装置采用固体氧化铁法脱硫。

(一)反应原理

对于硫碳比高、处理量不大、潜硫量不高的低含硫气,无论是采用传统的醇胺法还是液相氧化还原法都不经济,干法脱硫就是为了适应此类气质气体的脱硫而开发的,工业上常用的有氧化铁法、海绵铁法、氧化锌法等。

固体氧化铁法脱硫的基本化学原理可以用下面两个反应式来表示:

$$2Fe_2O_3 \cdot H_2O + 6H_2S \longrightarrow 2Fe_2S_3 \cdot H_2O + 6H_2O \quad (脱硫过程)$$

$$2Fe_2S_3 \cdot H_2O + 3O_2 \longrightarrow 2Fe_2O_3 \cdot H_2O + 6S \quad (再生过程)$$

脱硫过程中,主要成分为 $Fe_2O_3 \cdot H_2O$ 的脱硫剂与闪蒸气中的 H_2S 反应生成 Fe_2S_3 的结晶水合物,从而脱去天然气中的 H_2S。再生时通入空气,使 $Fe_2S_3 \cdot H_2O$ 转化为 $Fe_2O_3 \cdot H_2O$ 并生成单质硫,脱硫剂便得到再生。

(二) 工艺流程

固体氧化铁法脱硫工艺简单,操作方便。

脱硫流程:从气田水罐过来的含硫闪蒸气由脱硫塔顶部通过塔内脱硫剂床层,气体中的硫化氢与固体氧化铁脱硫剂反应而被脱除成为净化闪蒸气。

再生流程:空气进入脱硫塔与脱硫剂反应生产硫黄,使脱硫剂得以再生。

装置设置两套脱硫塔,可串联和并联操作(图 3-9)。

图 3-9 含硫闪蒸气固体氧化铁脱硫装置现场图

(三) 运行效果

某井站应用固体氧化铁法对含硫气田水闪蒸气除臭情况见表 3-7。

表 3-7 某井站含硫气田水闪蒸气组成分析表

检测项目	某井站
硫化氢(g/m^3)	191
硫化氢(%)(摩尔分数)	13.32
氧气(%)(摩尔分数)	0.07
氮气(%)(摩尔分数)	0.48
二氧化碳(%)(摩尔分数)	30.92
甲烷(%)(摩尔分数)	50.30

装置采用橇装化设计,装置尺寸:长 3.5m、宽 2.2m、高 2.7m;装置设有两台脱硫塔,可实现单塔、双塔的串、并联操作,塔径为 600mm,塔设计压力为 0.7MPa;两塔顶部设有喷淋水管

线,塔底部设有排污阀门及管线。装置实际处理潜硫量约为6.68kg/d。

通过实际运行表明:在低潜硫量条件下,装置净化度高,运行平稳,床层无明显压降,反应温升可控,反应硫容可高达18%以上。

第三节 污水零排放技术

一、技术简介

天然气气田开发会产生大量的气田水、生产污水、生产废水以及检修污水。气田水是采气过程中随天然气从气井带出的地层水以及在集、采气过程中原料气因压力变化由分离器产生的凝析水。正常生产污水是指在天然气净化过程中,净化装置产生的生产废水,其COD浓度约为500mg/L,主要污染物包括甲基二乙醇胺、环丁砜和三甘醇等。生产废水是指在生产过程中循环冷却水系统排污水和锅炉房排污水,主要污染物包括含盐类、机械杂质、磷酸三钠等,其污染程度较轻。检修污水是指在净化设备检修期间产生的检修废水,其COD浓度高,有时可高达26000mg/L左右,主要污染物为环丁砜等。另外厂内还会产生生活污水、雨水、事故废液等其他类型污水。因此,可以看出天然气气田开发生产污水特点是:来源点多、污染物浓度波动大,既有有机物的污染,又有无机物的污染,污染物的毒性大,生物降解慢。

天然气气田开发以往通常采用"污水达标排放"的处置方式,对全厂的各类污水采用生化处理法和物理化学处理法,最后达到GB 8978—1996《污水综合排放标准》后排放水体,这样污水排污总量较大,新鲜水的消耗量也较大。而天然气气田开发所需新鲜水大都由管道长距离输送而来,用水成本较贵,加之水资源日益匮乏,将气田各类污水进行深度处理后进行回用是必然的趋势。为此,部分新建天然气气田开发针对生产实际均采取了一定的污水处理及回用措施,如"回注、回用和达标外排相结合"的处置方式,即生产废水进行除盐处理,淡水回用,浓水与气田水一道回注地层;生产污水和生活污水进行生化处理,达标后部分回用,剩余部分外排。但这些均无法实现天然气气田开发污水零排放,除盐处理的浓水和部分达标污水均需排入水体或注入地层。

但随着环保政策的日趋严格,外排和回注方式也受到更多条件的制约,甚至某些项目受外界环境和政策的制约根本不具备外排和回注的条件。此时只能另辟蹊径,以提高污水回用率、实现污水零排放或趋零排放、为避免外排和回注为目标,开发一种适应于气田开发的污水处理整体解决方案,以满足工程建设的需要。

天然气气田开发污水零排放的新型技术是针对石油天然气行业地面建设工程污水处理领域,所形成的具有自主知识产权的生化污水处理工艺、蒸发结晶脱盐处理工艺、全厂水资源综合利用和平衡技术等系列技术。该成果适用于天然气处理厂、石油化工以及其他行业所属污水处理领域;该成果开发的气田污水零排放组合工艺新型技术,解决了厂矿污水外排的技术难题;该成果进行了橇装化研制,形成生化污水处理装置、蒸发结晶污水处理装置橇装化、模块化成套技术,实施产业化运作。

天然气气田开发污水零排放的新型技术流程图如图3-10所示。

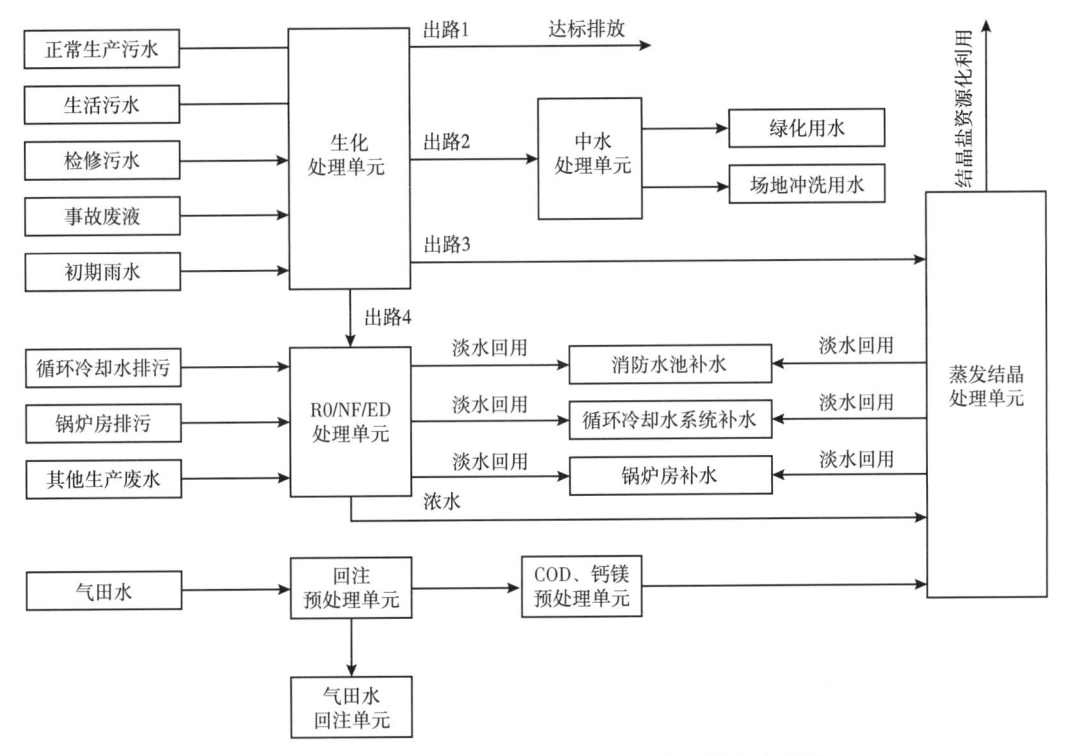

图 3-10　天然气气田开发污水零排放的新型技术流程图

二、技术原理

气田污水包括正常生产污水、生活污水、检修污水、事故废液、雨水、生产废水以及气田产出水。首先将上述污水分别进行收集；然后将正常生产污水、生活污水、检修污水、事故废液和初期雨水引入生化处理单元，生产废水引入电渗析处理单元，气田水引入气田水预处理单元；生化处理单元处理后未回用完的达标污水、电渗析处理单元处理后所产生的浓水以及气田水预处理单元处理后的气田水均进入蒸发结晶单元进行深度处理，水质达标后回用为循环冷却水补充水或气田内其他生产用水，污染物以结晶盐的形式从污水中析出，对结晶盐进行填埋处置或回收利用，最终实现污水零排放。

（1）正常生产污水、生活污水和初期雨水直接进入污水调节池，检修污水和事故废液逐日掺入污水调节池，在污水 COD 浓度值为 540～600mg/L，冲击浓度≤800mg/L 后，经污水预处理、污水生化处理和中水处理，出水水质达标后，部分回用作气田内绿化用水和场地冲洗水，剩余部分进入蒸发结晶单元的原水池进行存储；在本单元产生的污泥进入污泥浓缩池，进行重力浓缩和机械脱水后，对脱水污泥进行填埋或焚烧处置。

（2）生产废水进入电渗析处理单元进行预处理和除盐处理，处理后的淡水用作循环冷却水系统补充水，浓水进入蒸发结晶单元的原水池进行存储；本单元产生的污泥通过泵提升至生化处理单元的污泥浓缩池，进行重力浓缩和机械脱水后，对脱水污泥进行填埋或焚烧处置。

（3）气田水由气田水收集系统收集至气田水储罐，再加压依次进入 CPI 斜板除油器、混凝沉淀池、DGF 气浮装置，出水再加压至多介质过滤器，去除水中的油类、有机物、胶体和悬浮物，水质达标后进入蒸发结晶单元的原水池进行存储；本单元中产生的污油储存于污油罐中，进入凝析油稳定装置或外运处理；本单元产生的污泥通过泵提升至生化处理单元的污泥浓缩池，进行重力浓缩和机械脱水后，对脱水污泥进行填埋或焚烧处置。

（4）生化处理单元处理后未回用完的达标污水、电渗析处理单元处理后所产生的浓水以及气田水预处理单元处理后的气田水均进入蒸发结晶单元进行深度处理，水质达标后回用为循环冷却水补充水或气田内其他生产用水，污染物以结晶盐的形式从污水中析出，对结晶盐进行填埋处置或回收利用，最终实现污水零排放。

（一）生化处理工艺

1. 处理对象

生化污水处理装置主要处理对象为厂内正常生产污水、生活污水，为保证污水处理装置在比较良好状态下运行，根据实际的水质情况适当引入少部分检修污水或事故废液以保证生化污水处理装置的进水水质满足设计要求。

需要进入生化污水处理装置的正常生产污水是各生产装置、辅助生产装置所产生的生产污水；生活污水系指生产及检修基地及厂区内公厕等处排出的生活污水。

2. 控制指标

水质控制指标应达到 GB/T 18920—2002《城市污水再生利用 城市杂用水水质》中绿化和场地冲洗水质。表 3-8 给出了设计进出水水质及排放标准值。

表 3-8　设计进出水水质及排放标准值

项目	pH 值	SS(mg/L)	COD_{Cr}(mg/L)	硫化物(mg/L)	NH_3-N[①](mg/L)	石油类(mg/L)
设计进水水质	6~9	200	800		50.0	10.0
设计出水水质	6~9	70	100	1.0	10.0	5.0
城市杂用水水质标准	6~9	70	100	1.0	10.0	5.0

① 总氮浓度。

3. 生化污水处理工艺流程

生化污水处理工艺包括污水清污分流、污水预处理、污水生物处理和污泥处理四个部分。污水处理工艺方块流程如图 3-11 所示。

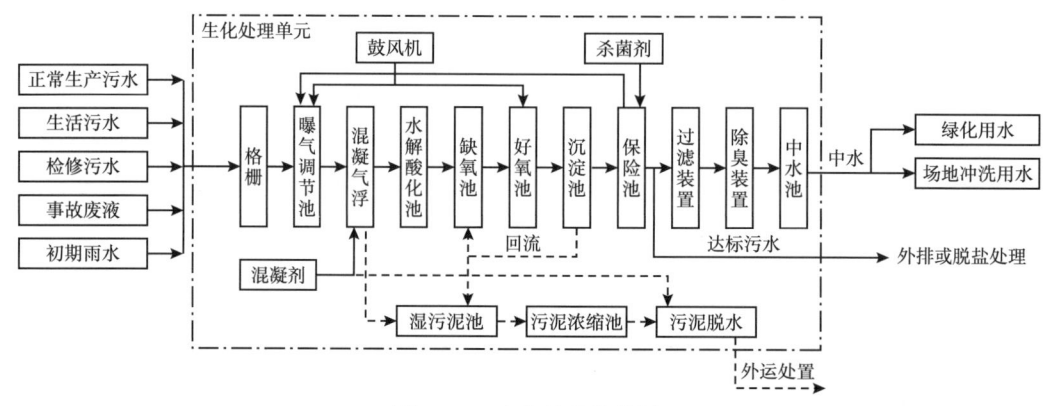

图 3-11　生化处理流程图

本生化污水处理工艺采用"预曝气—气浮—水解酸化—缺氧—好氧—沉淀"生物处理工艺处理后,再进行过滤、除臭、杀菌消毒,水质达到 GB/T 18920—2002《城市污水再生利用 城市杂用水水质》标准后回用。正常生产污水、生活污水由厂区相应排水管系汇集后,自流进入污水处理装置的曝气调节池,再加压送入气浮设备,气浮设备出水依次自流进入生物预处理池(进行水解酸化)、生化池(缺氧段、好氧段)、沉淀池,最后进入清水池,经消毒杀菌检验合格后回用。生化池中的好氧段采用推流式接触氧化池的鼓风微孔曝气方式,生物载体采用球形填料。

污水处理工艺过程中产生的少量污泥经浓缩、脱水后,外运进行集中处置。

如果工艺装置生产污水水质波动,不能提供足够的营养物供微生物生长,可通过阀门倒换,将部分检修污水、事故废液引入曝气调节池均衡水质,为缺氧、好氧生化处理设施补充有机物,以使污水处理装置能够正常运行。

4. 生化污水处理各单元对污水中主要污染物的去除效果

各种污水进入污水处理装置后,首先经过有效调节、物化生化预处理,缺氧好氧生化处理后达标,不达标污水返回曝气调节池。生化装置运行稳定,装置处理能力能够满足生产的需要,且各项指标均优于设计值,生化处理相关性能考核数据见表3-9和表3-10。

表3-9 生化污水处理进水水质检测结果

取样时间		取样部位	组分及分析结果					
月.日	时		pH值	SS (mg/L)	COD_{Cr} (mg/L)	硫化物 (mg/L)	NH_3-N[①] (mg/L)	石油类 (mg/L)
3.17	10:00	曝气调节池	7.73	112	50	0	21.1	2.51
3.17	16:00		7.55	115	187	0	26.7	2.07
3.18	10:00		7.66	149	71.6	0	32.4	2.05
3.18	16:00		7.61	133	76.8	0.011	36.6	3.67
3.19	10:00		7.64	171	64.8	0.01	34.1	5.1
3.19	16:00		7.52	135	51.9	0.01	29.6	2.38

① 总氮浓度。

表3-10 生化污水处理出水水质检测结果

取样时间		取样部位	组分及分析结果					
月.日	时		pH值	SS (mg/L)	COD_{Cr} (mg/L)	硫化物 (mg/L)	NH_3-N[①] (mg/L)	石油类 (mg/L)
3.17	10:00	保险池 $60×10^8 m^3$ 装置管线入口	6.93	36	15.7	0	2.7	0.07
3.17	16:00		7.07	42	10.1	0.006	2.6	0.06
3.18	10:00		6.86	28	16.6	0.006	1.4	0.26
3.18	16:00		7.84	32	29.1	0.008	1.1	1.2
3.19	10:00		7.19	48	24.3	0.007	1.1	1.4
3.19	16:00		7.25	5	16.2	0	1.2	1.42

① 总氮浓度。

(二)电渗析处理工艺

天然气净化厂中循环水场和锅炉系统排污量较大,且该部分废水水质较好,只是盐分含量高,主要因循环水系统和锅炉系统在运行过程中淡水不断,造成盐分含量升高(为循环冷却水4~6倍),需处理后才能满足循环冷却补充用水要求。

从水质看,该类污水其主要问题是总硬度、总碱度、浊度、氯离子、电导率等水质指标较高,若进行回用处理,需要进行预处理与脱盐处理相结合的处理工艺。其中预处理工艺需要降低水中浊度、悬浮物、总硬度、总铁、COD、胶体等,使出水水质满足脱盐设备的进水要求。对于水中的上述指标,可通过电絮凝、电气气浮、沉淀过滤处理技术进行降低去除。

由于脱盐淡水作为循环水系统的补水,其对于水质的含盐量要求并不高,而且随着除盐设备的投运,处理后回用水水质要优于现有循环水系统补水水质,循环水系统的含盐量会逐渐降低,水质逐渐改善,所以选择适度脱盐设备进行脱盐处理即可。因此,脱盐工艺考虑采用EDR电渗析工艺,而不需要采用深度脱盐的反渗透工艺。同时,EDR电渗析脱盐工艺具有膜抗污染性较强的特点,更适宜应用于污水回用处理,运行成本也低于反渗透工艺。

因此循环水场和锅炉系统所产生的生产废水处理工艺为:预处理+EDR电渗析脱盐。

1. 设计参数

循环水场及锅炉系统排污废水水质预测见表3-11。

表3-11 循环水场、锅炉系统排污废水水质预测表

项目	悬浮物(mg/L)	pH值	总硬度(以碳酸钙计)(mg/L)	SiO_2(mg/L)	Ca^{2+}(mg/L)	Fe^{2+}(mg/L)	Cl^-(mg/L)	SO_4^{2-}(mg/L)
补充水	10	7~9.2	500	175	30~200	0.5	300	1000

2. 处理工艺

1)预处理

预处理分为电絮凝反应池、斜板沉淀池和多介质过滤池三个部分。在电絮凝反应池内放置独特的电化学装置,通过对电极板加电,在电场作用下,金属极板产生高活性吸附基团,吸附水中的胶体颗粒、悬浮物、非溶解性有机物(COD)、重金属离子、SiO_2等杂质,形成较大的絮凝体结构从水中析出。

同时,在反应池内加液碱调节pH值,使水中的钙镁离子以不溶性化合态析出,再利用电解产生的吸附基团将其吸附,形成絮体从水中析出。在整个处理过程中始终存在电场作用、絮凝作用、吸附架桥作用和网捕卷扫作用等。

经反应池处理后水进入一体化装置的沉淀池中,沉淀池利用浅层过滤原理设计采用高效斜板沉淀池的形式,反应形成的絮凝体经沉淀池的沉淀,大部分沉淀下来,剩余的少量细小絮体进入高效过滤池中。高效滤池中经双介质滤料过滤(石英砂、无烟煤)滤除水中剩余细小絮体、悬浮物、泥沙、铁锈、大颗粒物等机械杂质,以保证出水的浊度。过滤池运行一段时间即需要反冲洗,反冲洗用水为过滤后的滤后水池水,反冲洗排放水直接排入厂内污水管线。通过预处理不仅能去除水中的浊度、悬浮物,而且能去除大部分胶体、重金属离子、油及部分COD等,

从而为后续的电渗析脱盐设备提供较好的进水条件。

在预处理设备正下方设一污泥池,反应池和沉淀池下设排泥斗,定时排放泥斗内污水至污泥池,在污泥池内沉降后上清液排入厂内污水管线,下部污泥干化后定期人工清理(约三个月一次)外运填埋。

2)电渗析脱盐处理

经预处理后的出水进入滤后水池,经杀菌消毒后,增压进入精密过滤器过滤,以进一步保证后续 EDR 电渗析脱盐设备进水的水质对于浊度和悬浮物的要求。精密过滤器出水即进入 EDR 电渗析脱盐设备进行脱盐,脱盐设备设计为两级,其中一级脱盐设备的淡水进入成品水池,浓水进入二级脱盐设备;二级脱盐设备产生的淡水进入成品水池,浓水进入厂内污水排放系统。成品水池水经增压回用于厂内循环水系统补充水。工艺流程如图 3-12 所示。

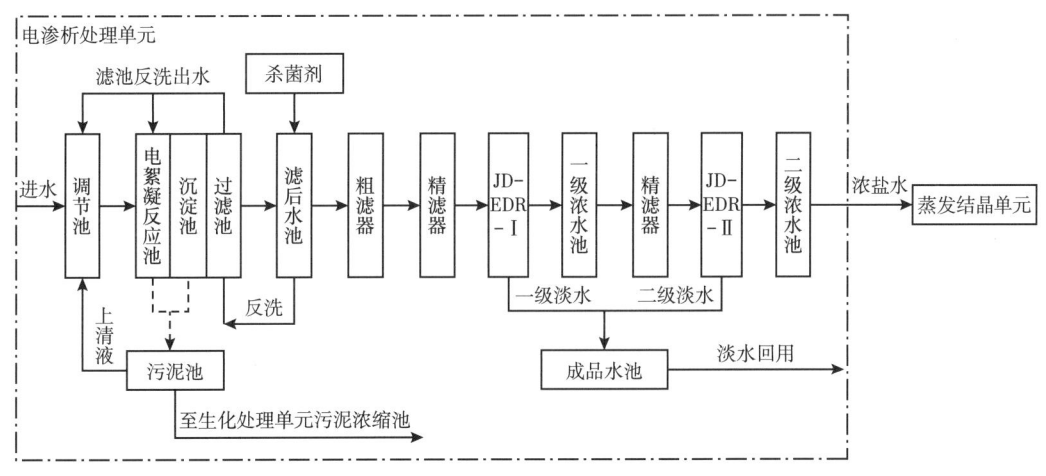

图 3-12 电渗析处理流程图

电渗析装置运行稳定,装置处理能力能够满足生产的需要,且各项指标均优于设计值,电渗析相关性能考核数据见表 3-12 和表 3-13。

表 3-12 电渗析处理进水水质检测结果

取样时间		取样部位	组分及分析结果					
月.日	时		pH 值	电导率 (μs/cm)	总硬度 (以碳酸钙计) (mg/L)	总碱度 (以碳酸钙计) (mg/L)	Cl$^-$ (mg/L)	石油类 (mg/L)
3.17	10:00	循环水排污池	10.41	963	77.9	519.4	75	0
3.17	16:00		10.29	568	88.1	565.2	81	0
3.18	10:00		10.07	544	184	813.8	86	0.09
3.18	16:00		10.06	601	144	701.7	98	0.06
3.19	10:00		10.15	611	166	753	89	0
3.19	16:00		10.04	627	166	733.3	86	0

表 3-13 电渗析处理出水水质检测结果

取样时间		取样部位	组分及分析结果					
月.日	时		pH 值	电导率（μs/cm）	总硬度（以碳酸钙计）（mg/L）	总碱度（以碳酸钙计）（mg/L）	Cl⁻（mg/L）	石油类（mg/L）
3.17	10：00	电渗析成品水池	6.66	114	20.2	37.5	2.9	0
3.17	16：00		6.57	102	21.2	42.9	4.3	0
3.18	10：00		6.57	23.7	28.2	32.2	4.3	0
3.18	16：00		6.87	37	35.6	48.2	2.8	0
3.19	10：00		6.88	154	30.4	51.9	40	0
3.19	16：00		7.05	153	23	46.8	38	0

（三）蒸发结晶工艺

深度脱盐的目的是将水中的污染物析出，其方法有热力法、化学法、电—膜法、压力—膜法、电吸附法等。热力法分蒸馏法和冷冻法。蒸馏法分多效蒸发、多级闪蒸、压汽蒸馏、太阳能蒸馏。水的化学法除盐主要是离子交换法。其他化学法除盐有溶剂萃取法、水合物法、化学沉淀法等。水的电—膜法除盐，主要是电渗析法、反渗透法。水的压力—膜法除盐主要是电吸附法除盐。

生产方法的选择主要是适合工艺需求，物料性质、资源和能源状况，环境要求等。热力法中除压汽蒸馏（机械压缩式热泵法）主要以消耗电力为主，其他主要是消耗蒸汽，基本不消耗化学药剂，无二次污染，处理彻底。适合处理高含盐复杂组分废水。化学法容易引起二次污染，药剂消耗高。膜法主要是电和膜的消耗，其中膜属易耗品，消耗较大，在处理废水时，容易堵塞膜，导致运行不稳定，并且处理不彻底，对盐水浓度有限制。

本工艺段为深度脱盐，处理的含盐废水浓度较高，要求废水处理彻底，适合选择热力法。冷冻法电耗消耗大，不能彻底分离盐分，特别是对氯化钠成分效果不佳。太阳能蒸馏法消耗太阳能，运行时间受到限制。多级闪蒸、压汽蒸馏适合于低浓度含盐废水的处理。压汽蒸馏需消耗大量的电力。多效闪蒸以消耗蒸汽为主，适应物料变化能力强，适合处理高浓度复杂组分废水。因本项目蒸汽来源较为便宜，采用多效真空蒸发结晶除盐技术，具有先进、节能、成熟适应性强的特点。

1. 处理工艺

根据原水的水质特点，结合项目投资及处理规模，处理工艺采用四效真空蒸发结晶除盐生产工艺，产品水符合 GB/T 19923—2005 城市污水再生利用—工业用水水质的水质标准，全部回用，污染物结晶析出，最终实现零排放。工艺流程如图 3-13 所示。

1）生产方法

本工艺采用物理方法除盐，将高含盐废水通过蒸发浓缩，析出废盐，凝结蒸汽回收产品水，生产工艺采用先进成熟可靠的四效混合冷凝水预热真空蒸发除盐工艺。预处理后的含

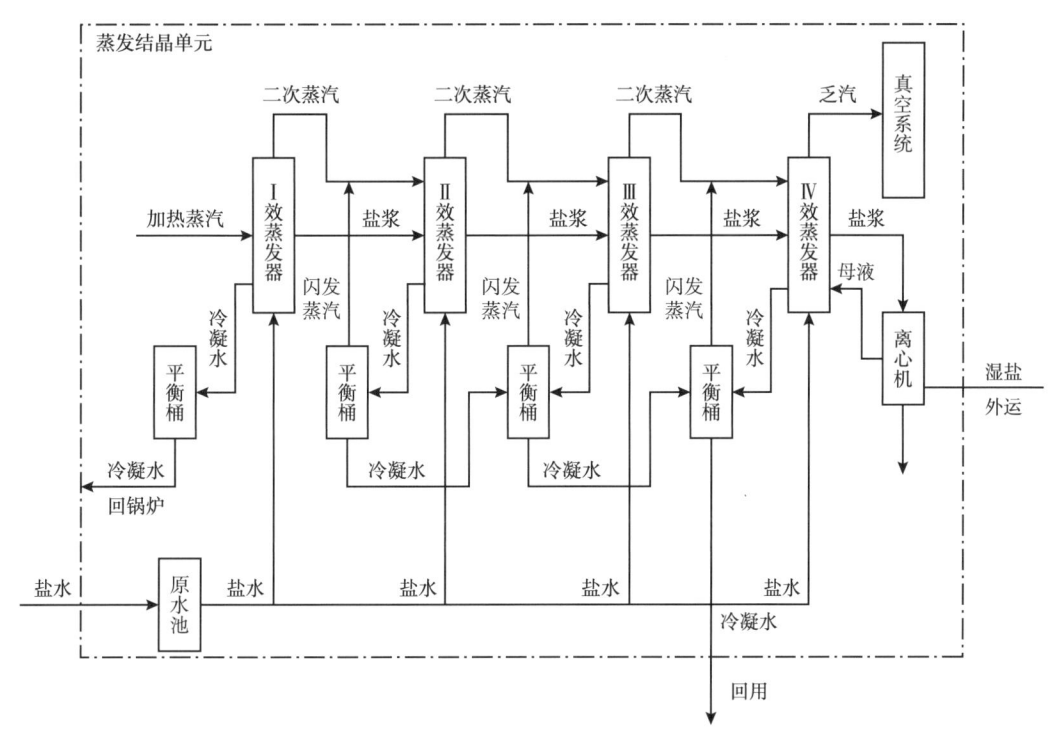

图 3-13 四效真空蒸发除盐工艺流程图

盐废水经过进料泵,进入板式换热器与蒸发结晶出来的混合冷凝水换热,升温后的含盐废水平流进入Ⅰ,Ⅱ,Ⅲ,Ⅳ效,各效经蒸发结晶浓缩生成的盐浆顺转Ⅰ→Ⅱ→Ⅲ→Ⅳ,集中于Ⅳ效排出的盐浆经过盐浆泵进入增稠器,再进入离心机分离,固体盐外运。离心母液返回蒸发结晶系统。

Ⅰ效凝结水为生蒸汽冷凝液,可返回蒸汽凝结水系统。Ⅱ,Ⅲ,Ⅳ效二次蒸汽冷凝液,顺流转排,Ⅱ→Ⅲ→Ⅳ,集中于Ⅳ效的混合冷凝水及真空系统冷凝水集中于冷凝水储桶回用。

生蒸汽加热Ⅰ效物料(卤水/盐水)产生的二次蒸汽作为Ⅱ效热源,Ⅱ效蒸发物料产生的二次蒸汽作为Ⅲ效热源,Ⅲ效蒸发物料产生的二次蒸汽作为Ⅳ效热源,Ⅳ效蒸发产生的低品位二次蒸汽进入表面冷凝器通过循环水冷凝。

2)工艺流程特点

(1)采用四效平流进料的蒸发结晶工艺,增加蒸汽的利用次数,热效率提高,提高蒸发结晶热经济,节约生产成本。

(2)冷凝水经多次闪发充分利用热能,Ⅰ效冷凝水闪发、混合冷凝水预热含盐废水,冷凝水热利用率高。

(3)整个生产过程连续、稳定、高效、节能,自动化程度高,工人劳动强度低,技术上先进成熟、实用可靠,经济上节能合理。

3)工艺流程

(1)物料系统。

含盐废水经料泵进入板式换热器与蒸发结晶出来的混合冷凝水换热,升温后的含盐废水平流进入Ⅰ、Ⅱ、Ⅲ、Ⅳ效,各效经蒸发结晶浓缩生成的盐浆排出本效后依次顺转Ⅰ→Ⅱ→Ⅲ→Ⅳ,Ⅳ效排出的盐浆经过盐浆泵进入增稠器,然后进入离心机脱水分离,固体盐经输送带送至废盐中转桶外运,离心母液自流进离心母液桶经离心母液泵返回蒸发结晶系统的Ⅳ效。

(2)生蒸汽和凝结水回路。

来自界区的生蒸汽首先被注入去离子水(开车前使用凝结水系统的软化除盐水,开车后使用Ⅰ效冷凝水)消除过热,然后送入一效换热器壳程,将其潜热传给管程内的工艺液体(卤水/盐水)后冷凝下来。Ⅰ效生蒸汽凝结水经Ⅰ效冷凝水平衡桶→Ⅰ效冷凝水一次闪发桶→Ⅰ效冷凝水二次闪发桶两次闪发回收部分热能后返回热电车间作为锅炉补充用水。

(3)二次蒸汽及冷凝水回路。

Ⅰ效蒸发室中排出的二次蒸汽送到Ⅱ效换热器的壳程中,在此冷凝后,冷凝水被送至Ⅱ效平衡桶,再顺转闪发至Ⅲ效平衡桶。

Ⅱ效蒸发室中排出的二次蒸汽送到Ⅲ效换热器的壳程中,换热后形成的冷凝水被送至Ⅲ效平衡桶,再顺转闪发至Ⅳ效平衡桶。

Ⅲ效蒸发室中排出的二次蒸汽送到Ⅳ效换热器的壳程中,换热后形成的冷凝水被送至Ⅳ效平衡桶。通过混合冷凝水用泵送至预热器,预热后冷凝水进入混合冷凝水桶,再通过回用冷凝水泵送至热电车间回用。

Ⅳ效蒸发室中排出的二次蒸汽送到表面冷凝器的壳程中,换热后形成的冷凝水被送至混合冷凝水桶,再通过回用冷凝水泵送至热电车间回用。

(4)真空系统。

末效(Ⅳ效)产生的二次蒸汽,通过循环冷却水冷凝,不可凝性气体在冷凝器水蒸气分离出来通过液环真空机组把这些气体从冷凝器中抽出,排入大气,提高真空度。蒸汽冷凝后形成真空状态而降低物料蒸发温度,并在Ⅰ—Ⅳ效间形成温差梯度,在各效产生一定的传热推动温差,从而蒸汽热能得到多次利用。

(5)工艺水回路。

装置中所用的工艺水是用来冲洗泵的填料密封或机械密封的。

泵的冲洗水加到密封中以确保内压高于泵的输送压力,从而避免泄漏和泵的损坏。

(6)其他水系统。

冲洗设备及地面,设备及管道泄漏的少量含盐废水收集到混料池,重新蒸发结晶,结晶分离后回用作循环冷却水系统补充水。停车时用混合冷凝水刷洗蒸发结晶罐,洗罐水在浓度低的时候返回刷罐水桶储存等下次刷罐再利用,达到一定浓度,洗罐效果不好的时,排到事故桶化盐回收利用。

4)运行情况

蒸发结晶装置运行稳定,装置处理能力能够满足生产的需要,且各项指标均优于设计值,蒸发结晶相关性能考核数据见表3-14和表3-15。

表 3-14 蒸发结晶处理进水水质检测结果

取样时间		取样部位	pH 值	石油类（mg/L）	Cl⁻（mg/L）	总硬度（以碳酸钙计）（mg/L）	总碱度（以碳酸钙计）（mg/L）	浊度（NTU）	COD_{cr}（mg/L）	硫酸盐（mg/L）	总磷（mg/L）	NH_3-N（mg/L）
月.日	时											
3.17	10:00	循环水排污池	10.34	0	210	103	3462.8	9.31	242	250.6	1.55	3.9
3.17	16:00		10.27	0	204	114	2851.7	11.4	84.7	253.7	2.36	4.5
3.18	10:00		10.03	0	238	153	2057.3	19.7	101	240.8	0.754	3
3.18	16:00		9.96	0	252	153	1986	19.5	87.8	229.3	0.682	3.2
3.19	10:00		9.12	0	511	276	1120.3	11.7	50.7	221.9	1.28	6.7
3.19	16:00		9.96	0	525	272	1069.4	7.6	32.4	223.6	1.53	8.5

表 3-15 蒸发结晶处理出水水质检测结果

取样时间		取样部位	pH 值	石油类（mg/L）	Cl⁻（mg/L）	总硬度（以碳酸钙计）（mg/L）	总碱度（以碳酸钙计）（mg/L）	浊度（NTU）	COD_{cr}（mg/L）	硫酸盐（mg/L）	总磷（mg/L）	NH_3-N（mg/L）
月.日	时											
3.17	10:00	循环水排污池	6.71	0	27	74.1	144.7	3.57	18.7	21.59	0.339	2.9
3.17	16:00		6.75	0	23	79.3	150.1	1.67	21.5	20.42	0.108	2.5
3.18	10:00		6.55	0	29	78.1	150.1	1.35	23.1	17.82	0.251	2.1
3.18	16:00		6.6	0	26	82.1	160.8	1.6	22.7	17.82	0.19	1.9
3.19	10:00		8.45	0	146	94.1	325.9	3.44	25.1	19.36	0.388	4.3
3.19	16:00		7.3	0	167	62.1	325.9	5.48	21.1	19.68	0.444	4.4

2. 主要经济技术指标

蒸发结晶热经济指标达 3.2(水与蒸汽消耗量的比值)。

3. 主要设备、材质选择

(1)蒸发结晶罐:采用蒸发结晶强度大的外加热强制循环径向出料正循环蒸发结晶结晶器,该罐型具有管内流速高、强化传热,生产强度大、减轻热短路,提高有效传热温差等特点。

(2)循环泵:采用先进的大流量、低扬程、低转速循环泵,该泵具有密封好、效率高、电耗低、维护方便、运行稳定等特点,料液在加热管内流速高,可减缓加热管内和蒸发结晶室内罐壁结垢和堵管,增加有效生产时间。循环泵进出口直径为 450mm。

(3)离心机:拟采用先进的双级活塞推料离心机,该设备具有生产能力大,残留水分低、电耗小、寿命长和适应性好等特点。

（4）换热器：混合冷凝水换热拟采用板式换热器，换热器具有传热系数高、减缓物料结垢等特点。

（5）加热室的加热管从材质的传热效率、综合耐腐蚀能力、耐磨性能、表面光洁度和实际使用情况看，钛及钛合金的性能最好。用钛合金和纯钛管作加热管，可使洗罐周期大大延长，设备维修工作量及费用减少，设备使用寿命长达15年以上。因此，拟选用钛合金（TA10）管作Ⅰ、Ⅱ加热管，纯钛（TA2）管作其他加热管。蒸发结晶室的材质拟选用316L不锈钢复合板。加热室壳体：采用316L不锈钢复合板。

（6）辅助设备材质的选择：为保证有效生产时间和各主体设备生产能力的充分发挥，车间内所有盐水、卤水、盐浆管道拟选用316L不锈钢管，阀门选用不锈钢阀门，盐水、卤水、盐浆泵选用不锈钢泵。

三、主要性能指标

（1）天然气气田开发污水零排放新型技术实现了污水零外排，其技术水平达到国际先进水平，节约水资源消耗约40%。

（2）形成生化污水处理装置、蒸发结晶污水处理装置模块设计、制造、施工集成技术，降低产品成本15%，节约施工成本约25%，缩短建设周期约20%。

（3）污水经生化处理和中水处理，出水水质达到GB/T 18920—2002《城市污水再生利用 城市杂用水水质》，满足厂内绿化用水和场地冲洗水的要求。

（4）污水经电渗析预处理后，浊度、悬浮物、胶体去除率≥90%，总硬度、总碱度去除率≥60%，油去除率≥90%，总磷去除率≥90%，SiO_2去除率≥60%，Fe、Mn等重金属离子去除率≥90%，COD去除率可达20%~40%；经电渗析脱盐后，水质可达到GB 50050—2017《工业循环冷却水处理设计规范》中循环冷却水的水质标准。

（5）经蒸发结晶单元处理工艺采用"四效混合冷凝水预热真空除盐"处理工艺，产品水可达到GB/T 19923—2005《城市污水再生利用—工业用水水质》的冷却用水水质要求。

四、技术特点及优势

（一）总体工艺创新点

（1）实现气田污水的零外排。

（2）实现污水的重复利用，优化气田的给水与排污的水资源平衡，减少水资源的消耗。

（3）利用气田的余热资源，减少污水处理的运行成本。

（二）天然气行业高浓度废水的高效深度处理工艺

（1）进水COD浓度可以达到近10000mg/L，即天然气处理厂内的高浓度生产废水可以直接进入该装置。

（2）出水水质达到国家污水综合排放标准，主要污染物去除率达到99%。

（3）处理废水来源复杂，如检修污水：COD_{cr}为10000mg/L，气田废水：COD_{cr}为10000mg/L，工艺废水：COD_{cr}为2500mg/L等，即抗冲击负荷强。

(4)预处理采用絮凝加氧化,大幅度降低药剂使用量,降低了运行成本。
(5)厌氧段采用 ABR 反应器,运行温度较普通中温厌氧工艺低,降低了运行能耗。
(6)厌氧段采用 ABR 反应器 COD 平均去除率达到 65.29%。

(三)电渗析脱盐技术

(1)EDR 电渗析脱盐工艺具有膜抗污染性较强的特点,更适宜应用于污水回用处理。
(2)为保障电渗析脱盐处理效果,在其前段还加设了预处理,可降低水中浊度、悬浮物、总硬度、总铁、胶体等,使出水水质满足 EDR 脱盐设备的进水要求。预处理对于水中非溶解性的高分子类有机物去除效果较好(分子量>1000),对于溶解性的低分子量的有机物去除效果较差,根据工程经验,其对于 COD 的去除率在 20%~40%。

(四)蒸发结晶深度脱盐技术

多效真空蒸发技术是制盐行业的成熟工艺,具有适应物料变化能力强,适合处理高浓度复杂组分废水。本技术成果将该工艺应用到气田开发污水处理中,并针对原水的特性及对产品的需求对相关参数进行调整,形成了用于污水处理的蒸发结晶深度脱盐技术,具有先进、节能、成熟适应性强的特点。

蒸发结晶深度脱盐技术采用"四效混合冷凝水预热真空除盐"处理工艺,产品水可达到 GB/T 19923—2005《城市污水再生利用—工业用水水质》的冷却用水水质要求,全部回用作循环冷却水系统补充水,污染物以结晶盐析出,最终实现污水零排放。

第四节 噪声治理技术

一、单井站噪声产生的原因

通过对早期已投产单井进行分析,认为单井现场噪声主要出现在节流阀、测温测压套短节、连接管线及分离器,噪声的控制与节流阀的尺寸、Cv 值大小、节流阀前后压差、二级或三级节流、管汇管径大小等关系不大。噪声产生的主要原因如下。

(1)节流阀阀芯节流噪声。

由于龙王庙气井气量大、温度高、压差大、能量高,造成节流时产生高频啸叫声,该噪声不可避免,通常节流阀噪声高达 82~102dB,现场实测数据与节流阀厂家计算数据吻合。

(2)井口采气工艺管线结构不合理,造成噪声叠加。

井口二级节流阀后管汇:一是内径仅 78.6mm 的缓蚀剂加注短节,二是内径为 154.1mm 的测温测压套,三是壁厚为 12.5mm 的连接管线,三部分总长约 3.9m。

通过仿真分析,由于缓蚀剂加注短节内径为 78.6mm,加注短节后面的采气管道内径为 154.1mm,管汇管道内部的流体存在乱流、气切、涡流等,轴线方向速度分布不均匀,断面的流速变化大。由于该原因产生了一部分噪声,在该处与节流阀噪声进行了叠加。

同时,二级节流阀后大小头、注入短节、测温测压套组件的壁厚为 12.5mm,经测试震动为 0.2μm,产生了振动噪声。通过计算,壁厚越厚,产生的噪声越小,详见表 3-16。

(3)弯头过多。

井口有 $R=1.5D$ 弯头 3~4 个，气流在弯头处冲击管壁，造成工艺管道产生强烈振动，从而产生高强度的高频振动噪声，经监测每个弯头增加噪声 1~3dB。

(4)采气管道露空安装产生振动噪声。

露空安装管道更容易在管道内气流的带动下发生震动，并在空气中产生震动和噪声。露空管道壁厚越厚，固有震动频率越高，越不容易震动。

表 3-16 关于连接管线壁厚噪声值计算结果表

一级节流后压力（MPa）	二级节流后压力（MPa）	接管尺寸（mm×mm）	计算噪声值（dB）	接管尺寸（mm×mm）	计算噪声值（dB）
28	7.2	168.3×7.1	97.9（现场实际吻合）	219.1×7.1	97.9
		168.3×8.0	96.8	219.1×8.0	96.8
		168.3×8.8	96	219.1×8.8	96
		168.3×10	94.8	219.1×10	94.8
		168.3×11	93.9	219.1×11	93.9
		168.3×12.5	92.7	219.1×12.5	92.7
		168.3×14.2	91.5	219.1×14.2	91.5
		168.3×16	90.4	219.1×16	90.4
		168.3×17.5	89.4	219.1×17.5	89.4
		168.3×20	88	219.1×20	88

(5)分离器噪声。

由于分离器安装在井场内部，距离井口间距在 20m 以内，节流阀噪声传至分离器，且在分离器腔体进行了放大、共鸣，在分离器内由高频噪声转换成低频噪声。

气流进入分离器时，流速突然降低，会在入口产生喷气噪声，但分离器设计最大处理能力 $180×10^4 m^3/d$，在处理 $90×10^4 m^3/d$，分离器内噪声较小。随着分离器内温度逐渐升高，其钢构件弹性逐渐升高，固有频率逐渐降低，当来自井口的残余噪声和分离器入口的喷气噪声共同作用在分离器的钢构件的震动达到共振时，噪声会急剧加大。这和在磨溪 009-X5 井投产时现场观察监测到的数据非常吻合：投产初 2h，气流温度低，没有达到分离器钢构件的固有频率，分离器区域噪声就很低，约 50dB。当分离器内温度达到 10℃ 左右时，在十几分钟内噪声从 50dB 左右，急剧开高到 80dB 左右，最后稳定在 90dB 左右。而分离器腔体体积大，噪声频率较低，距离衰减慢，传播距离远，治理较难。

二、治理方案

根据龙王庙组气藏采气单井站噪声产生原因，提出了以下噪声解决方案，此方案主要对二级节流阀后到分离器之间的管汇进行了调整。

(1)改变结构。

在二级节流阀后采气管线管径突变处采用内径逐渐加大的大小头平缓光滑过度，降低啸叫声。

(2)优化工艺。

将井口大小头、缓蚀剂加注短节、测温测压套短节三合一,井口区二级节流阀后管汇从3.9m减少到1.4m。加大二级节流阀后大小头、注入短节、测温测压套组件的壁厚,增加了27.5mm(现为40mm),振动比降低10倍(经测试振动幅度仅为0.02μm),减少了振动噪声。

(3)消除地面弯头。

井口节流阀倾斜45°安装,通过斜度降低二级节流阀后管线高度,用井口节流阀在节流时同步替代采气管线弯头,井口装置区消除地面弯头。

(4)露空管线进行吸音棉包裹。

(5)埋地敷设。

二级节流阀后到分离器管线采用埋地方式敷设。

(6)分离器增设旁通。

以检验分离计量橇的噪声。

三、井场噪声监测标准及治理效果

(1)统一噪声监测标准。

为了更加客观、严谨地比较、分析磨溪009-X5井站噪声治理效果,龙王庙$60×10^8m^3$项目部安排专人对磨溪009-X5井和龙王庙气藏其他单井站的噪声进行了测量,统一了每口井的监测点、测量距离、高度和噪声量标准。

①单井选择:磨溪009-X6井、磨溪009-3-X1井、磨溪008-H1井、磨溪201井、磨溪10井、磨溪12井、磨溪009-X5(包裹前)、磨溪009-X5(包裹后)。

②测量高度:测量分离器和井口区域噪声高度为测量者在胸前平端仪器,测量点源噪声为距离测量点2cm处。

③达到测量位置时,必须拿稳仪器平静30s以上,显示数字变化较小时再读数。

④分离器区域噪声:在距离橇四围中点1m的地方,测4个数据。

⑤井口区域噪声:在距离方井四围中点1m的地方,测4个数据。

⑥围墙噪声:背对墙角,面向井口或分离器。

⑦大门口噪声:站立在大门口中央。

⑧井口区域:一级节流阀门出口端法兰颈部、二级节流阀门出口端法兰颈部、二级节流阀后缓蚀剂注入短节出口端法兰颈部、第一个弯头处、第二个弯头处、测温测压套中后端、第3个弯头处、入土点。

⑨分离器区域:出地管线阀门上端出口焊缝处,出橇入地竖管中部,起用旁通后的分离器旁通起点、分离器旁通入土点。

⑩其他数据记录:产量,井口压力、温度,一级节流阀开度、阀后压力、温度,二级节流阀开度、阀后压力、温度,计量温度,井口与分离器的距离。

各测量点示意图如图3-14所示。

(2)治理效果。

龙王庙单井噪声监测结果见表3-17。

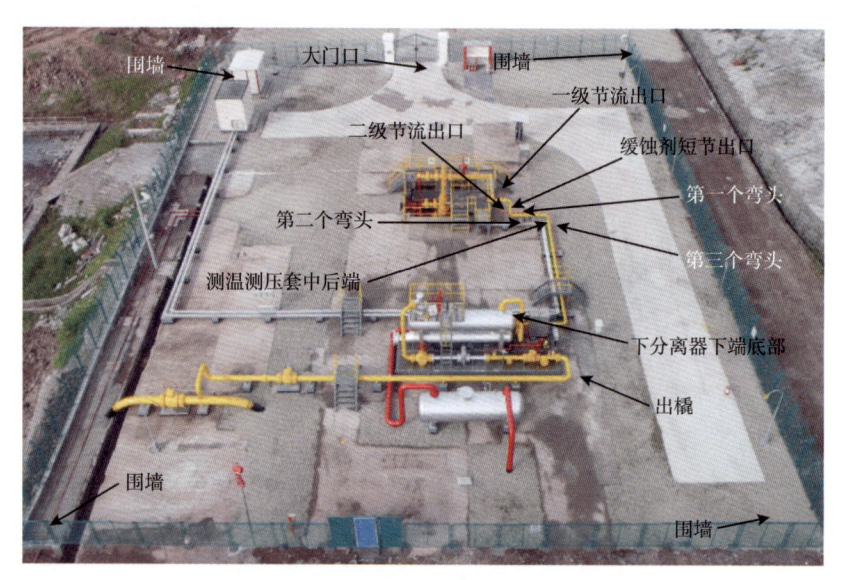

图 3-14　井站噪声监测点

表 3-17　龙王庙组气藏主要采气单井站噪声监测结果表

序号	井站	瞬产 ($10^4 m^3/d$)	二级节流后 处噪声(dB)	二级节流后 短节噪声(dB)	分离器区域 噪声(dB)	厂界噪声 (dB)
1	磨溪 009-X6 井	100	92	95	93	73
2	磨溪 009-3-X1 井	100	102	99	98	73
3	磨溪 008-H1 井	100	96	107	102	79
4	磨溪 201 井	100	90	102	85	75
5	磨溪 10 井	90	94	99	95	72
6	磨溪 009-X5 井	90	82	80	89(走旁通后 为 78)	63(走旁通后为 58~60)
7	磨溪 008-H8 井	60	86	93	88	72
8	磨溪 101 井	60	94	99	96	68
9	磨溪 205 井	30	87	93	57	66

注：磨溪 205 井分离器距井口 860m，其他井分离器距井口 30m 以内；磨溪 009-X5 井、磨溪 009-X6 井、磨溪 008-H1 井进行了降噪治理。

从监测数据可以看出，磨溪 009-X5 井降噪取得了明显效果，同时根据监测数据、国内外经验以及分析计算，得出以下结论：

（1）井口区域噪声治理能够达标：磨溪 009-X5 井最大噪声 82dB，比其他井降低了 15~27dB；厂界噪声 63dB，比其他井降低了 9~16dB。在分离器走旁通试验后，井站噪声明显降低，磨溪 009-X5 井井口围墙噪声为 58~60dB。井场没有分离计量噪声可达到昼间Ⅱ级标准，满足环保要求。

（2）分离器区域设在自身井场噪声难以达标：磨溪 009-X5 井分离器区域噪声虽然低于

008-H1 井、009-X6 井、009-3-X1、10 井等井,但仍然较高。磨溪 009-X5 井走分离器旁通后,分离器区域噪声为 78dB,比走分离器降低了 10dB。可见,分离器是引起厂界噪声超标的最大影响因素之一,其噪声频率较低,距离衰减慢,传播距离远,治理较难。

(3)管道埋地敷设一定距离再设置分离计量区域噪声能够达标。理由如下:

①现场监测表明磨溪 205 井二级节流后埋地约 800m 后再进入分离器,分离器区域噪声仅 57dB,大大低于其他井站,满足标准要求;磨溪 009-X1 井分离器后管线埋地约 300m 后进入西区集气站,进站管线无噪声,满足标准要求。

②在克拉、迪那等塔里木库车山前区块单井站井口也是采用 mokveld 生产的外笼套式节流阀,节流处噪声也在 80~90dB,节流阀后管线埋地敷设,分离器设置在集气站,其厂界噪声未超标。

③噪声在金属管道中向下游传播,也会随着传播距离的增加而逐渐衰减。其衰减的程度可用式(3-1)进行估算:

$$L_p(x,r) = L_p(1,r) - \beta x/D \tag{3-1}$$

式中 $L_p(x,r)$ ——距管道中心轴线距离为 r,沿管道走向距噪声源的距离为 x 处的声压位准,dB;

$L_p(1,r)$ ——距管道中心轴线距离为 r,沿管道走向距噪声源的距离为 1m 处的声压位准,dB;

D ——管子外径,m;

β ——衰减系数,dB。对于输送气体的管道,衰减系数为 0.06dB;对于输送液体的管道,衰减系数为 0.017dB。

经计算,井口噪声按二级节流后最大噪声 107dB 计算,噪声在管线埋地敷设约 300m 后会完全衰减。

因此,建议分离计量橇距井口 300m 以上。

第四章　高效建产技术

随着能源需求全球化和科学技术的迅猛发展,尤其是大型和特大型油气资源的发现以及开发步伐的加快,使得工程建设项目的规模越来越大,工程内容越来越复杂,质量要求越来越高,工期要求越来越短,项目的控制及管理也要求越来越精细化。这样的背景下的传统工程设计及建造模式在解决这些工程项目建设及实施的进度、质量和成本控制等管理的问题时,遇到了极大的挑战,解决起来也非常困难,这客观上是对工程项目的建设及实施提出了新的挑战和要求。

为了更好地规避工程建造传统模式下的各种设计、建造及过程控制管理的问题,有效地提高工程项目管理水平,节约投资,缩短工期,提高质量,增加可控,降低风险;近年来国外各个工程公司提出了新的解决方案——工程项目设计及建造模块化,即模块化建设模式。这种新的建设模式在国外的大型油气加工和天然气液化工程应用中,较好地解决大型或特大型项目的管理难度大、复杂性高、施工费用高以及环保要求高的难题,为项目的顺利实施提供了有力的保障,大大地降低了各方在项目实施过程中的风险,受到了国内外业主的广泛接受和认可。

安岳气田磨溪区块龙王庙组气藏位于四川盆地中部,地跨四川省、重庆市,探明天然气地质储量为 $4\ 403.83\times10^8\text{m}^3$,是迄今我国发现的最大的单体海相碳酸盐岩整装气藏,原料气中 H_2S 含量为 $10\sim15\text{g/m}^3$,CO_2 含量为 $30\sim60\text{g/m}^3$,且原料气具有明显的"三高"(高温、高压、高产量)特点,井口原料气温度大于 $100℃$,压力大于 60MPa,单井天然气产量最高达 $200\times10^4\text{m}^3/\text{d}$。安岳气田磨溪区块地面工程建设项目(以下简称磨溪项目)地处四川省遂宁市,该地区地形地貌复杂、人口分布密集,项目开采将会存在很大的潜在风险。

为了保证项目安全、快速、高效、优质地上产,安岳气田磨溪区块龙王庙组气藏分成 3 个阶段进行开采,每个建设阶段十分紧张。磨溪项目 $10\times10^8\text{m}^3/\text{a}$ 地面试采工程和一期 $40\times10^8\text{m}^3/\text{a}$ 地面工程(以下简称为一期工程),分别在 2013 年 10 月和 2014 年 8 月成功建厂并完成投产;对于磨溪气田二期 $60\times10^8\text{m}^3/\text{a}$ 地面工程(以下简称为二期工程),项目不仅存在高温、高压、高产、较高含硫等设计特点,还面临占地小、时间紧、任务重、环保要求严等挑战。要求项目于 2014 年 6 月开始基础设计,并保证在 2015 年 10 月建成并投产,项目设计和建设任务十分巨大并极具挑战性。项目如采用传统模式进行建设,要求在 16 个月时间内完成工程基本设计、施工图设计并顺利建成投产,无论对设计单位还是建造单位都是极大的挑战,也是难以实现的目标。为了顺利解决了西南油气田产能建设紧迫的问题,中国石油工程建设有限责任公司西南分公司秉承 CPECC 的诚正精进的企业精神,践行"标准化设计、工厂化预制、模块化安装、机械化作业、数字化管理"的理念,首次在国内针对大型气田地面工程中创造性引入模块化建设模式,使该气田三年内分三期圆满完成了 $110\times10^8\text{m}^3/\text{a}$ 产能建设任务,并刷新了多项中国油气田建设新纪录,开启了油气田建设的新模式,成为中国石油乃至国内油气行业的一座标杆工程。

第一节　标准化设计、模块化建造技术

一、磨溪气田二期地面工程特点

为了保证项目顺利地按照预先的设想方案开展,在项目开始设计之前,项目模块化工作小组就对整个进行模块实施的情况调研,并了解到二期工程具有以下特点。

(1)工艺复杂。

安岳气田磨溪区块龙王庙组气藏储量大,是单体海相碳酸盐岩整装气藏,天然气 H_2S 和 CO_2 含量分别达到 $10\sim15g/m^3$ 和 $30\sim60g/m^3$。项目的天然气主工艺处理过程需要先对原料气进行脱硫脱碳处理,然后对脱硫脱碳后的天然气进行三甘醇脱水,脱水后的天然气送至外输天然气管网;从脱硫脱碳装置解析出来的酸气进入硫黄回收装置,回收获得的液硫进入罐区储存及硫黄成型车间;硫黄回收后的尾气进入尾气处理。还配置了相应的空氮站、循环水站、蒸汽系统等公用工程、生产水处理及蒸发洁净辅助设施。整个二期工程天然气处理工艺流程长、技术复杂,且自动化水平要求高。这样的工艺系统为项目的模块化设计及安装工作提出了比一期工程更高的要求。

(2)单列装置处理量大。

二期工程单列装置正常处理量为 $600\times10^4m^3/d$,为一期工程单列装置处理量的两倍,总共3列一样的天然气处理装置,原料气处理量达到了 $1800\times10^4m^3/d$,是一期工程 $1200\times10^4m^3/d$ 的1.5倍,也是国内目前建成投产的气田地面工程单列处理量之最。这个问题的解决对项目装置大型化模块化的成功与否具有决定性的意义。

(3)建设场地严重受限。

由于磨溪项目 $60\times10^8m^3/a$ 地面工程是二期工程,单列装置处理量变大,是一期工程单列装置处理量的两倍;同时每列装置还增加了一套尾气处理和酸水汽提装置,要求单列装置的长度和一期工程保持一致。项目占地受总体规划和征地面积的影响,整个单列装置的设备布置和建造难度明显增加。且二期工程是在一期工程正常生产的情况下,紧靠一期工程进行建设。这也从客观条件方面要求二期工程装置的模块化达到最大化,避免现场过多的动火作业影响到一期工程的正常生产。

(4)工程量大。

磨溪项目二期工程由于工艺复杂,规模较大,装置数量较多,仅管道焊接工程量就超过44万寸口,焊接工作量巨大,项目按期投产面临巨大的挑战。这也是驱使项目走模块化路线才能保证项目的进度和质量的主要因素。

(5)项目工期短。

为了提高磨溪气田的整体产量,保证运营单位年度供气目标,2014年6月项目开始之初,中国石油西南油气田分公司就立下了2015年10月建成投产的目标,即设计和建设周期约16个月。这个目标也是驱使工程项目走向大型化模块化的重要原因。

(6)运输路径限制条件苛刻。

由于模块建造厂不在项目现场,模块的制造需要经过几十千米的短途运输,所以模块的运输路径的运输尺寸限制、重量限制对模块的设计有非常关键的意义。所以项目模块化装置设计开始之前,设计公司和模块建造公司组织了专门的队伍对模块将来可能选择的多条运输路径做了专门的调研,并确定出模块运输路径及路径的尺寸限制为:长12.0m×宽3.8m×高5.0m,重量限制为75t。这些限制条件为项目模块化方案策划及模块划分提供了有力的依据。

二、模块化建设的总体部署

CPECC西南分公司在经过以上模块化设计的前期调研后,充分考虑西南油气田分公司业主方的想法和建议,根据多个国内外项目模块化建设的成功经验,并结合中国石油四川油建公司模块化建造厂的能力和现场具备的条件,制定了磨溪气田二期工程橇装化建站、模块化建厂的总体方针,并确定了处理厂内主要工艺装置走大型化模块化的技术路线,为项目模块化建设的实施指明了方向。

(1)橇装化建站。

磨溪气田二期工程有多个井口及集输站场,这些站场多处在地理位置较为偏僻的地方,对项目的实施带来诸多不便。为了解决项目建设现场的不便因素,并充分利用西南油气田分公司标准化设计的成果,提出了橇装化建站的想法,并取得了业主的认可,为项目后期井口及集气站等的橇装化建造提供了有力的保障。

(2)模块化建厂。

磨溪气田二期工程具有工艺系统控制复杂、单列装置处理量大、项目建设工程量大、建造场地严重、建设周期短、环保要求高、模块运输尺寸要求严格等特点,为了进一步减少项目的人工投入、缩短项目的建设周期、保证项目焊接质量、减少项目对环境的污染、节省项目总统投资等,提出了二期工程实行装置大型化、模块化的方法,并确定对天然气模块厂主体工艺装置进行了大型化模块化的总体方案策划和三维辅助设计。

三、标准化、模块化设计建造步骤

为解决磨溪二期工程尽量减少现场施工工作量和尽量缩短工期的迫切需求,并基于对标准化、模块化设计及建设基本内涵的深刻理解,并将磨溪试采工程和一期工程取得的成功经验继续发扬光大。在磨溪二期工程中,进一步对工程的特点进行分析和研究,且经业主、设计及建造等各参与方共同讨论并取得一致意见,决定将脱硫脱碳、脱水、硫黄回收、尾气处理、气田水蒸发结晶等主装置全部采用模块化模式进行建设;对于主装置以外的设备及设施,如管廊、蒸汽锅炉等,决定充分利用西南油气田分公司及CPECC西南分公司的标准化设计成果,进行标准化的设计及建造。

磨溪二期工程标准化和模块化相结合的建设模式,为项目的顺利实施提供了建设方法上的有力保障。

(一)模块化总体布局设计

为解决磨溪二期工程项目单列装置处理量大、建设场地严重受限、项目建造工作量大等困难,项目在开始之初就对整个工程总体方面进行了布局设计。

(1)结合大的工艺流程顺序做好模块布局和划分的原则。

(2)根据设备及设施操作的相似性和方便性,综合考虑模块化装置的构成。
(3)根据各单元装置工艺特点做好模块化设备布置。
(4)结合运输限制条件,制定各类塔、大型立式设备、空冷器和尾气焚烧炉等不进入具体模块,并设置独立基础等模块化设计原则。
(5)由于装置建设场地严重受限,制定了模块化装置将采用模块多层叠加的方式进行布局。

磨溪二期工程按工艺流程要求、操作功能分区的原则,在保证流程顺畅,同类设备集中布置的前提下,进行了单列装置模块化总体布局及设备布置,如图4-1所示。

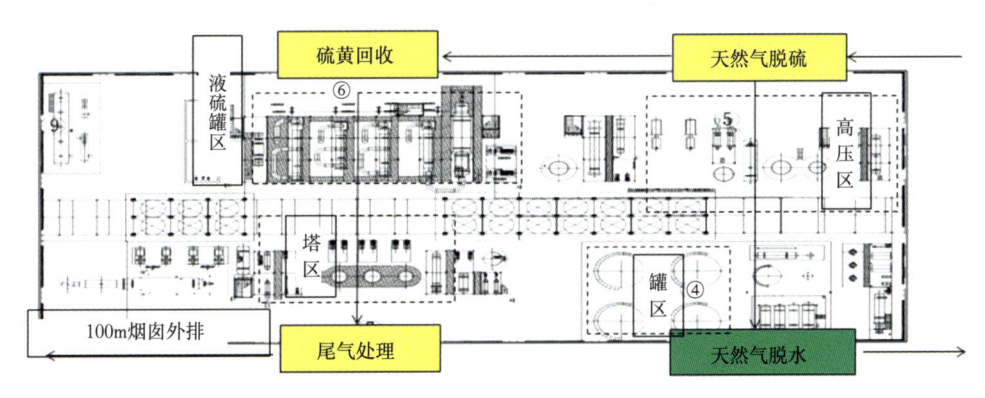

图4-1 磨溪二期工程单列装置的模块化设备布置图

(二)三维设计软件平台策划

模块化装置是设备、管道、电仪、钢结构、绝热及防腐等设备及设施经一体化后高度集成的实体,需采取多专业三维协同设计手段,才能满足精准预制、精准施工的要求。且只有通过三维模型的全真实景模拟设计,才能有效地指导模块的碰撞检查、人体工学设计、检维修设计、安全通道设计,才能便于开展预制、拆分、包装、运输、装卸和现场吊装、组装的方案研究与分析。

所以在磨溪二期工程的模块化设计过程中,项目各参与方对三维设计提高到极为重要的高度,并做了如下的部署:

(1)在项目三维设计开始之初,从源头上规范物资编码,依托ERM材料管理系统,有效地串联起设计、采购和预制、施工全过程的材料控制与管理,并为项目后期实施过程材料物资的递送疏通了流程。

(2)在项目三维设计开始之初,设置了专门的工程设计支持系统EDS支持团队,对AVEVA工程三维设计平台进行了搭建、运行、中间维护;对项目PDMS三维数据库进行了创建、运行、备份,并制定了系统崩溃的应急预案;且根据项目的模块化设计及建造的具体情况,对数据库的框架构造和内容构成做了针对性的定制,为项目三维设计的顺利实施提供了后勤的保障。

(3)根据项目后期的出图规定,针对管道、结构、仪表及电气等专业的材料统计表、安装材料表、平面布置图、安装图的特点,进行了专门的定制,以保证设计材料的准确统计和设计图纸的规范性出版,既提高了设计的效率,有提高了设计材料的准确性,也为项目顺利建造提供了技术的保障。

(三) 模块化装置专利技术的整合

对于模块化装置的先进性,除了模块本身的布置、结构等设计水平是高水准之外,最根本的还在于工艺技术的先进性。为了利于装置的模块化,磨溪二期工程采用了先进工艺,优化简化流程,选用高效小型化的工艺设备,提高环保节能指标;并合理运用标准化设计成果,科学整合专利专有技术,确保模块化装置的先进性,这些要求均在脱硫、脱水、硫黄回收、尾气处理等装置的模块化设计中得到了很好的体现。

(1)在磨溪二期工程中,100%运用了中国石油勘探与生产分公司级的标准化设计成果,如《油气田大型厂站模块化建设导则》《油气田地面工程一体化集成装置研发与应用导则》《油气田地面工程标准化设计高效非标设备设计导则》《三高气田大中型站厂标准化设计》,这些技术和模块化技术的相结合,为项目的顺利实施提供了技术方面的保障。

(2)硫黄回收模块化装置植入 CPS 专利技术。CPS 硫黄回收技术是 CPE 西南分公司在消化吸收国外先进技术的基础上,再创新形成的具有自主知识产权的专利技术,是中国石油要求优先采用的标准化工艺技术。该技术与模块化技术的结合,不仅保证装置优质、高效地建设,还使得装置的总硫回收率稳定达 99.4%,与国外同类工艺相比,回收率提高 0.05%~0.25%,尾气中 SO_2 排放量减少 20%~36%。

(3)由于磨溪二期工程投入建设时,受项目所在地区 SO_2 大气排放环保总量指标的限制,现有尾气处理技术已不能满足要求。所以在本工程的实施过程中,开展了对尾气处理和污水处理模块化装置展开的专题科技攻关,开发了专利技术,并植入尾气处理装置和污水蒸发结晶模装置的模块化技术,模块化的工艺技术最终为国内首创。通过项目的实施,使得 SO_2 排放浓度实际运行值远低于即将颁布的国家环保标准,硫黄总回收率达到 99.9%,超过美国联邦环保局(EPA)、德国等制定的最高要求为 99.8%,处于国际先进水平;并使得本项目污水回收率由 60%提升至 100%,新鲜水消耗量由每天 $4000m^3$ 降低至 $1050m^3$,减少 74%,每年节约用水约 $100×10^4m^3$,在国内天然气处理厂首次实现了污水"零排放"。

通过本项目工艺专利及专有技术与模块化技术的整合,为项目的科技性、先进性提供了保障。

(四) 模块的划分设计

(1)结合工艺流程和操作的要求。在二期工程设计之初,根据工艺装置的流程顺序和介质特性,合理布置模块化内各设备、管道、仪表及电气设备的位置,使得模块内各设备设施既有高度的集成性,又能满足工艺流程顺序和各类设备、阀门的操作及检维修。

(2)结合运输路径和限制条件。在模块化策划阶段,严格执行前期调研确定的模块运输路径及路径尺寸限制为:长12.0m×宽4.0m×高4.5m,重量限制为75t的要求,对装置内每个模块的外形尺寸、重量进行严格的把控,确保模块的划分能保证顺利的运输。

(3)结合设备和管道布置情况。在模块的划分过程中,充分结合设备及与其相连管道的布置情况进行设计,以保证设备和管道、仪电设施能最大程度地集成到模块内,最大限度地减少模块内管道及仪电设施的拆卸,避免了现场大量散件的复装工作。

(4)结合现场机具吊装资源。在模块划分设计过程中,充分考虑200t以上大型吊机资源的紧缺以及租赁价格费用高的情况,尽量考虑采用200t以下吊装能力的吊机,以保证项目现场模块的顺利吊装,并降低现场的安装费用。

(五)模块包装及防护设计

模块的运输过程的包装和防护有很多种,如包装方式有裸装、木箱包装、铁皮包装、雨布包装等,防护方式也有充氮保护、铝箔包装防护、防松脱防护措施、车速限制等。

为了避免过度包装和防护,降低项目的总体投资,我们对模块的运输路径的路面和路况情况进行了多次调研,认为从模块制造厂到项目现场仅有约30km陆路运输的路程,运输路途相对来说很短;运输过程中经过的道路主要为省道,道路路面状况也较好,基本没有连续坑洼及急弯的情况;且模块化装置本身就是按照户外装置进行设计的,可以承受运输过程被雨淋的状况。因此,经和项目业主及建造方、承运方一起讨论决定,模块采用裸装形式进行平板拖车运输,模块与平板拖车之间进行适当的捆扎固定;精密仪表元器件采用加装防撞防护层包裹或拆卸下来单独包装运输的措施。这样的模块运输包装及防护措施的设计一方面确保了模块能得到适当的包装及防护,又避免了过度包装和防护,降低了项目投入经费。

(六)钢结构及混凝土基础优化设计

由于磨溪二期工程开始之初,就制定了主装置内除大型立式设备、塔类设备不进行模块化设计,其余设备及设置均集成到模块内的原则。为了避免现场模块内部又嵌套设备混凝土基础的情况,本项目对进行模块化设计的所有设备,其基础支撑全部也集成到钢结构的设计范畴内。所以本项目模块化装置的钢结构设计包括模块的主结构设计、设备基础支撑的设计,设计的工况还需要涵盖模块建造、运输、吊装、安装和正常操作等工况。

为了保证模块的钢结构能同时满足以上各种工况的要求,模块化的钢结构设计必然不能按照传统的设计方法来实施,否则就会导致钢结构出现傻、大、粗的现象发生。所以本项目模块化设计的开始之初就对以往海内外模块化项目的钢结构进行总结,对其成功的经验进行借鉴,并在设计过程中邀请有经验的模块钢结构设计专家对本项目的设计方案进行审查和讨论,以达到结构方案的最优化。通过这样的措施,使得本项目模块的钢结构在满足以上各种工况的同时,达到钢结构用量最小化、设计方案最优化,也在技术上为本项目的模块钢结构能顺利实施提供了保障。

在混凝土基础的结构设计方面,由于大部分的设备基础已经集成在模块的钢结构上,混凝土基础的大部分设计和建造工作主要体现在了模块的钢结构柱脚基础的设计和建造上,使得项目现场混凝土结构基础的设计及施工工作得到了简化,为项目的顺利实施提高了效率,并节约了工期和人员的投入。

(七)模块运输及装卸设计

(1)鉴于项目开始模块化设计之前,对运输路径的调研情况,经过对高速公路和省道运输的路径上各类公路货物运输的尺寸及重量的规定、超限货物的通行审批手续、各类收费规定等的分析和必选,最终选定模块从制造厂到项目现场的运输路径按照省道转进场道路的方式来实施,为模块的顺利运输疏通了路径。

(2)在运输路径确定了以后,在模块运输方式方面,结合本项目模块尺寸情况、运输路径限制条件,对模块化运输方式进行了分析和比选,如模块是采用火车运输还是汽车运输,如果是汽车运输是采用常规运输车辆或者是专用模块运输平板拖车,抑或是专用自力模块平板运输车(SPMT)的方式等方面进行了比选,并最终确定本项目的模块采用专用模块运输平板拖车进行运输。

(3)对于模块的装卸方式和方法,在确定了模块运输路径和运输方式后,在项目设计开始之初也进行了分析和比选。如经过比选后模块的吊装和卸载方式方面选用了吊机直接吊装的形式,吊机吊装使用的特殊工具选用吊带;在钢结构设计的过程中,针对吊装方式和方法,设置了专门的吊点和结构节点的设计,以保证模块的顺利装卸。

(八)模块安全稳定性设计

(1)由于模块化装置集成度更高和密集布置的设备等,导致装置由地面平铺转向了空中发展,对于多层结构的装置,安全逃生的要求尤为重要。为此,在模块化设备布置策划及设计过程中,一方面要保证模块间的工厂间距要求;另一方面,专门设置了安全逃生通道,并在多次的设计审查中复核安全逃生通道的畅通性。

(2)根据三维模型审查和HARZOP分析的要求,对安全逃生通道和关键设备及阀门的操作及检维修要求充分考虑多层叠加后的空间安全要求。

(3)为保证模块在多次吊装及转运期间的安全性,对各模块结构刚性、稳性和抗震性等在设计过程中都进行了模拟,并采取了相应的保障措施。

(4)对于管路系统,进行了整体稳性分析、应力分析、防震动分析、法兰防泄漏分析、模块运输安全稳定性分析,以确保管路系统的顺利建造、安装、运输及系统的投产后平稳运行。

(九)模块操作及检维修设计

对于含硫大型天然气净化厂装置,其大型设备的安装、检维修空间和可实施性对项目的后期是十分关键的;对于模块化装置的设备布置,与传统装置的设备布置不同,其在需要考虑大型设备吊装问题的同时,还需要考虑重量较大模块的吊装和检维修等问题。

因此,在模块化布置和设备布置时需充分考虑以上因素,以满足建造过程中大型设备、管廊架上大型空冷器及重量较大模块的安装和检维修。如检维修规划布置图(图4-2)红色高亮阴影部分所示。在本项目方案设计阶段,模块化的设备布置充分考虑硫黄回收装置底层液硫冷凝器的安装及检维修拆装的空间需求,并根据后期设备检维修的需求,将液硫冷凝器的鞍座基础设置成可拆卸方式,以便设备按照滑轨或滚木的方法进行拆卸;同时在装置外侧也保证设备拆卸的临时堆放空间。对于尾气处理装置塔器和空冷器设备,设置了专门的吊装及检修空间,以便于设备的安装及检维修的拆卸。

(十)模块的拆分及复装设计

对于工程装置的模块化建设,模块的拆分及复装设计对模块在项目现场的顺利安装起到关键的作用;所以在本项目的设计过程中,对模块的拆分及复装也进行了专项的设计。

(1)通过对以往项目模块化建设实施成果的总结,确定模块内外采用法兰连接的形式进行拆分;拆分点的位置保证不超出模块的结构外缘,以保证模块的顺利拆分和运输。

(2)在模块制造厂对模块的拆分及复装手册中,要求说明装置整体情况及安装内容,以便现场安装队伍能清楚地知道模块复装的总体状况。

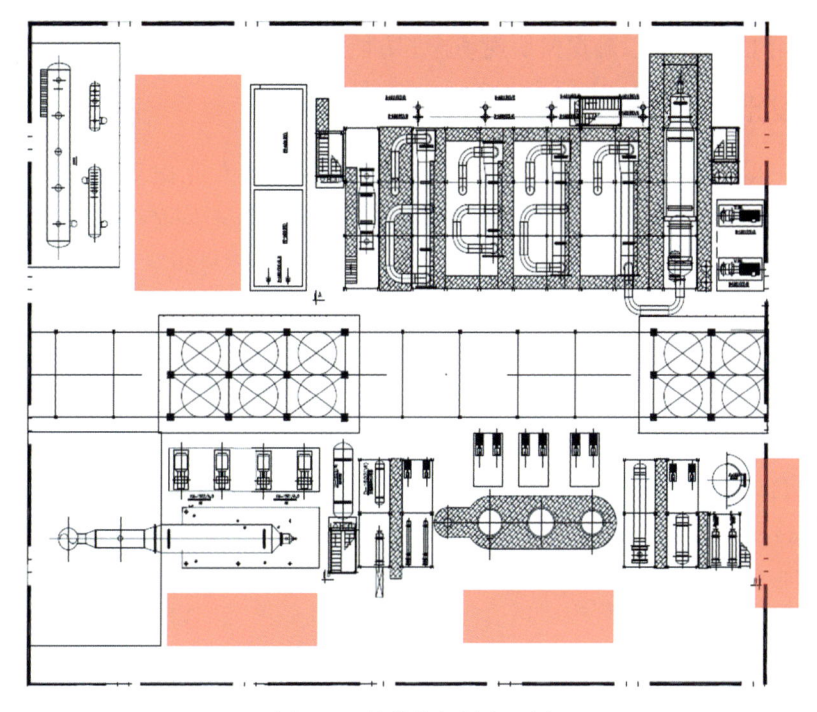

图 4-2　检维修规划布置图

（3）还要求模块的拆分及复装手册中，对装箱总单情况与复装顺序进行详尽的说明，以确保模块按照预想的顺序进行安装。

（4）同时还在模块的拆分及复装手册中，对各专业有特殊安装要求的地方，进行详细的附图和插图的指导，如图 4-3 所示模块拆分点的编号和标示。

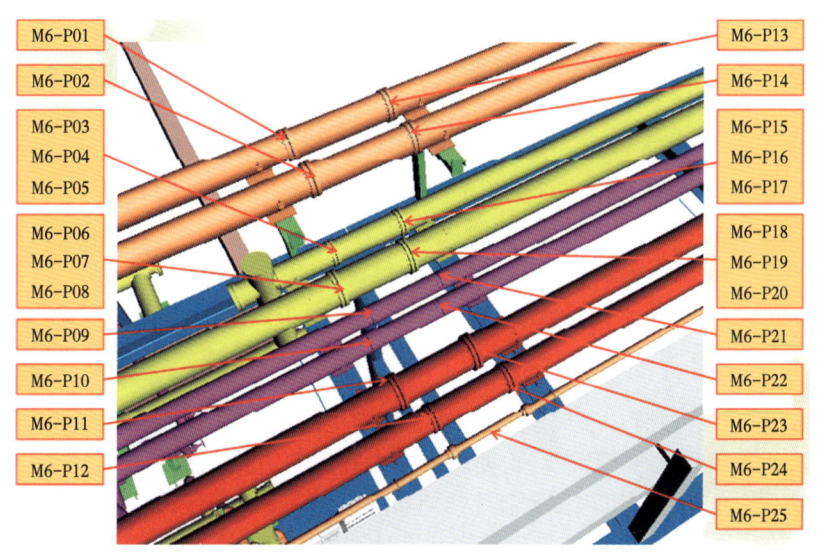

图 4-3　模块拆分点的编号和标示示意图

— 69 —

(5)最后,还需要在模块复装手册中,对现场模块的卸载和安装提出吊装方案的建议、要求及吊装的专用工具说明,以确保模块现场施工方能顺利地卸载和安装模块。

四、工程设计质量控制及管理

磨溪二期工程施工图设计工作量庞大,设计过程复杂,各专业相互交叉设计工作界面繁多,如按照传统的二维设计方式,将会导致设计周期长、设计质量难以保证、现场安装极可能会出现大量的变更,并引起大量工作需要返工的问题。因此,在项目设计开始之前就对项目总体设计质量方针、设计输入资料审查、三维模型三维设计的阶段工作审查及成果文件的审查方面做了细致的部署,以确保项目三维设计成果的质量,避免现场出现大的设计变更而影响项目的总体工期。

(一)总体质量方针的制定

为提高项目设计的图纸质量,确保现场施工的准确性,提高项目的施工效率,降低项目的施工风险和减少现场的设计变更,在项目开始之初就制定了项目工程的总体质量方针——"严控设计过程、确保图纸质量、降低施工风险,争创优质工程"的质量方针,且要求项目各参与方在设计、建造及安装的过程中严格遵守,为项目的高效实施,优质完成提供了质量方面的指引。

(二)设计输入的审查

在设计输入审查方面,做到业主方和设计方双方共同对设计输入条件进行把控;同时,在设计方这边还要求设计、校对和审核人员必须对各类供应商的图纸资料、各专业间的资料互提进行三级确认和把关,以确保设计输入的准确性。

(三)三维模型的设计深度要求

为了解决传统设计方法设计过程中出现的问题,CPECC 西南分公司利用 PDMS 三维软件并进行自主的协同设计平台研发;该平台的建立健全了含硫大型天然气净化厂总图、结构、建筑、管道、仪表、电气及通信等专业元件库和项目管理数据库,各专业可在同一平台上开展同时、同步的三维协同设计。

项目实施过程中,通过全面采用 PDMS 三维协同设计平台,实现了多专业协同设计,打破了常规二维设计模式,各专业在三维模型中的布置位置以实体渲染的方式展现,大大缩短设计工期,并减少了各专业间的错、漏、碰、缺等现象发生,如实地、形象地模拟生产现场实景,如细致到一个仪表二次信号传送器等,提高了整个项目设计图纸的质量,为后期模块制造的顺利开展打下了坚实的基础,也便于指导现场安装施工,更方便了生产操作培训的需求。

(四)三维设计过程的审查

在项目模块化设计过程中,从模块化方案策划阶段开始,到 PDMS 三维模型设计的 30%、60%、90%三个重要阶段的模型审查,均要求业主方和施工方参与到模块化的设计过程管理及三维模型审查。并在设计单位内部增强了专业间的沟通,也增强了设计单位与建设单位、施工单位及生产单位的沟通,减少由于工程模型及设计图纸的审查带来反复修改和变更,有效地避免了项目设计后期由于物资材料采购、施工安装方案调整导致大量的设计变更,为后期的工厂化预制和模块化组装、调试操作奠定了坚实基础。

(五)设计成果文件的审查

在设计成果的审查方面,要求设计方面必须严格执行三级或者四级的设计、校对、审核及审定(如必要)的流程,并实施随时及定期抽查和检验设计过程文件的校审记录情况;同时,设计成果必须提交业主技术方面专家审查通过后,现场方可进行施工,以确保现场施工方的设计图纸是正确的、可靠的设计图纸。

第二节　模块化、数字化施工

一、数字化管理技术

数字化管理指利用计算机、通信、网络技术,通过统计技术量化管理对象与管理行为,而实现研发、计划、组织、生产、协调、销售、服务、创新等管理活动和方法。

传统施工管理模式存在的问题——面对庞杂的生产数据,人工很难准确及时收集、整理、分析数据,于是管理常态是"数字不清点子多,情况不明决心大",往往生产过程只能靠经验、凭想象,实施一种粗放式管理。

四川油建公司自主开发的大型油气处理厂工艺装置橇装化生产管理软件(SKID 管理系统),利用数字化技术自上而下指导施工,自下而上施工信息采集,自动计算分析数据,搭建统一平台,监理单位、检测单位、施工单位可共享一个信息处理平台,各单位、各部门协同作业,信息实时传输,极大提高信息传递的速度和效率,迅速提供有效的决策依据,实现施工过程物资管理、生产管理、质量管理等环节的数字化、信息化的精细化管理,实现了无纸化办公。

(一)数字化管理流程

以三维模型为载体,网络数据库为中心,自主研发了涵盖采购、施工、监理和检测各方的橇装化数字管理平台——SKID 管理系统,实现了工程建设全过程数字化管理,其主要结构模块及功能如图 4-4 所示。

(二)技术数字化管理技术

在整个施工管理过程中技术是基础。技术工作内容主要包括:施工前的技术准备、材料清理统计、材料改代、焊口编号、现场技术问题解决等。而其中涉及的材料、焊口、焊接材质等信息需要由技术人员提供。常常由于这些工作利用人工进行收集核对,工作量大,效率低,且容易出现错漏。技术数字化管理旨在将这些冗杂重复的工作利用软件进行自动计算,以此减轻技术人员的工作强度,提高准确率。利用 SKID 软件对原始数据进行处理为技术管理环节,而其处理结果将作为后续物资、生产、质量管理的基础数据。软件技术模块分为以下三大功能:原始数据整理、技术信息设置、单管图生成。为实现技术的三大功能,将软件技术管理模块细分为如下的小模块,如图 4-5 所示。

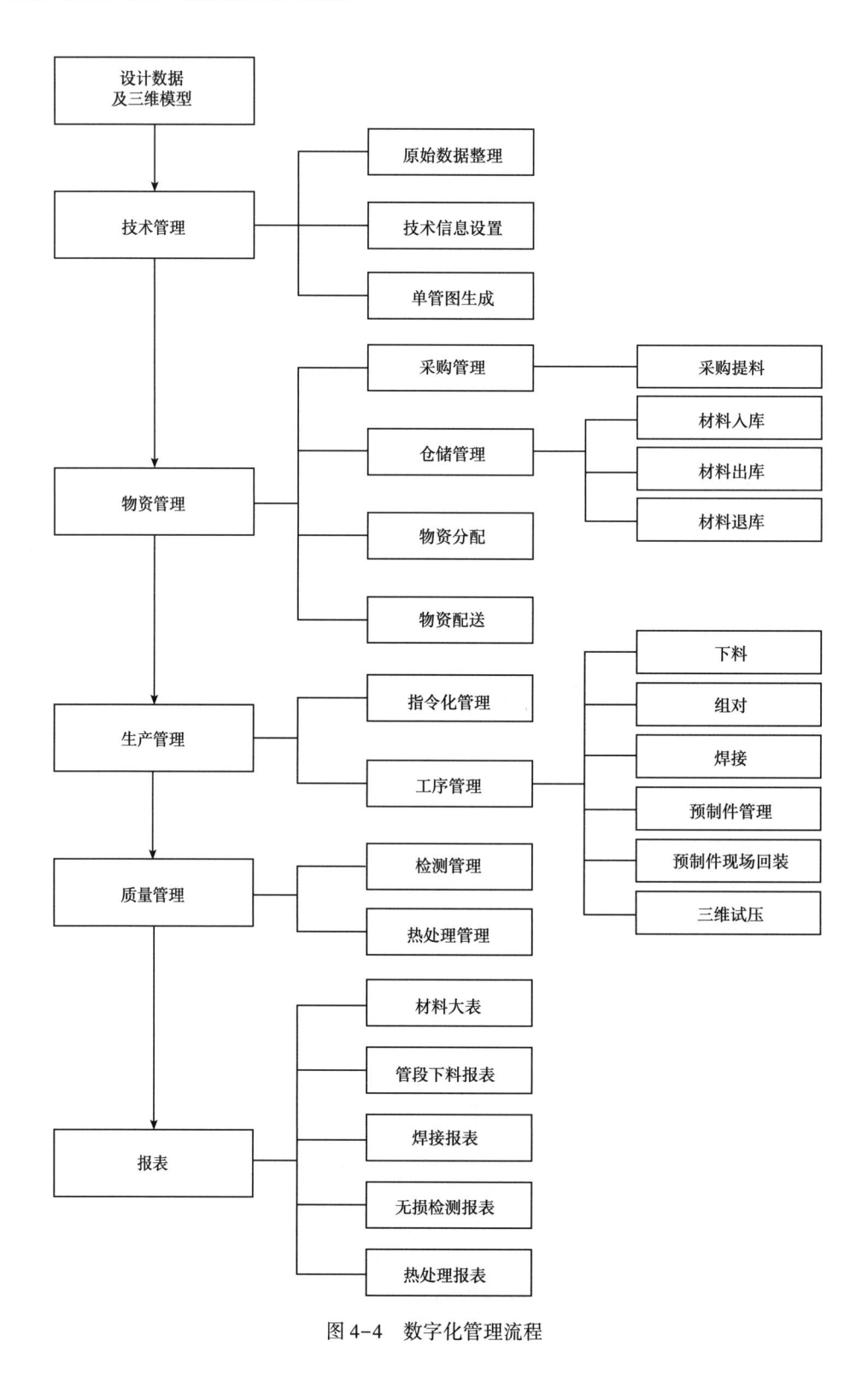

图 4-4　数字化管理流程

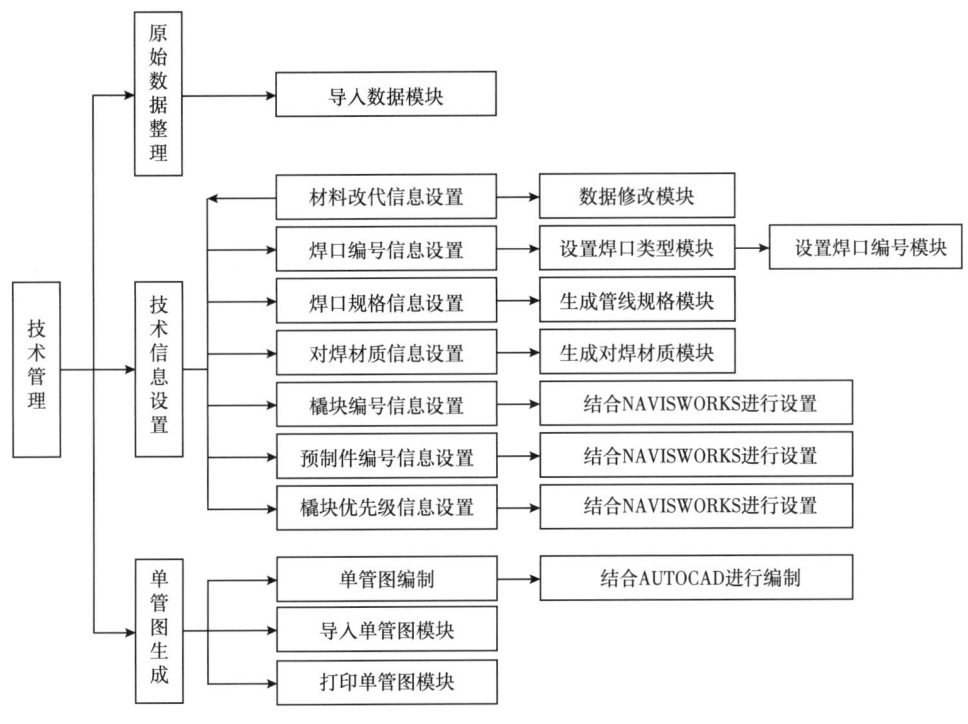

图 4-5　技术模块结构图

其操作流程如图 4-6 所示。

图 4-6　技术模块操作流程

1. 原始数据整理

所谓原始信息即为设计软件中抽取的基本信息(图 4-7)。基础数据的规范程度将极大影响其数据库的计算准确性,故需对设计数据进行二次处理。原始信息其名称、规格、型号、材料等信息合为一栏,在数据库中不利于数据的操作,无法实现材料清理、统计等,故将整合的材料信息按列进行分类整理规范(图 4-8)。

/脱硫及过滤装置工艺设计	=2458S/22	=2458S/22610	内外环缠绕垫片 OR:CS/IR:304 304+柔性石墨 GB/T 4622.2 PN25 T=4.5mm DN50
/脱硫及过滤装置工艺设计	=2458S/22	=2458S/22610	中压手动球阀 Q41Y-25 PN25 BODY:ASTM A105,BALL:A105/STL, SEAT:A105/STL 突面(RF
/脱硫及过滤装置工艺设计	=2458S/22	=2458S/22610	内外环缠绕垫片 OR:CS/IR:304 304+柔性石墨 GB/T 4622.2 PN25 T=4.5mm DN50
/脱硫及过滤装置工艺设计	=2458S/22	=2458S/22610	突面带颈对焊法兰 ASTM A105 GB/T 9115(I) PN50 4.5mm
/脱硫及过滤装置工艺设计	/PG-1201	/PG-1201(VI)(A)	内外环缠绕垫片 OR:CS/IR:316L 316L+柔性石墨 GB/T 4622.2 CL600 T=4.5mm DN400
/脱硫及过滤装置工艺设计	/PG-1201	/PG-1201(VI)(A)	突面带颈对焊法兰 ASTM A105 GB/T 9115(I) CL600 抗硫 DN400 19mm
/脱硫及过滤装置工艺设计	/PG-1201	/PG-1201(VI)(A)	90°无缝弯头 R=1.5D 20G GB5310 GB/T12459(I) 抗硫 DN400 19mm
/脱硫及过滤装置工艺设计	/PG-1201	/PG-1201(VI)(A)	高压锅炉用无缝钢管 20G GB5310 坡口 抗硫 ϕ406.4 19mm

图 4-7　原始数据界面

图 4-8　整理后的数据界面

将整理后的表格自动导入 SKID 软件中,建立数据库,如图 4-9 所示。

图 4-9　软件导入基础数据界面

2. 技术信息设置

1) 材料改代信息设置

材料改代信息及时准确地在技术、物资、质量、作业班组实现信息共享,可保障生产顺利进行,而过去的生产管理中,改代材料难以达到精细化管理,往往难以最终定位每个改代材料的位置。为实现改代管理清晰和精细化,利用 SKID 管理平台进行如下的数字化管理,将改代信息从源头进行修改、备注,采用生产指令化,指定领用和使用位置,台班按指令施工,以此使材料从信息到实物保持一致性。材料改代按照以下流程进行,先审查后以改代单严格执行,并实现改代信息可追溯,材料改代按图 4-10 所示机制执行。

材料改代后在数据库中会自动生成改代时间、改代内容,以备改代信息的查询。

2) 焊口编号信息设置

焊口编号作为重要的生产流转信息,一直是核心数据之一。原施工一直沿用设计单管图上焊口编号进行施工,但由于其编号简单,不具备唯一性,而且在施工过程中还存在割除口、加

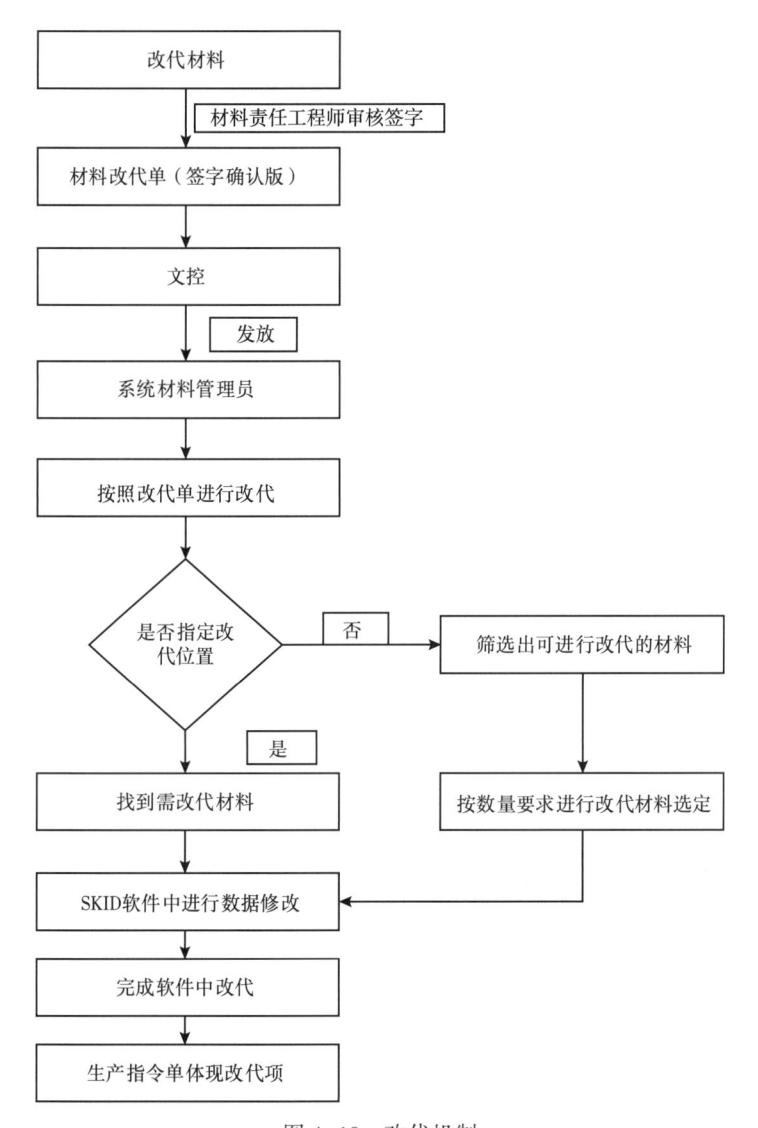

```
        改代材料
           │
    材料责任工程师审核签字
           │
   材料改代单（签字确认版）
           │
          文控
           │ 发放
           ▼
      系统材料管理员
           │
      按照改代单进行改代
           │
           ▼
       是否指定改代位置 ──否──▶ 筛选出可进行改代的材料
           │是                        │
           ▼                          ▼
      找到需改代材料         按数量要求进行改代材料选定
           │                          │
           ▼◀─────────────────────────┘
    SKID软件中进行数据修改
           │
      完成软件中改代
           │
    生产指令单体现改代项
```

图 4-10 改代机制

口等复杂情况，不便于实际施工中管理和识别的需求，故需统一焊口编号规则。焊口编号信息要求：能实现焊口精确定位、体现焊口类型、确定焊接人。

在开工前期，提前编制好所有焊口的焊口编号，再针对每道焊口设置检测信息、热处理信息。提前规划每道焊口需要经历的各个工序（下料、组对、焊接、检测、热处理等）。可提前掌握工作量（焊接、检测工作量）。

其中，采用 SKID 软件与 AUTOCAD 结合进行编辑，自动形成焊口编号，生成带焊口编号的单管图，减轻技术员的工作量，降低了编制的错漏。在编号过程中，结合三维模型、数据库、单管图，检查三者间是否有匹配，核对管线上的材料情况。

3）焊口规格信息设置

焊口规格即焊口所在管道规格，例如 1200-PL1207（5）-1146-157-F 管线规格为"$\phi 88.9mm \times 5.5mm$"。可为后期无损检测与统计焊口达因量用。

4）对焊材质信息设置

对焊材质的判别是指该焊口前元件与后元件的材质判断，在后续焊接工艺选用判别需使用。

5）橇块信息设置

在 NAVISWORKS 三维模型中选择需要做成一个橇块的元件，插件橇块编号可以实现对每一个元件设置一个橇块的编号，并且根据编号属性显示为不同的颜色，其作用是指导生产，对预制件、材料等归类有重要作用。

6）预制件信息设置

在 NAVISWORKS 三维模型中，选择要组合成一个预制构件的元件，点击"管道组合"实现预制件划分（图 4-11），一个预制件的组合需要考虑管道焊接误差消除、是否有操作空间、操作高度是否合适等因素。预制件划分过程中，以不同的颜色区分不同的预制件。

分解管线施工任务，将生产单元细化至预制件。采用 NAVISWORKS 进行二次开发，以可视化为手段，在三维模型中进行预制件划分，将划分信息传递至 SKID 软件中，将模型信息转换为数字信息进行生产。

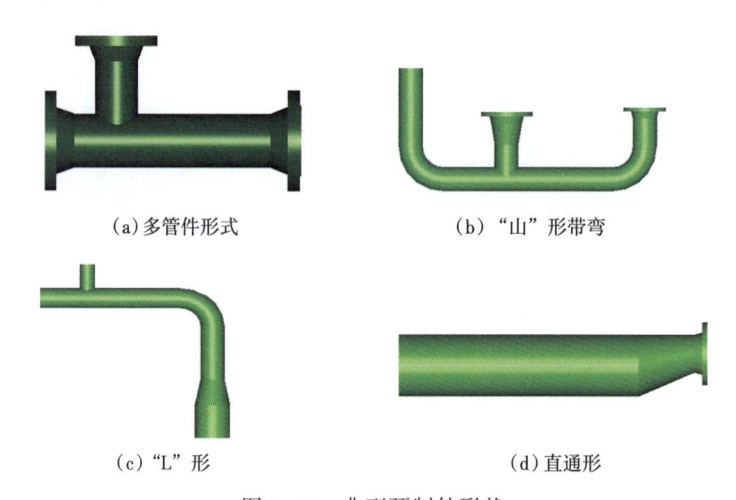

(a) 多管件形式

(b) "山"形带弯

(c) "L"形

(d) 直通形

图 4-11 典型预制件形状

7）橇块优先级信息设置

在后续配料过程中物资配料是根据其优先级进行配料，优先级较高的将优先获得配料权，各橇块优先级的设定将直接控制橇块生产的先后顺序，直接影响现场施工。

3. 单管图生成

(1) 单管图绘制。

结合原设计给出的单管图在 AUTOCAD 设计插件连接到 SKID 软件中，将数据库中的焊口编号信息绘制到单管图中得到新单管图,应用于生产。

(2)导入单管图模块。

为实现单管图统一管理,方便调用,将单管图保存在数据库中,将绘制好的单管图可自动导入到软件中,如图4-12。

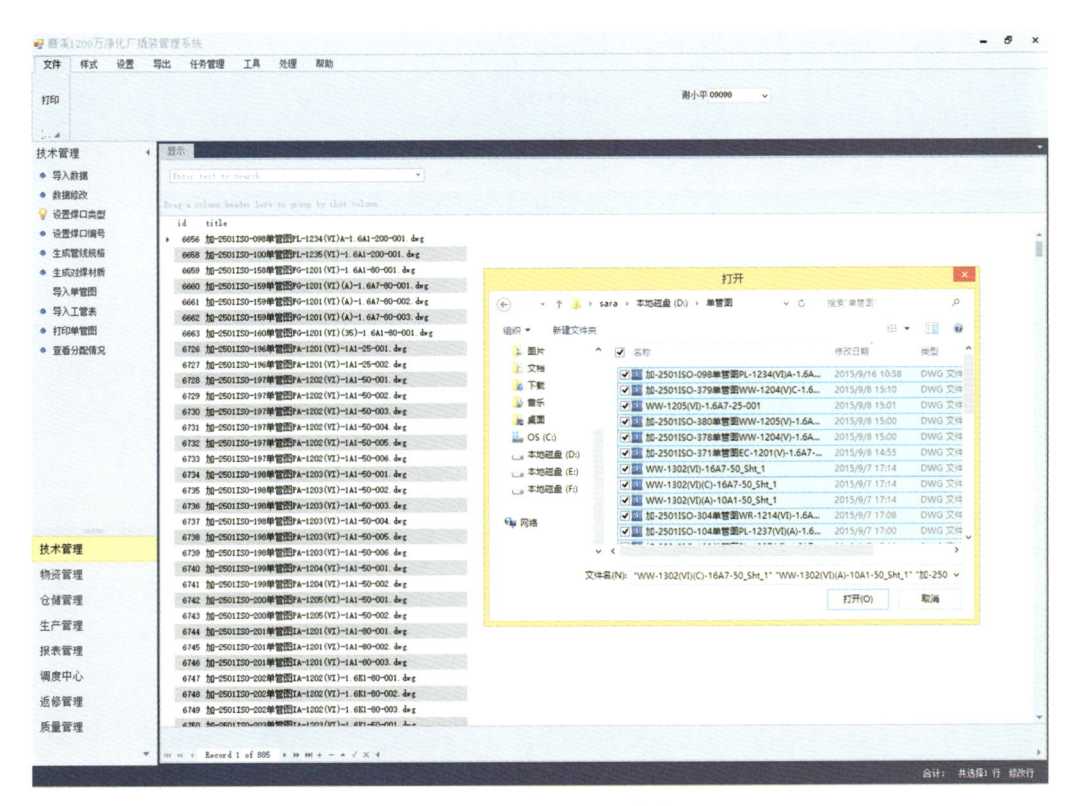

图4-12 单管图导入模块

(3)打印单管图模块。

根据需要,可实时调用单管图(采用管线号作为单管图命名依据,也作为查找依据),并进行打印。

(三)物资数字化管理技术

具备施工条件的基础为:人、机、料三元素。而基本元素之一的料即为物资,物资管理常常牵制着生产进度。作为施工总承包的物资管理包括物料情况追踪、仓储管理、物资分配三部分。

1. 仓储管理

仓储管理采用SKID系统进行数字化管理。材料入库时,在系统中进行入库,如图4-13所示。

仓储管理是动作性操作,如材料入库、出库,为保证实物操作与系统数据同步更新,以指令作为连接,实现物、单、系统信息统一。

图4-13　物资入库

(1)建立管理机制(图4-14和图4-15)。

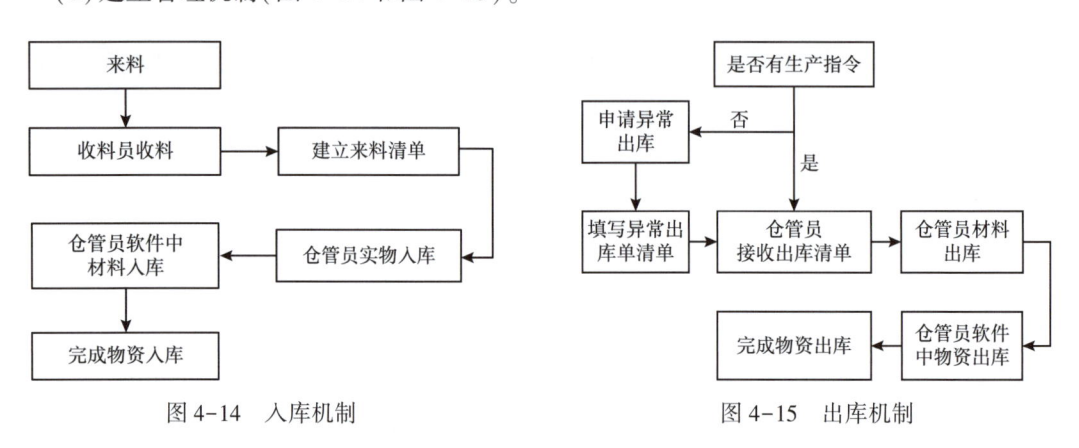

图4-14　入库机制　　　　　　图4-15　出库机制

异常出库即为车间生产过程中材料遗失重新申请、由于实际需要进行材料改代而申请的材料替换等。

(2)入库方式。

物资到货以后,仓管员可采用手动和自动在软件中进行入库操作。手动入库针对小批量材料入库。而对于大批量来料进行入库需采用自动入库。入库时需统一对物资进行编码,统一规范物资名称、规格、型号、材质、编码号等。注意:入库的材料必须经过入场检验合格后,方能进行材料入库。

①手动入库。

入库信息按照类型、零件名称、规格、型号、材质、标准、防腐等级、单位、到货数量、备注、货位号进行一一对应录入。操作简单、工作繁琐但信息录入准确率高,如图4-16所示。

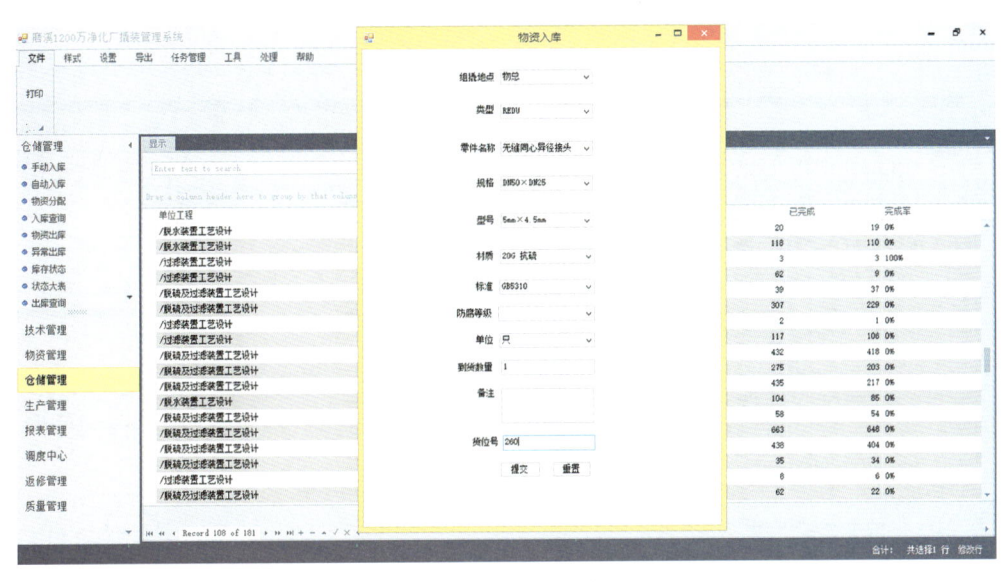

图4-16 手动入库

②自动入库。

来料信息还可以通过自动导入EXCEL表格形式入库。此法操作简便,但对导入表格格式要求严格,故需进行导入前数据整理工作,如图4-17所示。

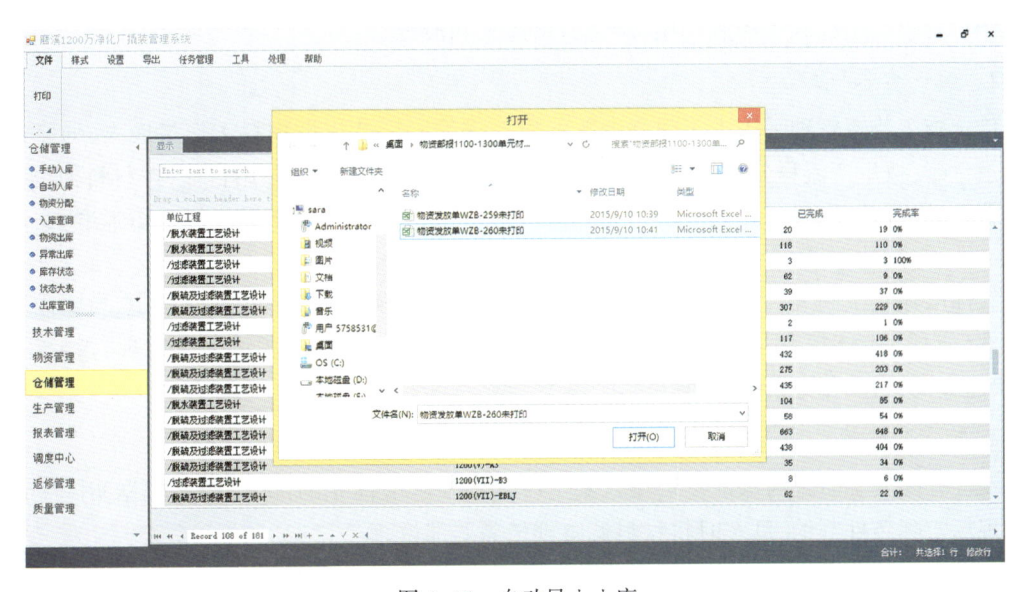

图4-17 自动导入入库

(3)物资出库。

物资出库管理,主要是按照配送指令清单发放到相应车间或将管材发放给下料班后进行勾选操作。发放后要求及时在SKID中进行下账,如图4-18所示。当有材料异常出库时采用手动信息录入,如图4-19所示。

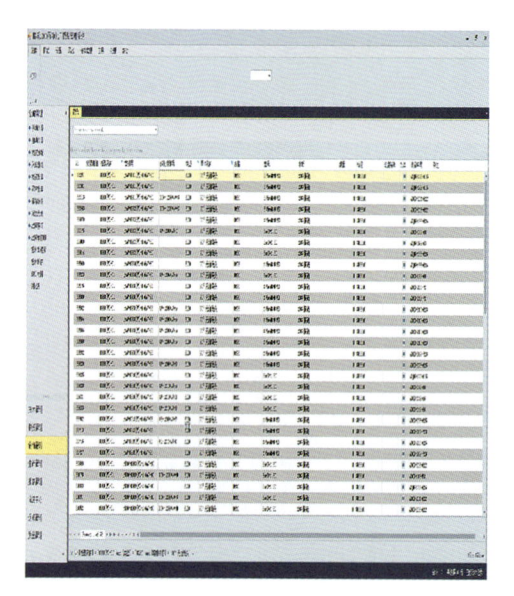

图4-18 物资出库

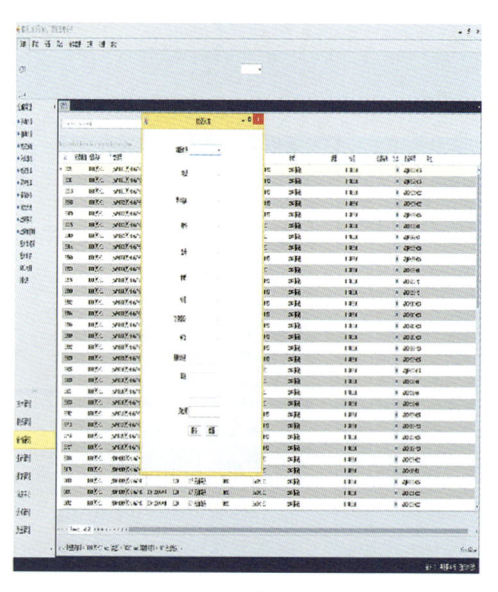

图4-19 物资异常出库

(4)管材出退。

管材出库时根据现场实际条件进行整管出库,即发料时存在余量,在下料完后需将余料进行退库处理。退库时进行物资入库操作,但需在备注栏注明退库材料对应出库单号。管材出退操作对管材使用起到了控制作用,避免材料遗失和浪费。

2."统一台账"管理

传统施工物资管理采用人工建立台账的模式进行。厂站建设物料工作量庞大,通常需多人记录台账,按生产流程分为:需求台账、来料台账、分配台账、实际领用台账,按材料种类再细分为管材、管配件及其他,多人分块管理,各自建立台账。此法,分工简单但工作强度大、不具备统一性、查询效率低。

软件以建立统一大台账进行管理的理念,将台账细化到每一个零件或管段上,台账内容包括零件(管段)本体信息及材料需求情况、来料情况、分配情况、领用情况。实现材料统一管理、快速查询、自动化办公的特点。

3. 物资分配技术

物资分配其实质是为保证物资投入到生产计划要求最优先的部分,而又根据实际生产进度及现场实际条件制约,可实时将材料调整到最需要部位。

物资分配功能要求其计算具备实现大块顺序化、小处可调整化,具备灵活性的特点。为实现以上功能,物资分配模块采用按"优先级"进行分配,且优先级设置可调整。优先级即为用数字顺序来表示生产的顺序，如 1 为最高级，需最先分配，依次递推。具体原理如图 4-20 所示。

在软件中进行自动设置优先级，并通过物资分配将到货材料一一进行计算分配。软件中操作界面如图 4-21 所示。

4. 材料配送

SKID 系统自动计算，进行统一出料，形成配送指令，由独立的配送班按照指令领取材料配送到作业平台，再由车间统一管理。

5. 物资编码

物资编码是指同一种规格型号物资为一个编码，与 ERP 编码不关联、不映射，其主要原因是 ERP 编码具有可变性与不具备唯一性，且不具备源头性不能在设计图纸上体现，且经常临时申请。

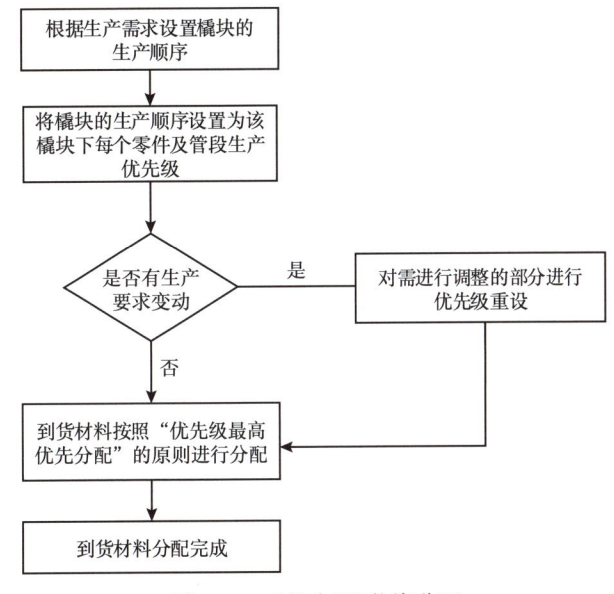

图 4-20 "优先级"物资分配

图 4-21 物资分配图

目前所用物资编码为设计院物资编码，其在单管图与综合料表中都有体现，在采购文件、厂家订单、装箱单、仓储等全环节以物资编码索引进行管理，大大提高了物资的管理能力（图 4-22）。

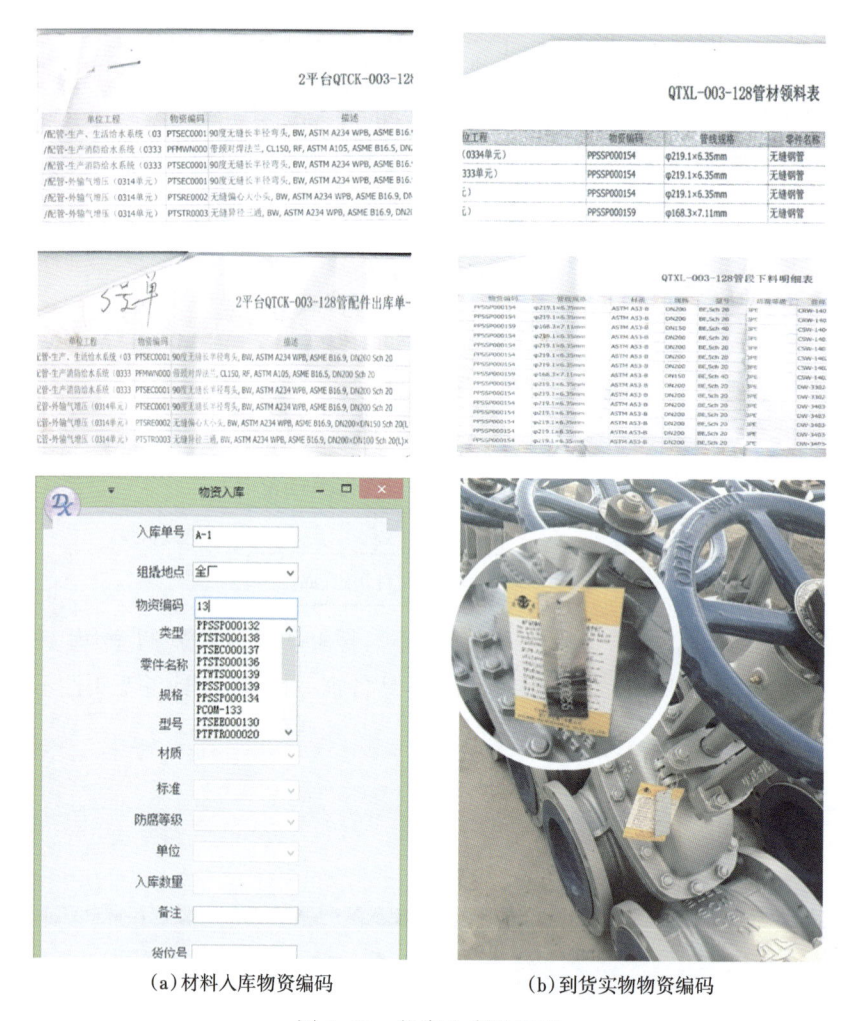

(a) 材料入库物资编码　　　　(b) 到货实物物资编码

图 4-22　物资入库及标识

(四) 生产数字化管理技术

按照生产流程进行编制,其主要包括:坡口加工、组对焊接、检测管理、热处理管理几大环节。传统生产按单管图进行预制,不能实现流水化及工厂化预制,且各环节各自制作生产报表,统计查询效率低。

采用以"预制件"为单位进行生产,以"焊口编号"为个生产环节追踪点,同时采用指令作为各环节的连接点,可实现生产线性化管理,可自动生成报表,追踪生产进度。

同时将生产数据与三维模型结合,形成三维可视化技术,方便生产和施工。

1. 三维模型及可视化技术

与设计软件衔接建立基础数据库,通过 NAVISWORKS 三维模型软件二次开发将数据附加到三维模型上,让其三维模型上每个元件具备"生命"属性,因此将数据与模型"联姻",实现"物资到货、质量控制、生产进度"在模型上可视化,为预制件划分、科学组织生产提供平台,如图 4-23 所示。

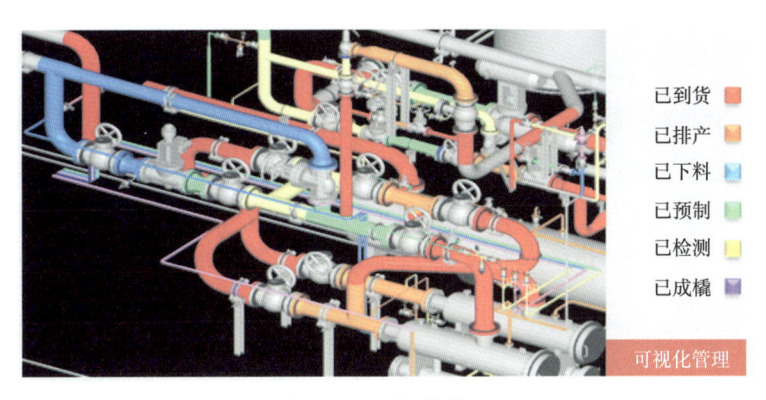

图 4-23　可视化管理

2. 生产管理指令化

生产运行以 SKID 系统为中心，自动匹配计算，并生成各类生产指令，现场实行各环节任务指令化。其主要以此实现工序间数字化交接与管理，同时在过程中做到有序化管理，必须坚持有指令才操作，如图 4-24 所示。

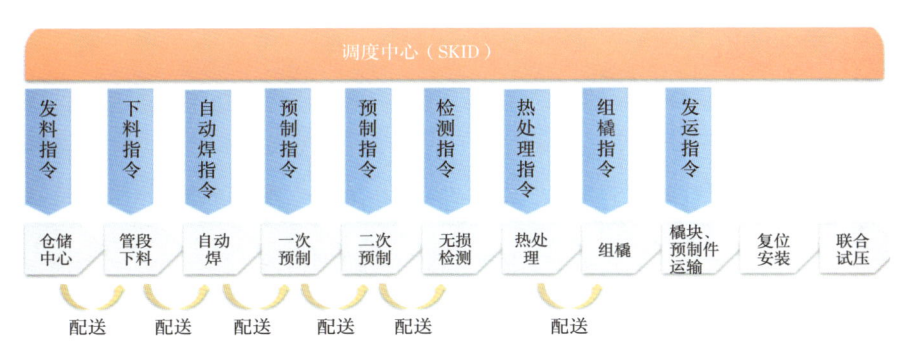

图 4-24　SKID 生产指令

生产指令作为各个环节的触发点，也是执行依据。以预制件为生产单位，共设置材料出库指令——库房用、下料指令——下料班用、预制指令——车间用三大部分，三大指令同时生成，共同实现同一个生产任务，具有相同的任务单号。按照指令要求，可实现材料配送到车间，下料班按指令进行下料、车间按指令进行预制件组对焊接，最终形成最小生产单位——预制件。

3. 数字化班组建设

建设了以无线数据传输为纽带，连接管理层、职能部门、班组的信息化处理系统。实现了施工图纸数字化、质量管理数字化、工序自动交接化。

施工图纸数字化：作业班组配备存储三维模型和电子图纸的电脑，图纸、三维模型动态管理，中央服务器可自动更新电子图纸、设计变更、三维模型。

质量管理数字化：班组长可以随时查询和录入焊口的质量信息（下料、组对、焊接、检测、热处理）。

工序自动交接化：通过 SKID 集成指令实施情况生产信息，上道工序完成自动触发下道工序开启，达到工序的无缝串联。

4. 分析统计

1）报表管理

报表作为生产进度的衡量，具有重要意义。以往采用的是人工对各工序环节进行单独统计，工作量大，错漏多。现将各生产环节的信息都统一建立在一张大表中，将每个生产环节内容反馈记录表中，建立一本生产台账，细化到每道焊口、每个零件，统计灵活多变，可根据需求自行定义统计。SKID软件主要报表设置为下料、焊接、物资、检测报表，如图4-25和图4-26所示。

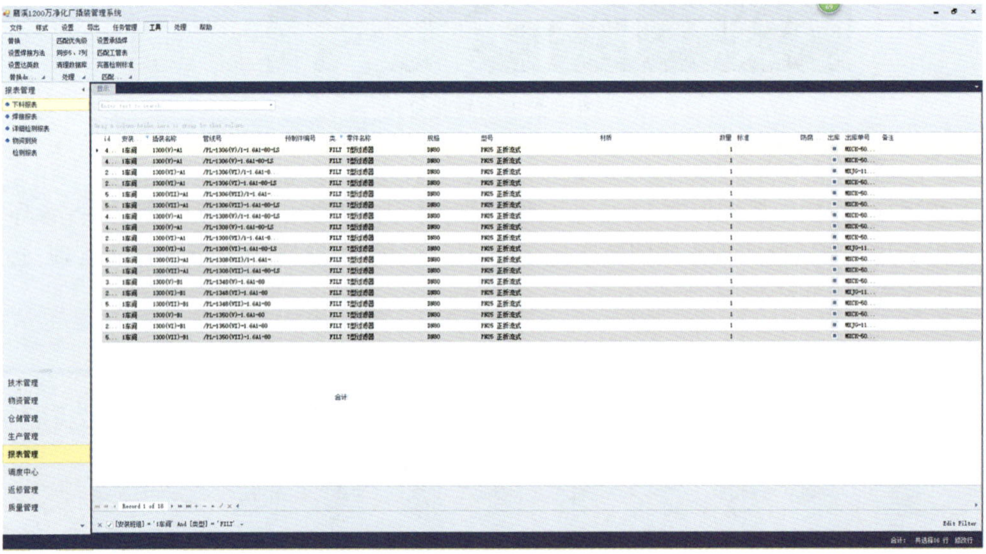

图4-25 报表管理软件操作界面

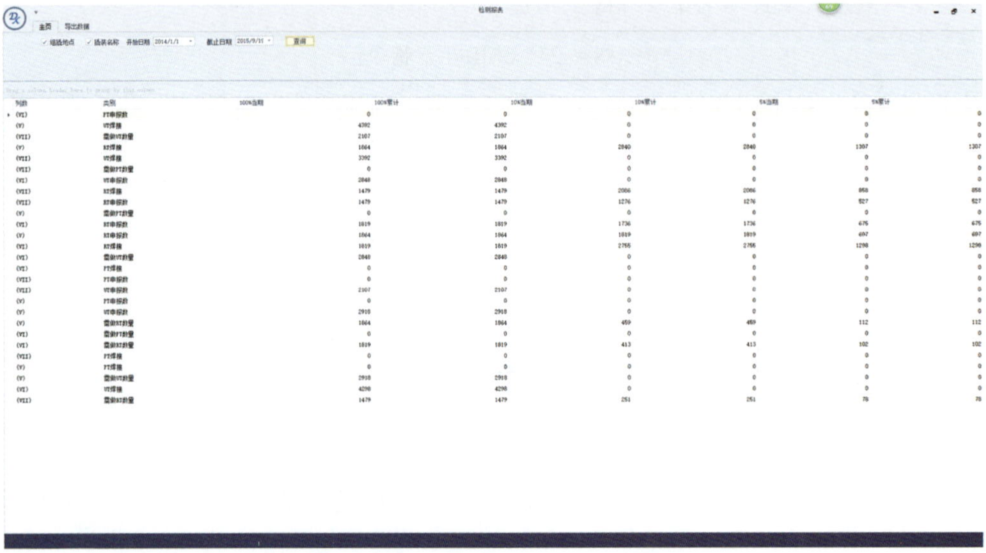

图4-26 报表管理软件导出及打印界面

在 SKID 软件中,可以将报表内容导出软件生成电子版 EXCEL 表格保存,也可以自动打印生成纸质版。

2) 下料报表

对所有已下达生产指令的材料(已出库的管配件、法兰或已下料管段)可按生产车间、橇装名称、管线号、预制件编号、类型、零件名称、规格、型号、材质、数量、出库单号等进行任意组合统计。

3) 焊接报表

焊口在生产中作为重要的计量依据,关系到工程量、工作量的统计,即达因量统计。曾一度采用人工计算、人工建立台账统计,该方式存在控制漏洞、偏差大、工作量大的缺点。故采用软件自动设置管线规格,并根据管线规格对每一个焊口达因量进行计算,以达到焊口工作量精确统计的目的。

达因量计算表公式如下:

达因量 = 管径折算达因量(表 4-1)×壁厚折算达因系数(表 4-2)。

表 4-1　管径折算达因量

NB(in)	DN(mm)	OD(mm)
½	15	21.3
¾	20	26.7
1	25	33.4
1¼	32	42.4
1½	40	48.3
2	50	60.3
2½	65	73.0
3	80	88.9
4	100	114.3
5	125	139.8
6	150	168.3
8	200	219.1
10	250	273.0
12	300	323.9

表 4-2　壁厚折算系数表

壁厚 δ(mm)	计算系数 K
$\delta<8$	1
$8\leqslant\delta<12$	1.2
$12\leqslant\delta<16$	1.3
$16\leqslant\delta<19$	1.5
$19\leqslant\delta<23$	2
$23\leqslant\delta<27$	3
$27\leqslant\delta<31$	4
$31\leqslant\delta<35$	5
$35\leqslant\delta<39$	6

焊接报表可按装置区、单元号、橇装名称、总焊口数量、总达因量、已焊焊口数量、已完成达因量、焊接车间、焊接时间、未完成焊口数量、完成达因百分比等进行统计。

4) 物资到货报表

物资到货报表分装置区、橇装名称、零件名称、规格、型号、材质、数量、防腐等级、需求数量、到货数量进行统计。同时还可按时间段、到货厂家信息进行到货情况统计。可随时反馈到货情况,追踪剩余物资。

5) 检测报表

检测报表可按照装置区、检测类型(UT/PT/RT)、检测比例、需完成量、已完成量、时间区域进行统计。有助于实时监测检测进度。

6) 分析图表

生成分析性图表,如焊接缺陷分析图、检测进度分析图(图4-27)、焊接工效分析(图4-28)、检测进度分析图、效益分析图。对生产信息的分析,可以实现人、机、材按需调配,也可为生产决策提供有效依据。

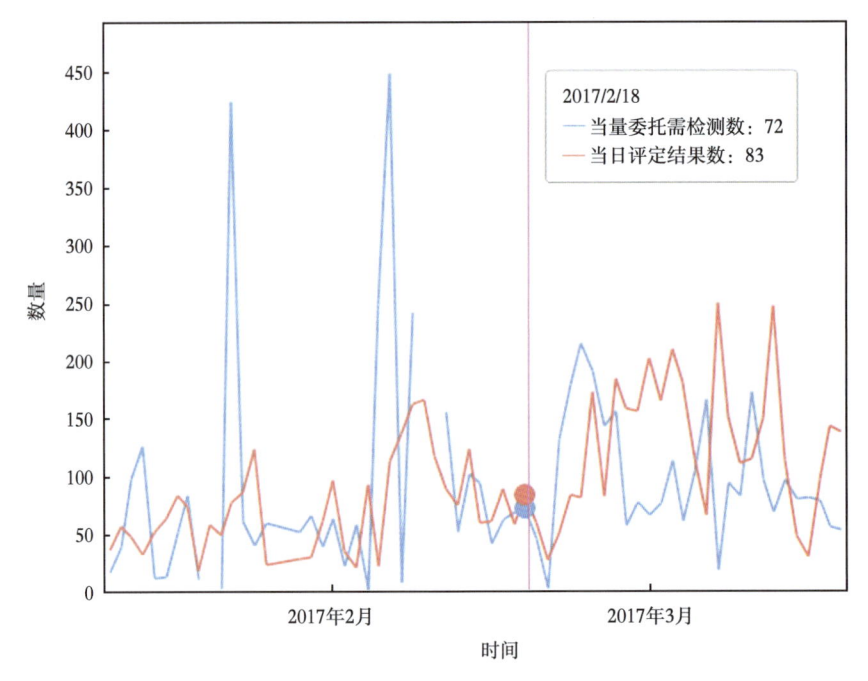

图4-27 无损检测委托数及评定数曲线对比图

(五) 质量数字化管理技术

质量数字化管理主要针对焊口焊接及无损检测进行管理,通过系统自动委托、在系统中进行结果录入,全过程采用销项制,其中实现质量控制可视化,将不合格的焊口采用红色显示出来,在三维模型上直观显示,便于焊口的直接定位。为了达到无损检测管理的目的,质量管理模块主要包括以下内容:无损检测RT、UT、PT检测比例设定、焊接工艺设定、已焊接焊口查询、检测指令委托、检测结果录入、热处理指令委托、热处理结果录入、返修管理(图4-29)。

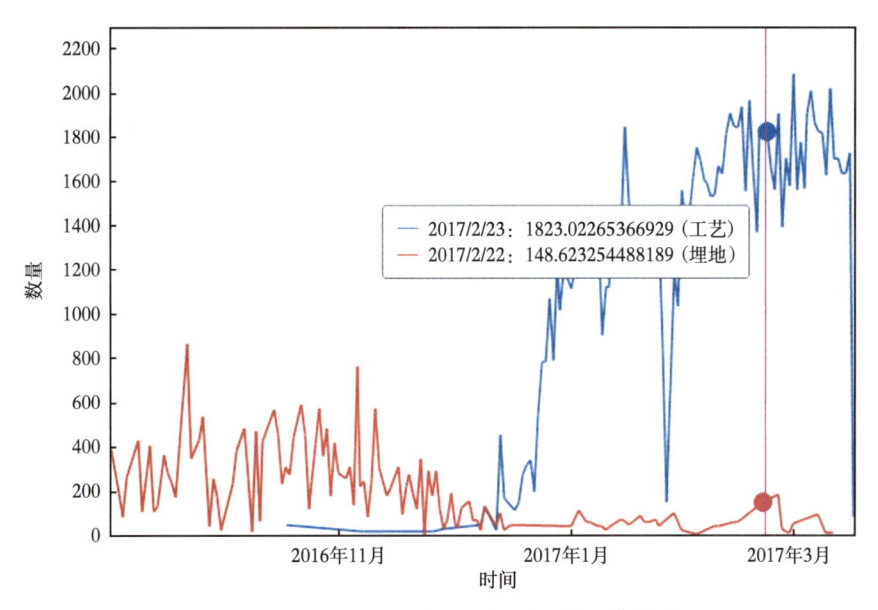

图 4-28　地面工艺及埋地焊口无损检测数量曲线对比图

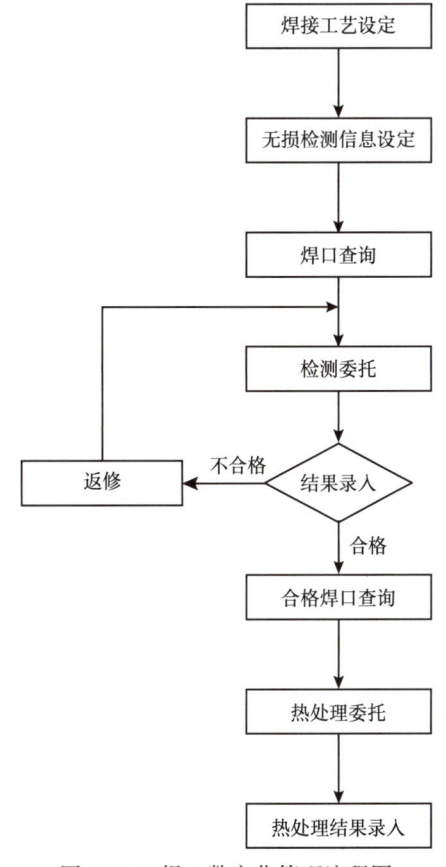

图 4-29　焊口数字化管理流程图

为达到质量数字化管理,软件设置如图4-30所示。

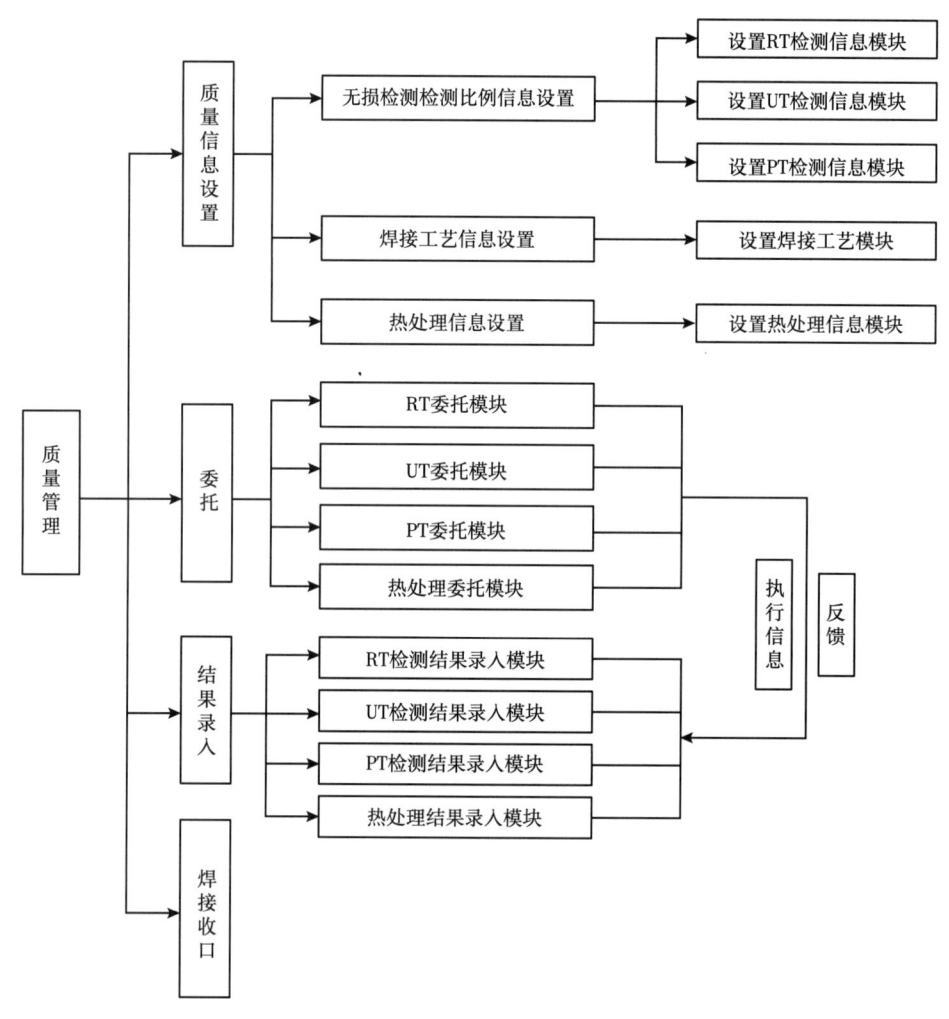

图 4-30　质量模块

1. 质量信息设置

(1)无损检测信息设置。

根据设计总说明的无损检测要求设定其对应检测信息,包括"检测标准、检测方式、检测比例"形成无损检测信息表,见表4-3。

表 4-3　无损检测信息表

序号	管道等级	具体介质要求	温度要求	RT检测比例	UT检测比例
1	1.6A1	贫胺液	≥80℃	100%	100%
2	1.6A10	夹套内管		100%	100%
3	1.6A11	中夹套内管		100%	100%
4	1.6A7	酸性水、酸性气		100%	100%

续表

序号	管道等级	具体介质要求	温度要求	RT检测比例	UT检测比例
5	1.6A9	硫黄回收过程气、尾气		100%	100%
6	1.6K2	半贫胺液、富胺液、酸水		100%	100%
7	10A1	贫胺液、净化天然气、燃料气		100%	100%
8	10A2	含硫天然气、富胺液、气田水		100%	100%
9	1.6A1	净化天然气、溶剂、闪蒸气、燃料气、1.0MPa蒸汽		10%	100%
10	1.6A1	贫胺液	<80℃	10%	100%
11	1.6A7	含硫污水(阀前)、富胺液、含硫天然气、放空原料气、气田水、尾气		10%	100%
12	2.5A4	蒸汽、凝结水		10%	100%
13	2.5K1	化学药剂、水处理药剂		10%	100%
14	6.4A5	中压蒸汽、锅炉给水、凝结水		10%	100%
15	6.4K1	化学药剂		10%	100%
16	1.6A1	蒸汽、凝结水、氮气、除氧水、新鲜水、消防水、循环水		5%	100%
17	1.6K1	装置分离罐后的净化空气、除盐水、液硫池盘管		5%	100%
18	1A1	净化空气、主风、软化水、装置分离罐前净化空气、新鲜水、消防水、循环水、非净化空气		5%	100%
19	2.5A4	锅炉给水		5%	100%
20	1.6A10	夹套外管			100%

再根据表4-3在SKID软件中自动设定每道焊口对应的无损检测信息。

(2)焊接工艺信息设置。

根据对焊材材质与管线规格在焊接工艺评定里面找出工艺规程号并写入数据库中工艺规程号列中,在焊接时将根据焊接工艺选择相应的焊条与焊接方法。

(3)热处理信息设置。

热处理信息设置有两种方式进行:一是从设计院抽取的基本信息获得;二是通过工管表按管线号进行逐一设置,如此将热处理信息自动映射到每道焊口上。

2. 指令管理

面对焊口量大、清理困难,检测工作和热处理工作常常滞后的情况,采用根据生产要求,软件自动生成委托单的模式进行管理,通过委托单号,实现每条焊口检测委托和热处理委托可复查。根据是否焊接与检测比例条件从数据库中筛选出可进行检测的焊口,并进行委托。在无损检测合格后可在热处理委托模块中进行热处理委托。

检测指令包括RT检测指令、PT检测指令、UT检测指令和热处理检测指令,由SKID软件自动计算出具备检测或热处理条件的焊口,并直接下达指令。特别关于RT检测焊口抽照,不再进行人工统计和识别,由软件直接按管线甄别出具备抽照条件的管线,显示可以进行抽照的焊口,再由监理随机抽选,最终生成抽照指令(图4-31、图4-32和表4-4)。

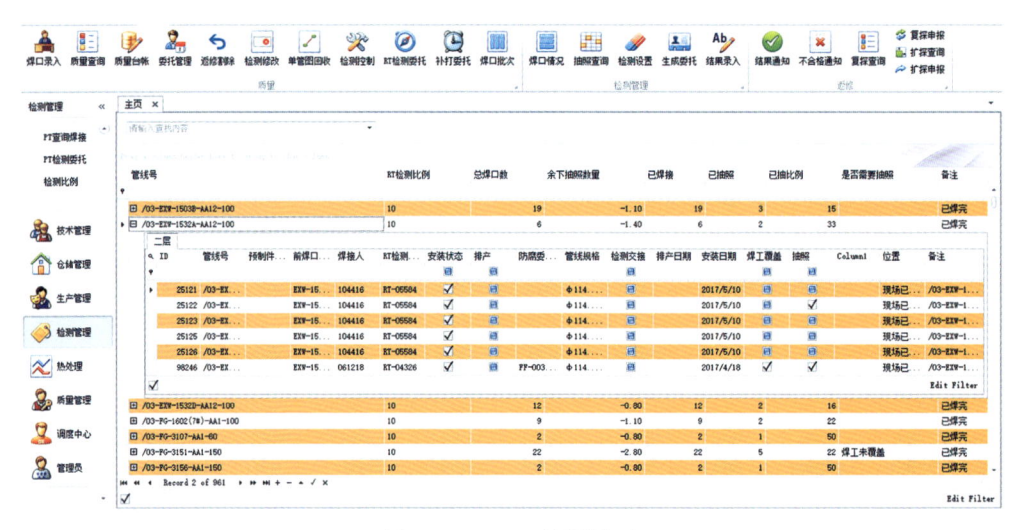

图 4-31　SKID 抽照界面

无损检测申请/指令					
						JL-A09/B09
工程名称	磨溪区块龙王庙组气藏60亿立方米/年开发地面工程			编号	P-5-1100-GN1101-RT001-Q
申请:致:四川华成油气工程建设监理有限公司龙王庙地面工程监理项目部(监理单位) 以下焊口焊接已完成,外观检查合格,现申请对以下焊口进行无损检测。						
规格材质	φ60.3×4.5mm 20#	焊接方法	GTAW	检测比例	5%
焊口编号: ■1100-GN1101-5-09098-3-W　　　　　　　□1100-GN1101-5-09098-4-W □1100-GN1101-5-09098-6-W　　　　　　　□1100-GN1101-5-09098-7-W □1100-GN1101-5-09098-8-W　　　　　　　□1100-GN1101-5-09098-9-W □1100-GN1101-5-09098-10-W　　　　　　□1100-GN1101-5-09098-12-W □1100-GN1101-5-09098-13-0 合计: 9						
技术负责人(签字): 　　　施工单位(章): 　　　　　　　　　　　　2015 年 3 月 24 日 17:00						
监理单位审查意见: 以上焊口焊接已完成,经外观检查合格,同意对上述经标识的指定焊口进行无损检测。 工艺监理工程师(签字):　　　　　　　　　　　　　　　　　　　　　　2015 年　　月　　日						
指令:致:四川佳诚油气管道质量检测有限公司(检测单位) 以上焊口焊接已完成,外观检查合格,请到指定地点对以上经标识的指定焊口进行(■RT、□RT、□UT、□MT)检测,并将结果于 2015-05-1412 时前报监理部。						
检测尺寸	全周长	检测标准		合格级别	
项目监理机构(章):　　　　　　无损检测监理工程师(签字):　　　　　　　　年　　月　　日						
检测单位签收人员(签字):　　　　　检测机构(章):　　　　　　　　　　　　年　　月　　日						
说明:1.检测比例栏填写设计或规范要求比例;2.焊口编号填写本批全部完成焊口号。						

图 4-32　无损检测指令样表

表 4-4 热处理指令

热处理委托号	安装班组	橇装名称	预制件编号	前焊口编号	RT检测比例	工艺规程编号	零件名称	规格	型号	材质
MXRCL-007-63	3车间	1200(V)-D2	AW-1211(V)-B	1200-AW1211(5)-1049-3-F	10.00%	14-AYMX-26	高压锅炉用无缝钢管	φ48.3mm×6mm		20G抗硫
MXRCL-007-63	3车间	1200(V)-D2	AW-1211(V)-B	1200-AW1211(5)-1049-4-F	10.00%	14-AYMX-26	突面对焊钢制管法兰	DN40mm	150LB WN RF SCH40	ASTM A105抗硫
MXRCL-007-63	1车间	1300(V)-DIKENG	DOW-1206(V)-B	1200-DOW1206(5)-1054-17-F	5.00%	14-AYMX-26	高压锅炉用无缝钢管	φ48.3mm×6mm		20G抗硫
MXRCL-007-63	1车间	1300(V)-DIKENG	DOW-1206(V)-B	1200-DOW1206(5)-1054-18-D	5.00%	14-AYMX-07	无缝同心异径接头	DN50mm×DN40mm	5mm×5mm	20G抗硫
MXRCL-007-63	1车间	1300(V)-DIKENG	DOW-1206(V)-B	1200-DOW1206(5)-1054-19-F	5.00%	14-AYMX-26	突面带颈对焊法兰	DN50m	PN255mm	ASTM A105抗硫
MXRCL-007-63	1车间	1300(VI)-DIKENG	DOW-1206(VI)-B	1200-DOW1206(6)-1054-17-F	5.00%	14-AYMX-26	高压锅炉用无缝钢管	φ48.3mm×6mm		20G抗硫
MXRCL-007-63	3车间	1200(V)-CQLJ	FG-1201(V)-D	1200-FG1201(5)-1049-33-D	10.00%	14-AYMX-29	无缝偏心异径接头	DN80mm×DN50mm	5.5mm×5mm	20G抗硫
MXRCL-007-63	3车间	1200(V)-CQLJ	FG-1201(V)-D	1200-FG1201(5)-1049-34-F	10.00%	14-AYMX-29	突面带颈对焊法兰	DN80mm	PN25 5.5mm	ASTM A105抗硫

3. 结果录入

针对不同的项目,将结果进行录入。根据检测公司提供的无损检测结果通知单,对检测合格的焊口,进行结果录入,不合格焊口进行返修管理。热处理结果通过对硬度的检查,由检测公司信息反馈,再进行结果录入,如图4-33和图4-34所示。

4. 质量可视化

利用三维模型与数据库的关联,将焊口收口情况、检测结果、热处理结果赋值于模型,通过模型可以宏观监测和了解焊口相关信息情况,更能精确反映不合格焊口的位置及状态(图4-35)。可以在三维模型中用不同颜色将检测状态或结果显示出来,可直观查找问题存在处,也可动态掌握检测信息状态。

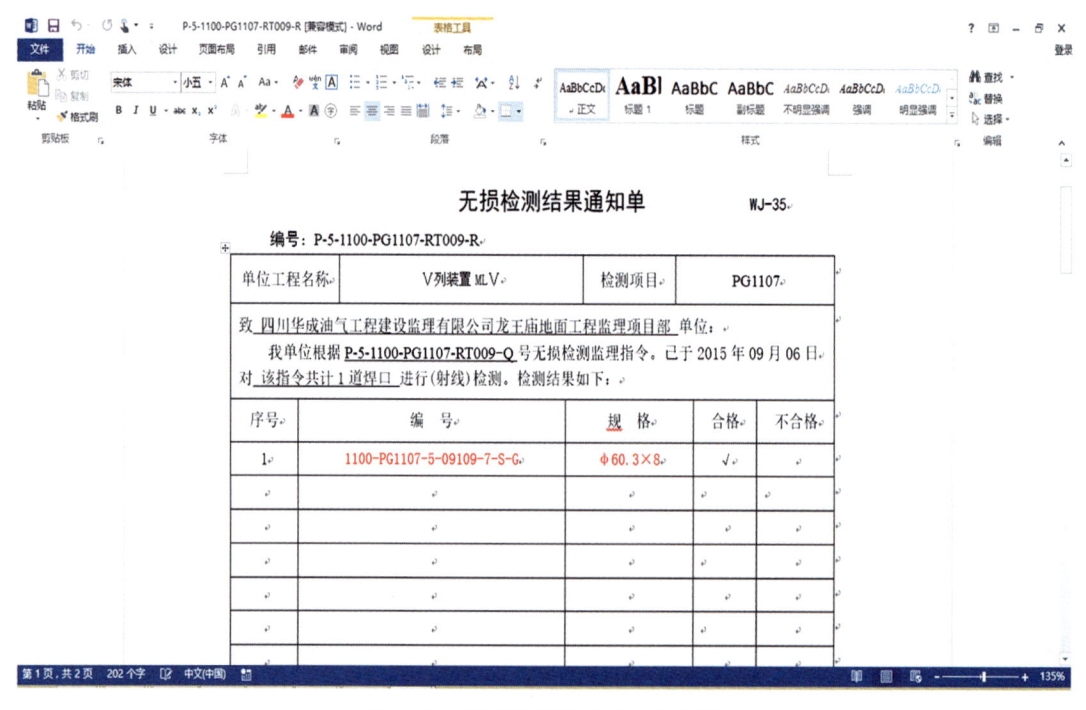

图 4-33　无损检测结果通知单界面

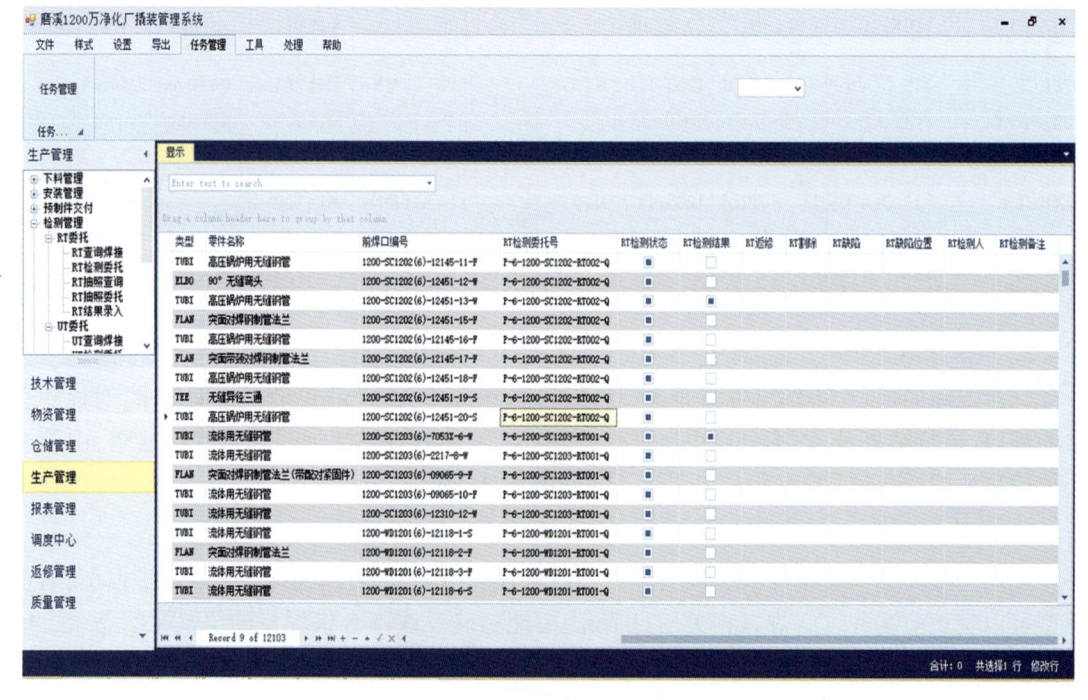

图 4-34　无损检测结果录入界面

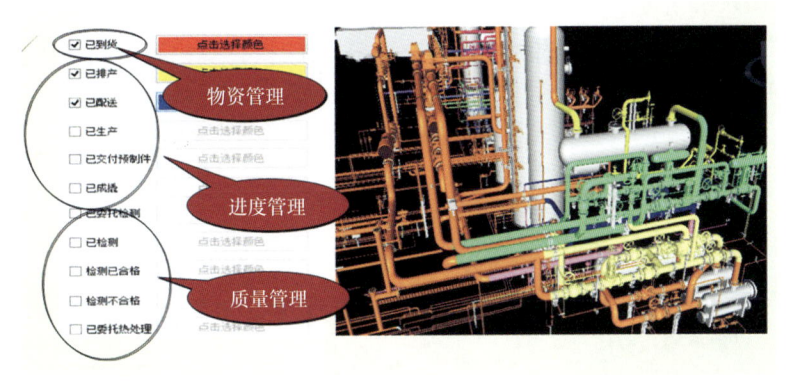

图 4-35　可视化操作界面

5. 无损检测报表

自动将数据按设定条件进行统计,可实现按需要追踪焊口检测情况,特别对不合格焊口情况进行分列(图 4-36)。

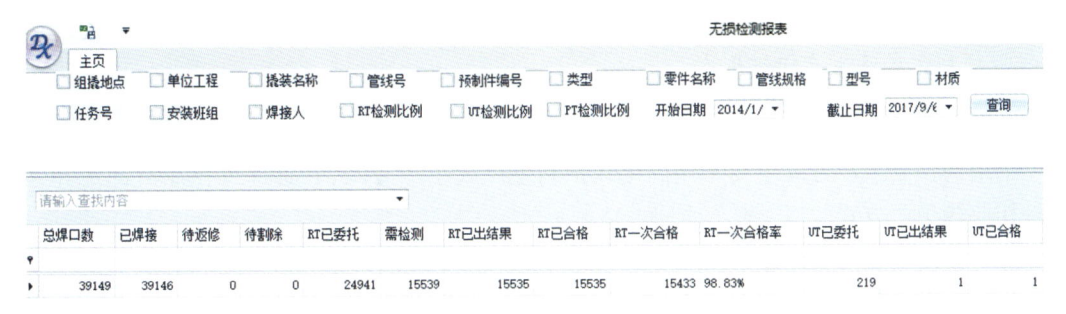

图 4-36　无损检测报表界面

6. 无损检测缺陷分析

系统可将无损检测结果的缺陷内容进行自动分类统计,计算出各种缺陷所占百分比,由此可针对性分析原因、制定对策,以此在过程分析中提高焊接质量(图 4-37)。

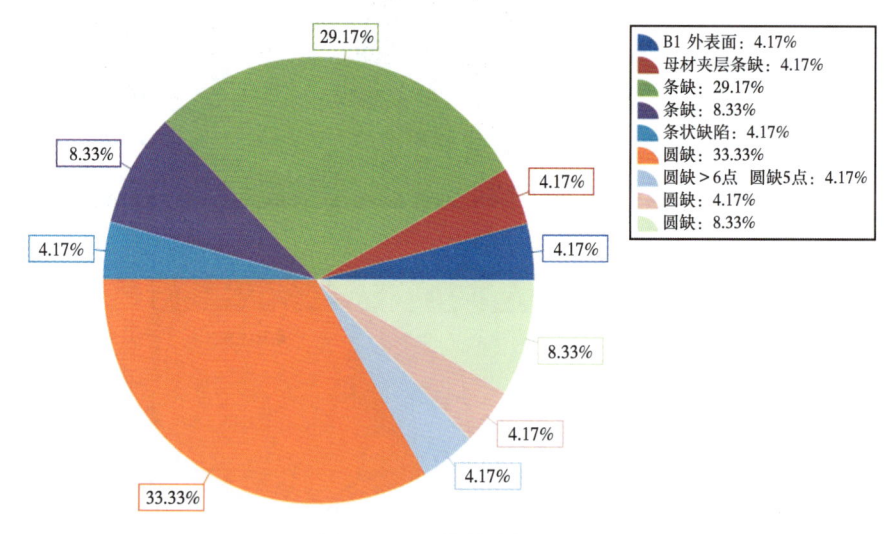

图 4-37　焊接缺陷饼状图

二、工厂化预制技术

(一) 简介

工厂化预制包括了钢结构及工艺管道的预制,其生产方式是通过建立三维模型进行二次设计,采用 SKID 信息化管理平台对设计、采购、施工进行管理,在厂房内按照工厂化流水作业方式,利用配套的钢结构及管道下料切割、坡口加工、组对、焊接的自动或半自动设备、物流系统等预制作业线开展预制生产。其预制作业可实现物资、生产、质量全过程的可追踪性、可视化、智能化、信息化管理,能自动配料、对比分析和统计,具有及时、准确、高效的特点。

1. 管道预制管理理念及核心

(1)管道预制管理理念:工序分解,流水作业,体系封闭,成品出厂。

(2)管道预制管理核心:以设计管理软件为基础,以施工管理软件为核心,以自动焊接工艺为特色。

2. 预制方式及生产组织形式

1)预制方式

钢结构预制生产方式主要采用固定式预制生产线生产方式,管道深度预制有固定和移动两种作业线生产方式。

(1)建立固定式预制生产线。

建设大型的适合钢结构及管道预制的生产车间,此车间需配置行吊,将切割设备、坡口加工设备、组对设备、焊接设备、物流输送系统固定于厂房内,以进行工厂化施工。此方式适合于在以车间为中心的一定辐射半径内经常可接到工程项目或国内管道预制订单,或靠近沿海港口,可经常承接到国外管道预制订单;或者能承接到有多个较大的厂场建设任务。这种施工方式投入很大,移动性差,但施工效率高,建立预制厂的方式应根据现场实际情况,对于投资大、施工时间在三年以上的可在施工现场附近建厂;对于施工时间在一年半以内可考虑在离现场较近的地方临时租借具有厂房、行吊等面积大能满足预制需要的场地施工进行建设;也可利用已建设好的基地开展预制工作。

钢结构预制由于国内生产厂家多、生产能力及技术水平能满足要求,应尽可能利用现有的钢结构生产厂家而不自己建立作业线开展预制。

(2)建立移动式预制生产线。

适合管道预制方式,配套多套管道坡口加工工作站、多套管道自动焊机工作站、1套简单物流输送系统、1套钢结构工位架在施工现场附近建立临时预制场地,同时可考虑采用叉车或装载机或安装悬臂式超重机负责吊装或倒运,以开展管道的预制工作。其生产效率由于无行吊效率比固定式管道预制生产线低,但由于采用集装箱作为载体,不受辐射半径限制,其移动性极强,适应性较广,效率中。

2)组织形式

(1)成立专门的预制化作业队,此作业队按工厂化管理方式进行操作,分下料及坡口加工班、组对班、焊接班、深加工班、无损检测班,各班各负其责。管道预制化作业队只负责管道预制,不负责管道安装;预制的管道由管道的安装台班负责。

(2)管道预制采用流水线作业方式:领料、下料、坡口加工、组对、焊接、深加工按流程进行。

3. 工厂化预制技术与传统预制技术的差异

工厂化预制技术与传统预制技术的差异见表4-5。

表4-5 工厂化预制技术与传统预制技术的差异

序号	项目		对比		备注
			传统预制工艺	目前较先进预制工艺	
1	预制场地		分散	集中	
2	组织方式		单台班负责预制和安装作业	预制和安装台班各负其责	
3	机械化程度		低	较高	
		下料	人工较多	机械化程度较高	
		组对	人工	有人工和机械	
		焊接	手工焊接为主,填充盖面采用半自动焊,采用固定焊	半自动焊填充盖面,有焊接转动设备,采用转动焊	
				半自动焊打底,半自动焊或全自动焊填充盖面,有焊接转动设备,采用转动焊	
				全自动打底,全自动焊填充盖面,有焊接转动设备,采用转动焊	
		物流输送系统	无	有	

续表

序号	项目	对比		备注
		传统预制工艺	目前较先进预制工艺	
4	管理软件	无	有,实现了微机管理,能进行预制管段、无损探伤、材料配料、材料可追踪性等管理	
5	投资	小	大	
6	生产效率	低	高	
7	设计深度对施工效率影响	影响较大	影响很大,对设计深度要求高	
8	原材料到货情况对施工效率影响	影响较大	影响很大,对原材料到货完整性要求高	
9	工人劳动强度	大	小	
10	施工电源功率要求	小	大	
11	风雨对施工的影响	严重	很小	
12	预制后安装方式	将预制的管段按装置区、线号拉运至组橇现场,由安装台班在现场进行装配化安装,现场焊口数量较少,大量使用吊车,以提高安装的机械化程度、提高安装的效率	由预制台班负责现场安装,现场焊口数量较多,机械化程度低、安装效率低	

4. 工厂化预制特点

(1)可进行工厂化预制,节约了人工、机械设备,但采用工厂化预制的成本高(主要是厂房建设投入大)。

(2)自动化程度提高。

(3)预制深度达到预制率全厂70%,主装置80%,单个橇100%,效率较高,装配化程度较高。

(4)施工预制作业点可不在待建厂站内,提高了待建厂站的整洁性、规范性和作业空间,利于其他各项工作开展。

(5)预制管段、无损探伤、材料配料、材料可追踪性实现了计算机管理。

(6)管道预制厂不要求具备较高综合素质的技术工人。

(7)对设计的深度及材料供货的及时性和完整性要求较高。

5. SKID管理软件的管理特点

管道预制的管理采用SKID管道预制安装管理平台进行管理。

(1)性能特点:能进行预制管段、无损探伤、材料配料、材料可追踪性管理。

(2)技术特点。

①能加载施工信息生成施工台班需要的具有管段信息的单线图。

②能录入各种管道预制信息。

③能自动按单线图或管段图进行配料;对已到料齐全、达到预制条件的单线图或管段图做出特殊标识,当需要安排生产时,能自动打印出领料单。

④配料能根据生产需要设置优先级,满足生产急需。

⑤能进行信息的交叉查询和打印报表。

(二)施工流程

管道预制管理划分为技术准备、施工准备、工厂化预制三个阶段,其各阶段流程如下。

1. 总体流程

工艺管道预制流程如图4-38所示。

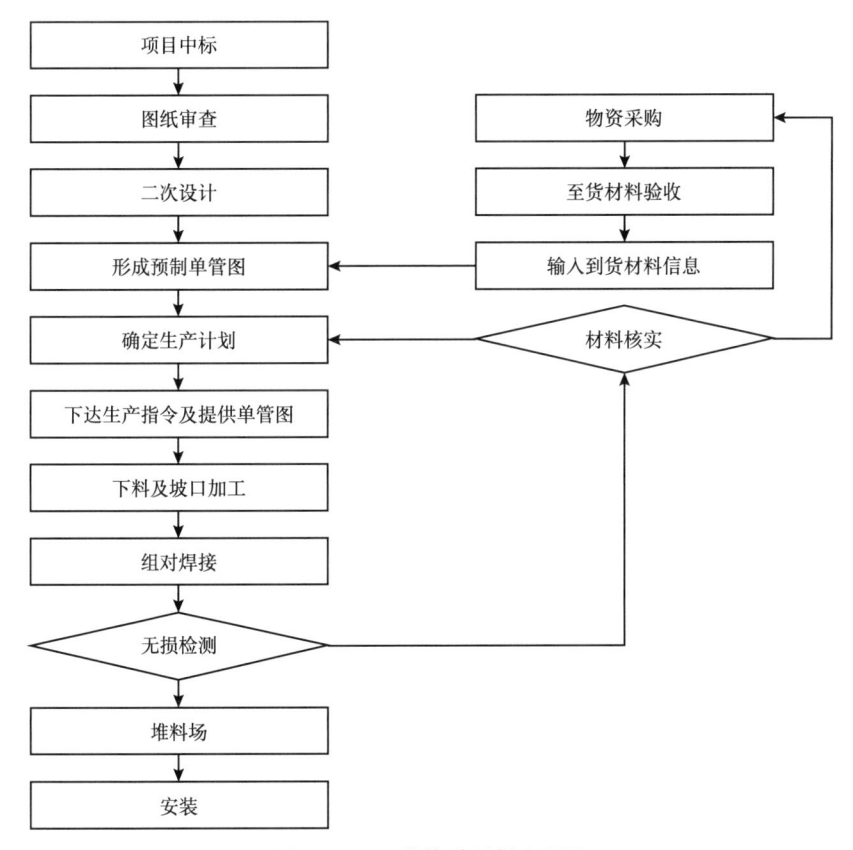

图4-38 工艺管道预制流程图

2. 技术准备阶段流程

在技术准备阶段,根据收到的0版施工图,建立三维模型、开展二次详图设计,进行预制构件划分,生产所需的单线图、管段图;编制总体施工计划;录入到货信息(图4-39)。

3. 施工准备阶段流程

施工准备阶段,利用SKID过程管理软件,根据预先设定的生产优先级,自动完成材料配对,根据配对材料完成预制计划制定、标识移植、材料领用环节(图4-40)。

图 4-39 技术准备流程图

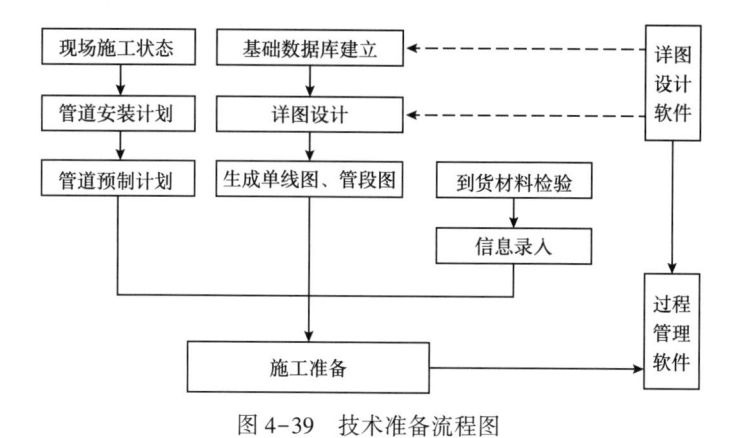

图 4-40 施工准备流程图

4. 工厂化预制阶段流程

根据配对材料下达生产计划,进行下料、组对、焊接工序,最终形成预制件成品,具体流程如图 4-41 所示。

(三)预制组橇厂规划

1. 选址

如已有组橇厂且满足项目施工要求则可利用,如无组橇厂或现有组橇厂不能满足要求时,则需另行选址。其选址需要考虑交通条件、运输条件、场地面积及硬化情况、水电气提供能力及负荷、厂房等公用设施、起重设施、对周边影响情况等,再进行经济性综合分析确定合适的场地,原则上以越靠近现场越好。

组橇厂选址方式可分为:固定基地式、施工现场附近、施工现场,具体信息见表 4-6。

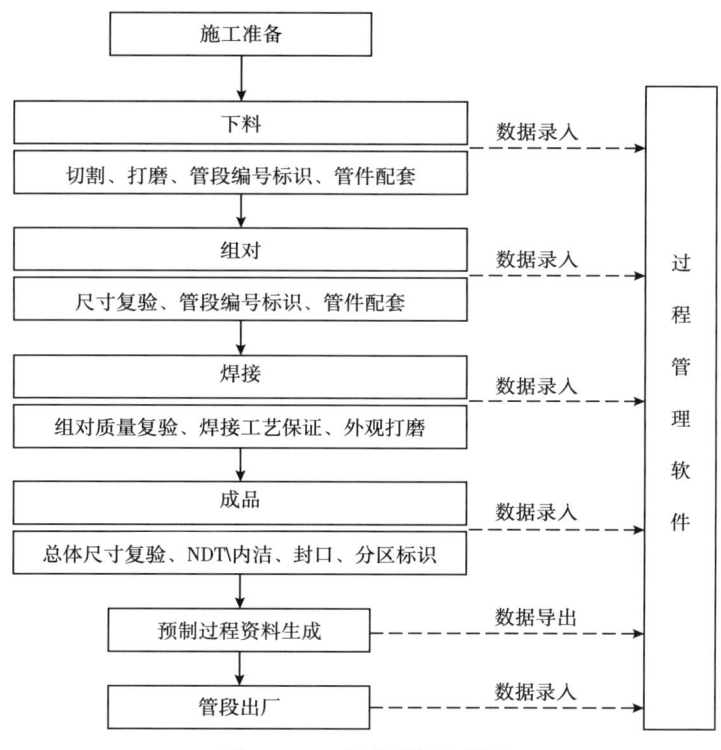

图 4-41 工厂化预制流程图

表 4-6 组橇厂组建方式对比表

内容	固定基地式	施工现场附近	施工现场
施工周期	无限制	适用于施工时间在一年半以内	适用于施工时间在三年以内
设备要求	设备固定,无移动拆除要求	可多采用移动式设备(如工作站类型)	建厂设备移动性能要求高、可拆卸
地址	订单集中区或沿海港口	施工现场附近工业园区或城郊处	施工现场
场地基础设施(水、电、气等)	条件成熟,易组建	条件成熟,易组建	现场条件差,组建难度大
人员流动性	人员固定,流动性小	人员不固定,流动性大	人员流动性大
运输	长距离运输,方便与海陆运输交接,运输成本高	运输距离较短,方便与施工现场道路运输连接,运输成本较高	运输距离短,施工现场具备良好的运橇道路,运输成本低

根据磨溪 $60×10^8 m^3$ 项目施工周期要求一年,组橇量大,施工现场离城郊近,具备良好的运输环境,故在工业园区租赁场地进行建厂。

2. 组橇厂厂区布置

厂区布置直接影响到生产效率,故其为前期准备阶段中需要着重考虑因素之一。图 4-42

为一个典型的厂区平面布置图,可作为参考。

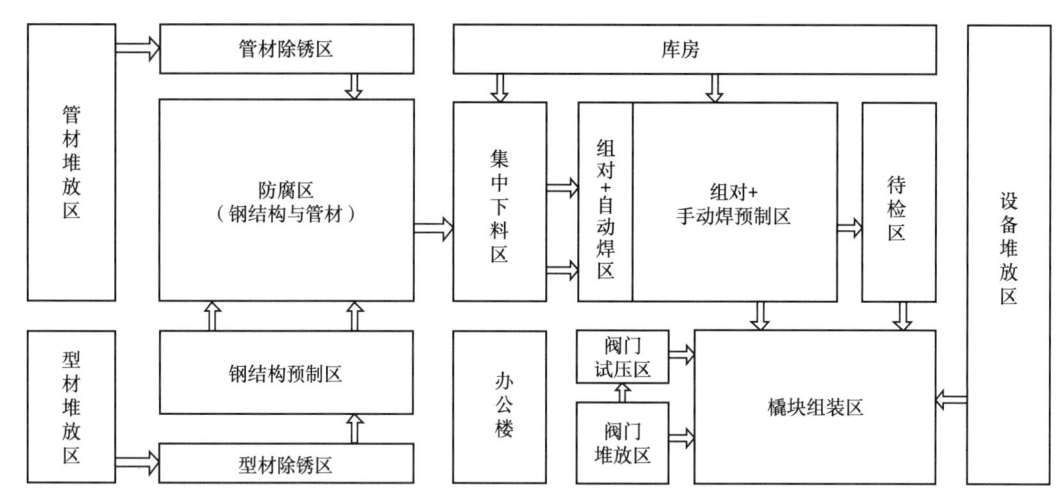

图 4-42 典型厂区平面布置图

常由预制车间、防腐车间、组装车间、阀门试压车间、库房等组成。预制车间承担管道预制焊接的任务,要求车间满足焊接对风力、湿度的要求,所以焊接车间一般是封闭或者半封闭厂房。防腐车间承担除锈、喷涂的任务,由于除锈、喷涂对环境的影响较大,所以防腐车间也是封闭或者半封闭厂房。组装车间承担橇块安装任务,成品橇通常是多层橇,需要考虑橇块高度、吊车位置等问题,所以一般选择比较开放的场地,高度一般至少 9m 以上,露天的规范化环境也可。阀门试压车间承担阀门试压任务,阀门安装工作量的权重在组橇安装中较大,且非常重要,需在相对独立的场地。库房承担物资仓储任务,设立时需要考虑和其他车间的厂内运输距离。

施工场地面积由工作量、橇装体积大小决定,年产能 30×10^4 达因的组橇厂,场地面积大约需要 $6\times10^4 m^2$。

由于成品橇完成后总重量比较大,所以要求施工场地需全面硬化且满足承载力要求。如果组橇厂内要完成试压工作,要求场地内水、电、气能得到保障。

3. 管道预制的设备

工艺管道深度预制设备主要包括坡口切割及加工设备、焊接设备、组对设备、无损探伤设备,根据安装的需要可固定式安装或移动式安装,从而成为固定式管道预制生产线或移动式管道预制生产线,也可成为两用式管道预制生产线。

1) 设备使用的原则

(1) "优质高效"原则。

(2) 机动灵活、转场方便快捷。

(3) 适应现场环境能力强、可迅速形成生产能力。

(4) 工作站组合方式多样、满足不同施工要求的能力强。

(5) 移动式管道预制生产线需具有转换成固定式管道预制生产线的能力。

(6) 设备技术性能的先进性。

2)设备的技术要求

(1)采用两用式,正常状态为移动式集装箱内,需要时可转换为固定式。

(2)管道坡口切割及加工、组对、焊接工作站的管径范围为50~600mm,壁厚不超过30mm。

(3)坡口切割及加工。

①能进行自动化控制,操作简单方便、省力。

②切割精度应满足要求。

③应能实现自动定长和切割,能进行内外坡口加工,坡口机能自动对中。

④尽可能坡口切割及加工一次成型。

⑤具有相应的电动物流输送系统,应具有一定的回转、上下调节功能。

(4)管道组对设备。

①解决管+管、管+管件(弯头、法兰和大小头等)、管件+管件、管+管件+管和管件+管+管件的焊接预制,管件能通过电动进行上、下、左、右的调节。

②组对精度满足要求。

③减少工人劳动强度。

(5)管道的标码系统。

管道具有自动喷涂的标码系统,可通过电脑输入及修改所需要的标识内容。

(6)管道焊接设备。

①根据我公司承担的场站施工的具体情况,管径大小范围为20~610mm,其中以20~323.9mm管径居多;壁厚范围为2~30mm,其中以2~5mm,6~10mm的壁厚居多。

场站深度预制主要针对管+管、管+管件(弯头、法兰和大小头等)、管件+管件、管+管件+管和管件+管+管件的焊接预制。

材质分碳钢和不锈钢两种,其中碳钢类居多,不锈钢以小管居多。

因此,场站深度预制焊接系统具备如下功能:

a. 除钨极氩弧自动焊外其余焊接系统要求管径范围在50~610mm之间。钨极氩弧自动焊管径至少满足范围在20~50mm之间。

管径20~50mm,壁厚1.5~5mm的管段采用自动钨极氩弧焊的焊接方式,壁厚1.5~2.5mm采用不填丝自动钨极氩弧焊,壁厚2.5~5mm采用填丝自动钨极氩弧焊,可以有效提高焊接效率和质量。

b. 焊接系统具备氩弧焊、气保焊和埋弧焊其中任意两种的组合,同时能进行氩弧焊或气保焊自动焊打底。

c. 能进行弯头+直管+弯头等较复杂组合方式的预制焊接,同时质量可靠。

②根据场站施工现场情况焊接系统应达到的技术要求(除自动钨级氩弧焊)。

a. 焊接方法组合要求。

场站施工管段管径大小不一,长短不一,不易采用流水化的作业方式,宜采用单台设备完成根焊、填盖的施工方式。因此,需要所配置的焊接系统应具备至少两种焊接方法组合。

b. 焊接操作系统要求。

焊接预制中,如何保证自动焊根焊质量是焊接的难点,也是保证焊接效率的重点,所有的预制对口都是采用人工加机械组对方式,间隙大小仍会受人为影响,错变量不能完全消除;受管子椭圆度影响机械加工的坡口钝边不易控制一致,有时还需人工辅助打磨坡口,坡口质量会有差异,而且无论是变位机还是滚轮架带动管子转动,都存在一定的轴向偏移,只是变位机方式不存在轴向的窜动,偏移量比滚轮架方式小。因此,整个根焊、填充和盖面过程都需要人实时监控焊接过程,随时能调节焊接速度、干伸长、摆幅和焊枪对中。焊工操作的准确性决定了焊接质量的好坏,焊接系统的操作简便性、及时性,可以减轻焊工操作的难度,减轻人为因素造成的焊接质量问题。因此,焊接系统除具备焊接的各项功能外,焊接操作系统还必须具备以下功能:焊接过程中的焊枪对中应能实时、精确调节;焊接过程中能方便调节干伸长;焊接过程中的摆幅应能实时、精确调节;焊接过程中的管子转动速度应能实时调节;焊接过程中各参数的调节最好能采用手持控制器调节,以方便焊工操作,确保焊接过程的实时调节,确保质量。

c. 焊接管径范围要求。

除钨极氩弧自动焊外其余焊接系统要求管径范围在 50~610mm 之间。

d. 焊接系统安装方式。

焊接系统安装于集装箱内操作,同时满足可拆卸,安装于固定厂房内进行生产,即满足移动式和固定式两种生产模式。

(7) 整个组对焊接系统具备一定的抗风雨能力。

(8) 物流系统应机械化、自动化。

组橇厂内设备主要需求为龙门吊、轮式起重机、转运设备(叉车或者抓管机、装载机、货车等)。

龙门吊在成橇区使用,根据橇装重量决定大小,通常采用 10~60t 龙门吊。

转运设备负责厂内物资转运,根据需求配备叉车、抓管机、平板拖车、货车、双排座、皮卡车。

磨溪 $60 \times 10^8 m^3$ 工程主装置 22×10^4 达因工作量典型资源配置见表4-7。

表4-7 典型施工资源配置表

序号	设备类型	种类	设备名称	数量	单位
1	焊接设备	1	半自动焊机	70	台
		2	逆变式焊机	100	台
		3	高频焊机	100	台
		4	内燃焊机	10	台
		5	全自动焊接工作站	8	套
2	切割设备	1	移动切割工作站	7	台
		2	磁力管道切割机 CG2-11	6	台
		3	等离子切割机	4	台
3	吊装设备	1	行走式行车 16t		台
		2	行走式行车 10t	3	台
		3	行走式行车 5t	5	台
		5	汽车式起重机 25t	16	台
		6	轮式吊车 35t	5	台

续表

序号	设备类型	种类	设备名称	数量	单位
3	吊装设备	7	轮式吊车 50t	15	台
		8	轮式吊车 75t	2	台
		9	轮式吊车 100t	2	台
		10	轮式吊车 200t	2	台
		11	履带吊车 350t	1	台
		12	履带吊车 500t	1	台
4	发电机类	1	移动电站	10	台
		2	柴油发电机组（120kW）	1	台
		3	柴油发电机组（200kW）	6	台
		4	柴油发电机组（400kW）	2	台
5	工具类车	1	内燃叉车 3t	8	辆
		2	轮式抓管装载两用机 5t	8	辆
		3	高空作业车	8	台
6	运输类车	1	平板拖车 30t/17.5m	3	辆
		2	平板拖车 20t/13.5m	10	辆
		3	普通货车(15T)9.6m	9	辆
		4	8~10t 货车	4	辆
		5	37 座以上大客车	3	辆
		6	双排座	6	辆
		7	皮卡车	6	辆
		8	指挥车	14	辆
7	试压设备	1	液压阀门测试机	2	套
		2	液压紧固器(液压扳手)	2	套
		3	智能温控设备	20	只
		4	英格索兰空压机	4	台
		5	空压机	6	台
		6	增压机	2	台
		7	电动试压泵	6	台
8	其他类	1	摇臂钻床	1	台
		2	卫星定位测量系统	1	台
		3	温度测试仪	20	只

(四) 钢结构二次设计施工技术

1. 主要特点

预制化、装配化技术最大特点是建模简洁化、下单快速化；生产工序化、作业流水化；加工快速化、预制优质化。通过对图纸二次建模,快速建立三维立体模型,将钢结构的节点构造细化,自动生成详细的二维加工零件图和组装详图,快速列出各类钢材的规格型号用量表,实现快速材料计划下单采购;数控设备投入使用,优化布置,有机组合,编制数控操作执行文件,各工序作业优化组合,轻松实现下料、钻孔、组对、焊接等工序流水化作业,实现了预制生产快速化、优质化。

2. Tekla 软件应用

先由技术人员根据图纸进行三维建模,在建模过程中发现和解决不协调的问题,经碰撞校核模型准确无误后,再执行软件自动创建零件图和构件图功能创建出图纸,经过调整图纸后形成交班组预制的深化详图。同时软件可根据需要出具准确的零(构)件清单和材料表,方便提出材料计划和进行材料核销。同时数控转角带锯床和数控三维钻的投用,极大提高了型钢下料精度的钻孔精度,大大方便了预制组对。

(1)模型建立(图 4-43 至图 4-46)。

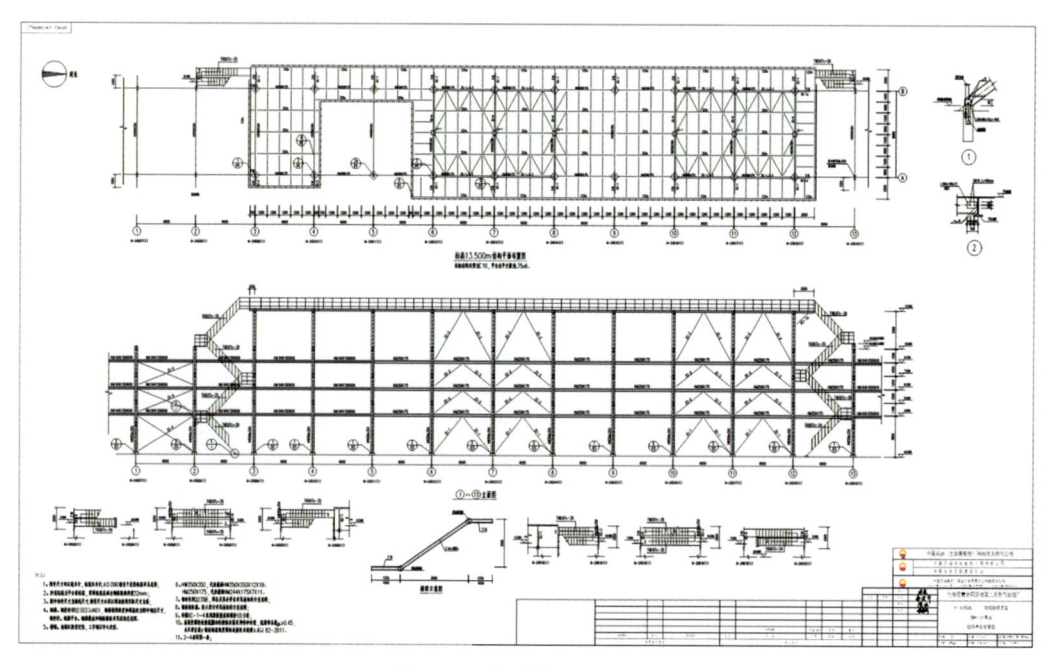

图 4-43 钢结构橇平面图

图 4-44 Tekla 软件界面

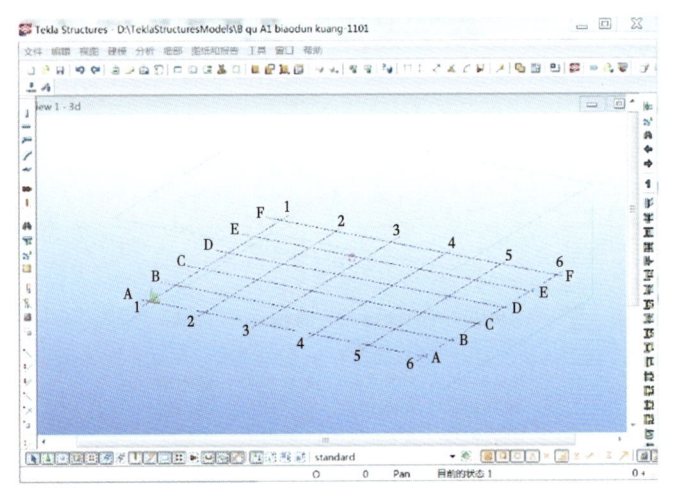

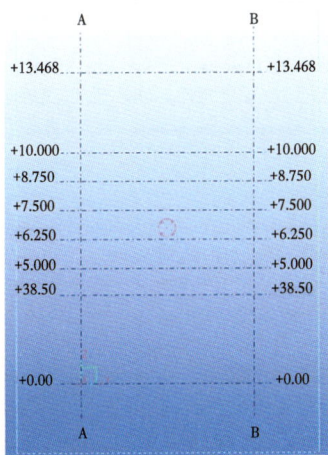

图 4-45 钢结构橇建模(一)

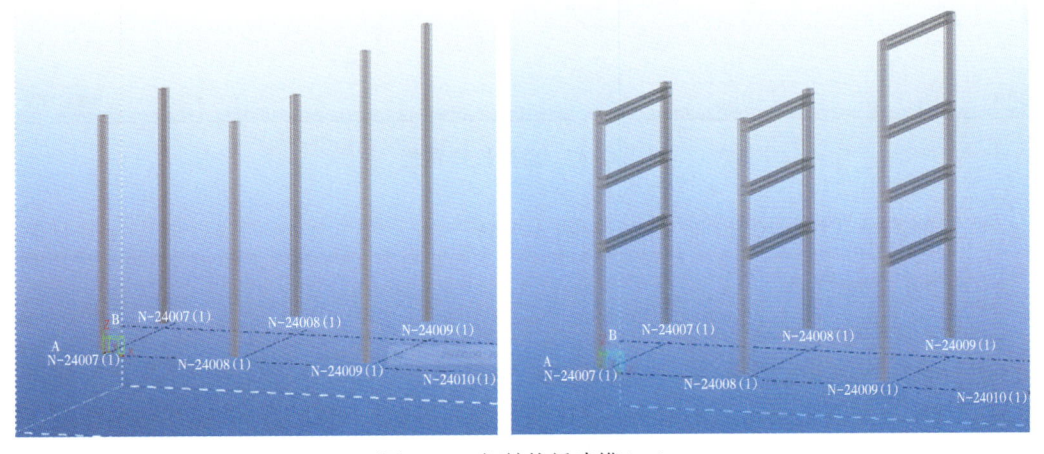

图 4-46 钢结构橇建模(二)

（2）碰撞较核。在生成各类节点前先进行单个的校核碰撞，以免成批地创建节点后形成大量的碰撞（图4-47）。

图4-47　碰撞校核界面

（3）零件清单及材料统计（图4-48至图4-50）。

3. 预制生产程序

（1）生产流程（图4-51）。

（2）橇钢结构预制生产线。

典型的深度预制车间共安装2条集数控钻孔和数控定尺下料为一体的预制生产线，其主要设备见表4-8，辅助设备见表4-9，车间组对焊接现场如图4-52所示。

图 4-48 模型抽料界面

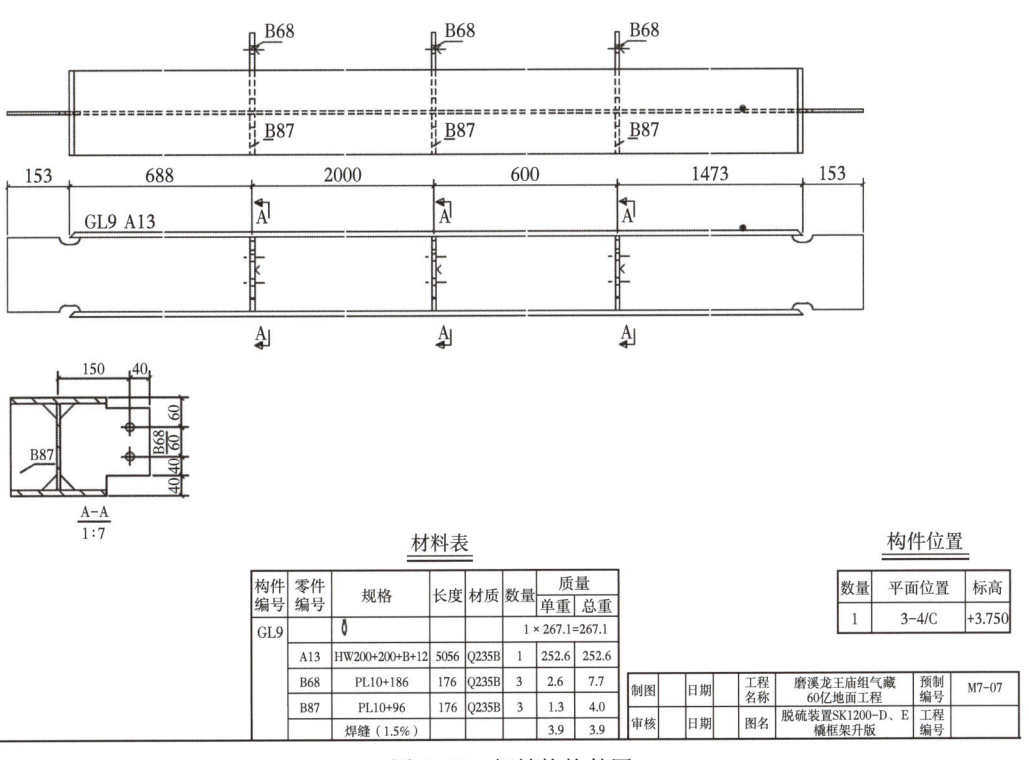

图 4-49 钢结构构件图

材料表

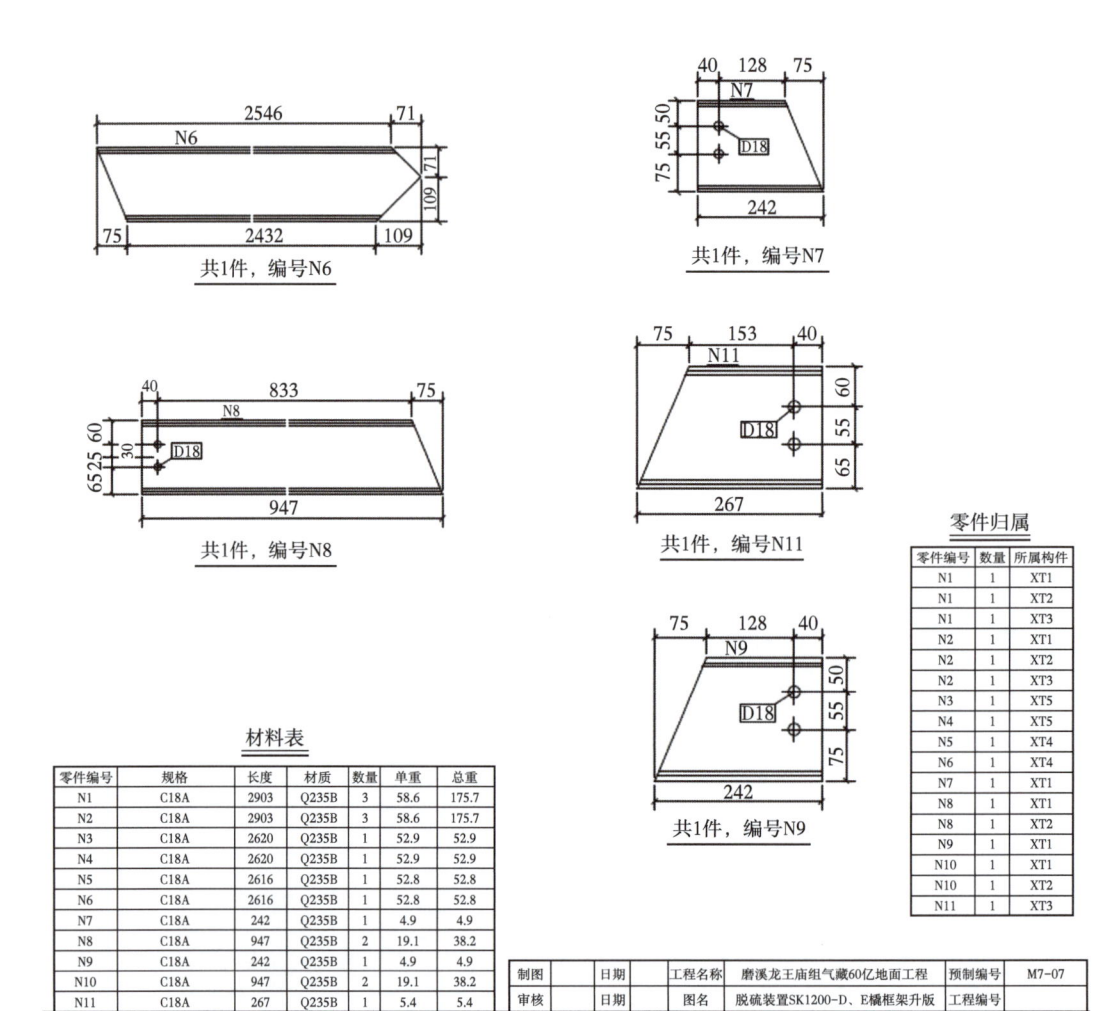

零件编号	规格	长度	材质	数量	单重	总重
N1	C18A	2903	Q235B	3	58.6	175.7
N2	C18A	2903	Q235B	3	58.6	175.7
N3	C18A	2620	Q235B	1	52.9	52.9
N4	C18A	2620	Q235B	1	52.9	52.9
N5	C18A	2616	Q235B	1	52.8	52.8
N6	C18A	2616	Q235B	1	52.8	52.8
N7	C18A	242	Q235B	1	4.9	4.9
N8	C18A	947	Q235B	2	19.1	38.2
N9	C18A	242	Q235B	1	4.9	4.9
N10	C18A	947	Q235B	2	19.1	38.2
N11	C18A	267	Q235B	1	5.4	5.4

零件归属

零件编号	数量	所属构件
N1	1	XT1
N1	1	XT2
N1	1	XT3
N2	1	XT1
N2	1	XT2
N2	1	XT3
N3	1	XT5
N4	1	XT5
N5	1	XT4
N6	1	XT4
N7	1	XT1
N8	1	XT1
N8	1	XT2
N9	1	XT1
N10	1	XT1
N10	1	XT2
N11	1	XT3

制图		日期		工程名称	磨溪龙王庙组气藏60亿地面工程	预制编号	M7-07
审核		日期		图名	脱硫装置SK1200-D、E橇框架升版	工程编号	

图 4-50 钢结构零件加工图

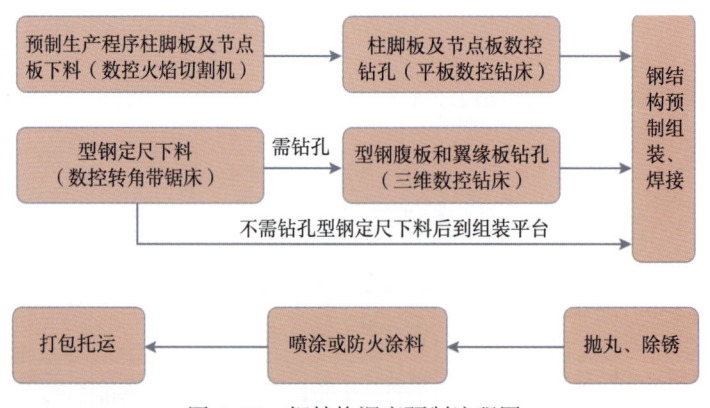

图 4-51 钢结构深度预制流程图

表4-8 配备主要设备表

序号	设备名称	规格	单位	数量	备注
1	三维数控钻床	SWZ1000	台	2	完成型钢腹板和翼缘板钻孔;配套纵向及横向料道、送料小车
2	数控转角带锯床	SWZ1000	台	2	完成型钢定尺下料;配套纵向及横向料道、送料小车
3	数控平板钻床	PD16C	台	2	完成柱脚板及节点板钻孔
4	数控双边驱动火焰切割机(龙门式)	BODA-500S	套	2	完成柱脚板及节点板下料
5	H型钢调直机	HYJ-600	套	1	完成H型钢矫正,如果不考虑制作H型钢,可以取消该设备

表4-9 配备的辅助设备

序号	设备名称	规格	单位	数量	备注
1	电动单梁起重机	跨度24m,10t	台	3	
2	电动单梁起重机	跨度24m,5t	台	2	
3	电动单梁起重机	跨度24m,25t	台	1	
5	轮式吊车	25t	台	1	原材料倒运
6	抓管机	5t	台	1	原材料倒运
7	叉车	3t	台	3	半成品倒运
8	通过式抛丸机		台	1	完成橇钢构件除锈

图4-52 车间组对焊接现场

(3) 生产能力分析。

按磨溪 $60×10^8 m^3$ 净化厂所有钢结构重量 5200t 计算,每天生产能力达到 56t,需 3 个月能完成,能满足现场的工期需要。

(4) 技术流程(图 4-53)。

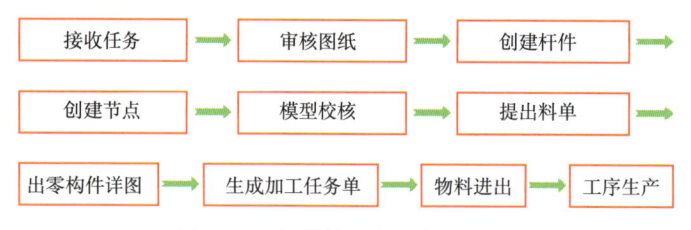

图 4-53 钢结构预制技术流程图

钢结构三维建模如图 4-54 所示。

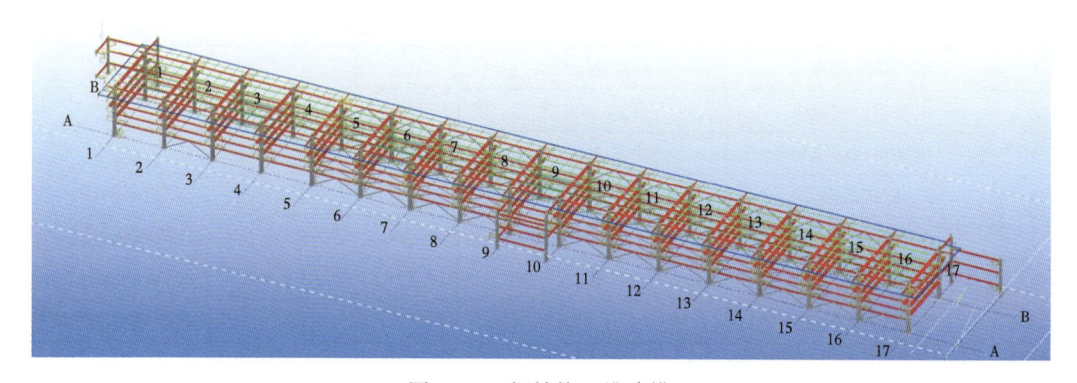

图 4-54 钢结构三维建模

详细的材料统计汇总如图 4-55 所示。

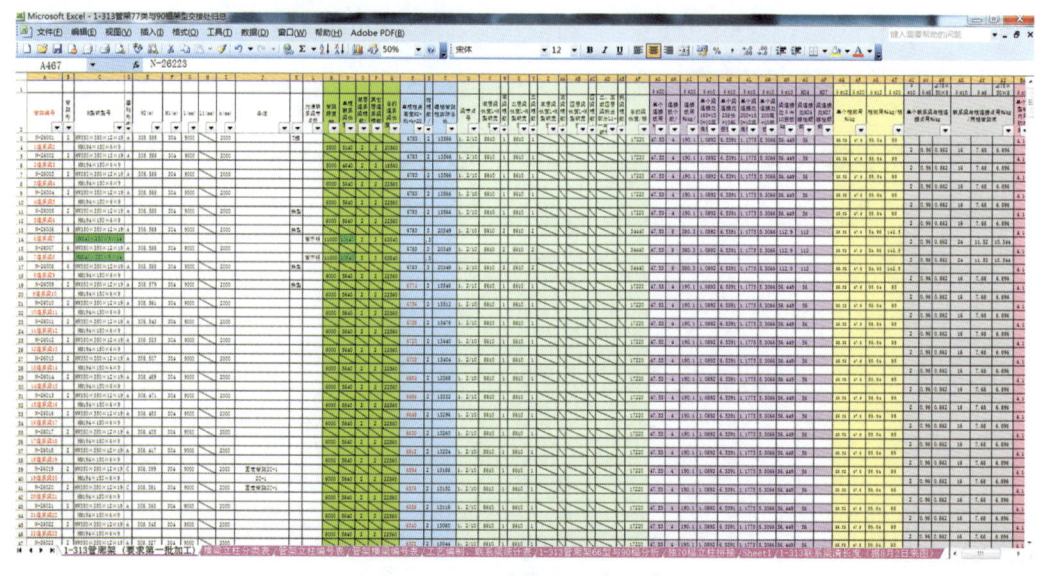

图 4-55 详细的材料统计汇总表

(5) 物料进出方式。

所有物料进出和转运通过以下途径：平板轨道车运输、送料辊滚传送、天车直接吊装行走、细小零件人工推车传送、拖挂车拉运。钢结构深度预制场车间生产物料的进出形式：整个车间根据场地、天车的布置情况，将数控龙门转角带锯床和三维数控钻床并排设置。型钢等物料进入车间时，先用天车或吊车将物料放置在板车上，用叉车推动板车从车间入门口沿轨道载入，用天车吊装放到带锯床的送料辊滚上，操作数控台面，实现型钢上下抬起和横向移动进入进料平台，操作切割台面按钮，可轻松实现多角度切割下料。完成的下料胚通过送料平台送出切割间，通过天车吊装放到钻床的送料辊滚上，操作台面按钮，轻松实现进料、定位、上下左右钻孔，完毕后侧向退料到组对焊接工艺区块组对焊接。

(6) 主要生产工序介绍。

钢结构预制厂如图4-56所示，钢结构橇预制生产主要工序如下：

①三维建模，编制零件、构件生产图，派发任务单，写清楚单个零件材质、外形尺寸、眼孔直径、中心距、边角处理方式等。

②按照生产任务单对立柱、横梁等用数控带锯床下料，连接板用数控直条火焰切割机下料，并按任务单上号码对零件进行打钢印编号。

③用数控三维钻床钻柱、横梁的螺栓孔；用磁座钻进行连接板套钻，保证立柱和横梁孔位的制作精度。

④把钻好孔的连接板与立柱、横梁每榀对应点焊好，完成组对工序。

⑤采用手工焊或CO_2半自动保护焊焊接每个节点，先焊接筋板焊缝，后焊接螺栓连接板与柱、梁的连接焊缝。

⑥焊接完毕后，按任务单上号码对构件进行打钢印编号。

⑦半成品抛丸除锈后，用封口胶将钢印密封，防止油漆、防火涂料、锈蚀等外界因素影响钢印清晰度。

图4-56 钢结构预制厂图

⑧为确保工艺组橇的顺利进行,需要在厂房内对复杂的钢结构橇进行预拼装(图4-57),然后根据工艺组橇的要求将钢结构橇运往工艺组橇车间。

图4-57 预拼装

⑨在工艺组橇完成时安装吊耳(图4-58)。

图4-58 吊耳安装

4. 施工方法

(1)下料:下料班组接收到下料详图,分为板材和型材同步进行。对规则形状板材零件可采用剪板机下料;对异形板材零件先在CAD内作图排版,再转换为自动切割机识别代码,然后由数控火焰自动切割机切割下料;型材由数控转角带锯床按长度锯切下料,特别注意的是下料班必须对每个零件按详图所示编号进行标记编号,以便后续工序识别、清查。

(2)钻孔:板材零件下料后,需要钻孔的转到数控平面钻床进行数控钻孔,型材锯切下料后,需要钻孔转到数控三维钻床进行数控钻孔。

(3)组对:组装班组接到组装图后,按组装图所列零件编号,到下料班组清理查找所需零件,检查合格后将各零件按组装图所示位置关系进行划线、组对成型,特别注意的是要在醒目位置按构件图所示编号打上钢印。

(4)焊接:焊接班组按焊接工艺规程对组对成型的构件进行焊接。

(5)除锈:焊接合格后的构件转入抛丸区,进入通过式抛丸机除锈,达到Sa2.5级合格,在此过程中特别注意标识移植。

(6)防腐:除锈合格后的构件转入喷涂区,进行2遍环氧富锌底漆喷涂,总干膜厚度不小于80μm,在此过程中特别注意标识移植。

(7)防腐完成后,即可按需进行装车发运。

5. 质量管理措施

(1)科技应用,高科技保质量。

预制厂技术人员利用Tekla三维软件建模,细化节点构造,模拟现场组拼装效果,从三维效果上查找错、漏、缺,并及时与设计沟通,达成修改共识。软件自动生成详细的二维加工零件图和组装详图,快速列出各类钢材的规格型号用量表,实现快速材料计划下单采购,避免了手工操作出现的纰漏。

数控设备的应用,编程操作,轻松实现排料、切割、钻孔等工序程序化,批量化,其操作简单,进料、退料、起刀、收刀等自动定位,自动控制,切口小,切割面光平,能很好地确保零件尺寸、孔径、孔距、孔眼垂直度等主控项目的偏差值在允许偏差值范围内。

(2)狠抓过程,工序三检制。

推行"产品自检、痕迹记录"的岗位报验法。项目部、中队设置专职质检员,班组设兼职质检员,从各工序都编制了如钢柱、钢梁、劲板、腹板等主控项目、一般项目的质量控制点,做到主控制项目不漏项100%检查,一般项目部按标准比例抽查,从而保证了零件、构件质量。同时严格控制施工过程质量,执行"自检、互检、专检"三检制,检查每个零件、每根构件的编号,检查每个包架的唛头标记,做到出厂产品标识清楚,确保施工现场组装的可追溯性。

(3)首件制作,垫批量基础。

认真宣贯设计图纸要求和施工技术要求,对于不同的构件,不同的结构形式,都必须做到首个构件或结构的制作,制作过程中,技术人员、质量人员随时监控,根据首件制作情况,出现问题及时修改,及时调整参数,合格后批量生产。

(4)规范施工,严工艺纪律。

预制厂从工艺纪律方面抓质量,严格按设计要求施工,按工艺文件作业,工序规范化。编制了质量检验计划,从材料验收、下料、钻孔、组装、焊接、抛丸除锈、刷漆、打包等工序,规定了必选动作,规定了该做什么、怎么做,可允许偏差值,确保了工序施工质量。制定了工序施工质量奖罚细则,用经济手段严格工艺纪律。采取不定期抽查工序实体质量、行为质量、感官质量、资料填写质量。对不按要求施工、野蛮施工、糊涂施工、资料填写不规范的行为进行处罚,对实体质量差、感官质量差的班组也按要求进行处罚。

(5)过程控制化,资料同步化。

预制的产品从材料入场就开始收集原材料质量证明书,形成过程记录、检验记录、装箱清单,最后出具产品合格证。所有资料与产品加工同步,出厂随行,资料齐全,签署完善。

(五)工艺管道二次设计技术

(1)开展二次设计。

利用设计开展的三维设计中间过程资料进行加工,提取相关数据以满足 SKID 管理软件的需求,建立三维模型,利用自身独立开发的软件完成焊口编号及类别(现场口或预制口)、无损检测比例设定、热处理、焊接工艺设定及标准等,形成加载了施工信息的可供台班施工的管道单线图,明确了各类管段预制件的材料规格型号、数量。此方式可最大化地实现设计与施工的资源共享,施工方可充分利用设计的管道等级数据、管线数据,减少原施工方开展二次设计带来的重复工作量,提高了施工效率。

(2)橇块划分、可视化等功能开发。

利用 AUTODESK、NAVISWORKS、MANAGE 软件通过 .net api 进行拓展开发,实现 sql server 数据库与三维模型相关联,并将数据库内的数据映射到模型中写入元件的特性属性里面,通过遍历的方法对每个元件状态进行更新及元件状态信息在模型中保存,可在模型中快速定位预制件安装位置和在三维模型上直接下达预制或成橇指令,通过不同颜色标识,动态显示物资、生产、质量情况,实现物资管理、生产进度、质量控制可视化,指令操作、质量情况显性化。

(六)预制构件划分及组合技术

1. 预制件划分

预制件划分应先熟悉所有图纸、工艺流程及设计说明,在生产管理平台软件完成与 3D 模型的对接,并于施工现场、施工班组对接和沟通后进行。

预制件划分是整个预制的第一步,对预制能否成功和预制率达到多高起到了关键作用。通过预制件划分,实现预制和安装的分离,使预制件加工成为一项独立的工作。

划分预制件的标准:可进行工厂化预制,预制件运输方便,易于组橇或现场安装。结合此标准,划分预制件时有以下原则:

(1)首先考虑预制件是随橇装运输还是单独运输。若单独运输则不考虑预制件做三维整体预制,因不利于运输或容易造成在运输过程对预制件的损坏;

(2)考虑成本和预制工厂设备限制,预制件尺寸范围为 25~800mm,预制件整体尺寸不应超出橇装的尺寸,若为单独运输的预制件则不宜超过 12m;

(3)预制件划分时应保证 X、Y、Z 方向上至少分别预留有 1~2 段可调管段;

(4)焊接要求高,需探伤的管道,尽量预制;

(5)同等条件下,应尽量考虑预制立管,减少横缝;

(6)考虑设备口法兰孔方向未知,设备口配管预制时只组对法兰+直管段,不附带弯头及其他管件;

(7)预制件的确定必须考虑与钢结构的空间位置关系,以便安装;

(8)划分过程中必须考虑误差消除的问题(采用留活口的方式),并对活口管段进行加长;

(9)活口预留必须考虑是否方便作业(空间高度与施工作业空间);

(10)预制件拆分以单个橇为基准,一般不跨橇;

(11)管径≤100mm的整体预制,尽量不留活口;

(12)不同预制件拆分留活口处可考虑在同一个区域;

(13)同一个预制件中出现管径变化,需选择活口时,应尽量选择小管径处作为活口;

(14)同一个预制件内弯头、法兰、三通等管件较多时在不影响纵向和横向精度的情况下,考虑为直口为活口;

(15)设备之间直接相连的预制件,活口应考虑在设备法兰处;

(16)预制件内有特殊角度出现时,活口考虑在特殊角处;

(17)塔式设备的预制件活口考虑在塔底;

(18)在横向和纵向都需要保留精度的情况下可采取留弯头为活口;

(19)对于DN250mm以上管线和高压厚壁管线需要现场实际测量的管段,在单线图中应注明,并在预制前由现场人员对现场情况进行核对、实测量并计算,保证管段预制尺寸与现场情况相符。

结合以上原则,下面具体描述几种常见的可分预制件和不可分预制件的形式。

(1)可分预制件常见的形式(图4-59和图4-60)。

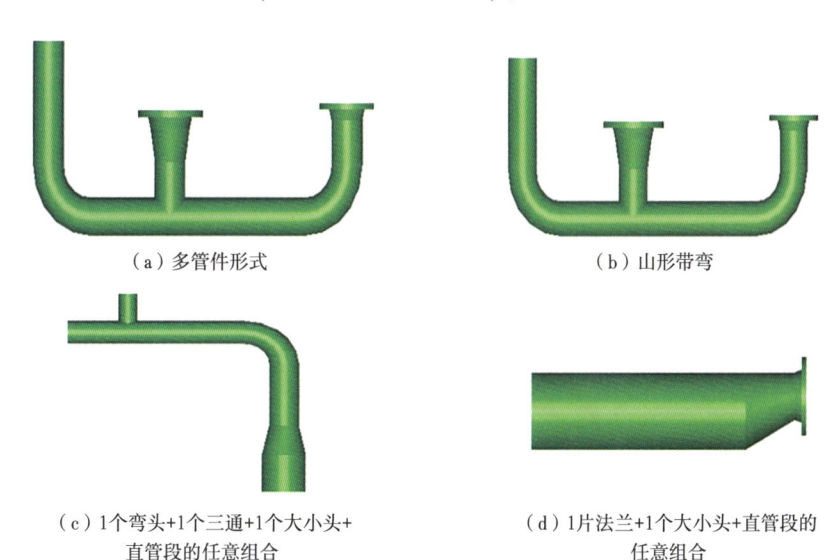

(a)多管件形式

(b)山形带弯

(c)1个弯头+1个三通+1个大小头+直管段的任意组合

(d)1片法兰+1个大小头+直管段的任意组合

图4-59 可分预制件常见的形式

（a）直管—弯头—直管

（b）法兰—直管—弯头—法兰

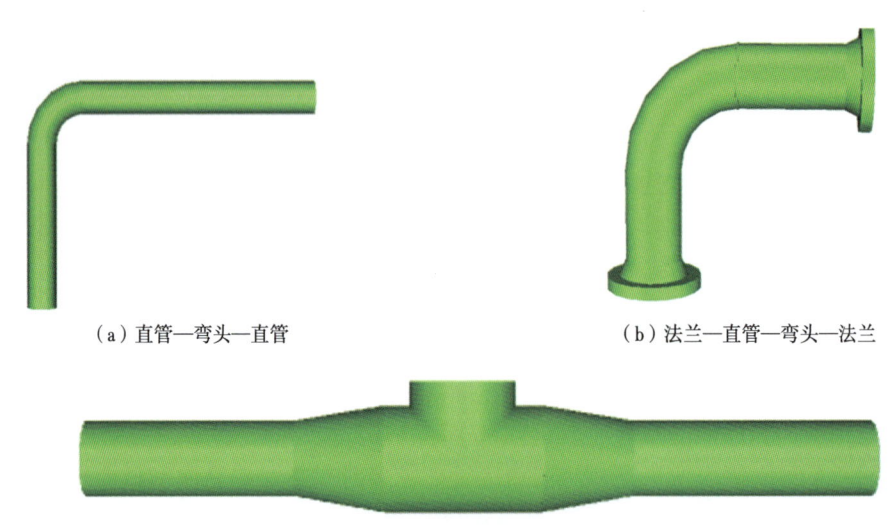

（c）直管—三通（异径管）—直管

图 4-60　可分预制件其他类型

（2）不可分预制件常见的形式（图 4-61），不能预制原因见表 4-10。

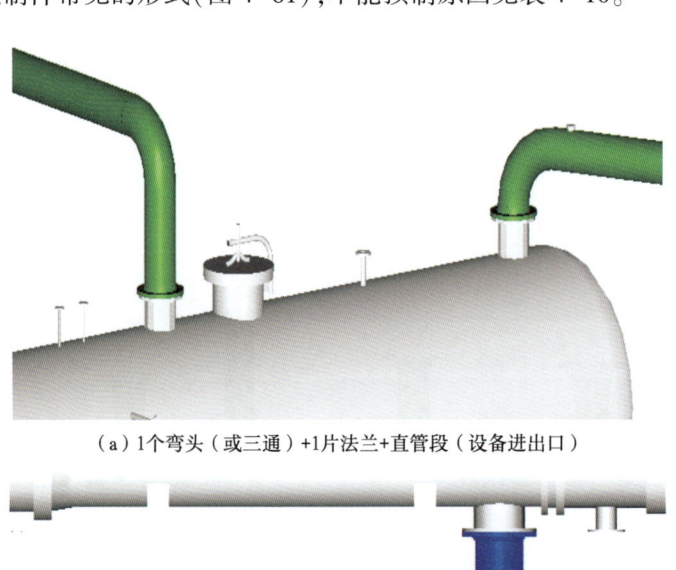

（a）1个弯头（或三通）+1片法兰+直管段（设备进出口）

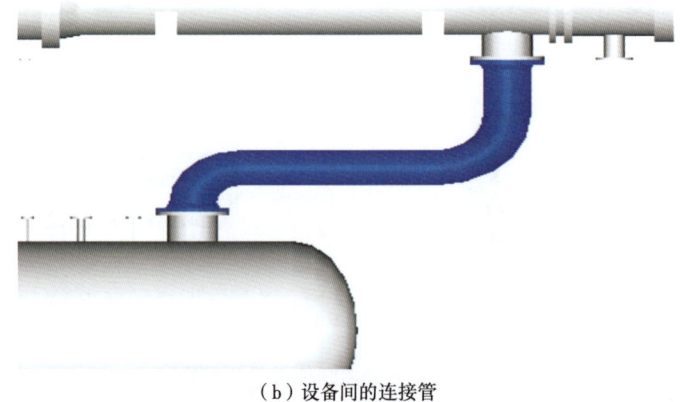

（b）设备间的连接管

图 4-61　不可分预制件常见形式

表 4-10 不能预制原因分析表

组合形式	不能预制原因
图 4-61(a)	安装时可能出现设备口法兰与配对法兰错位的情况
图 4-61(b)	可能因为现场设备安装误差,导致预制部分不能安装

2. 预制件组合

预制件组合通常根据预制件的关联性、分布区域、施工的方便性按相同管线设计线号或不同管线设计线号进行组合并形成相关预制图纸开展施工,其组合方式有利于施工工人了解管道安装的空间组合形式及相互连接管道的走向和位置。

3. 预制加工单线图绘制

预制加工单线图是指导预制生产的技术文件,如果出现错误,则影响现场安装,达不到预制的效果。所以预制加工单线图应做到信息表达完善,标注应清楚准确。如焊口编号、焊接工艺、探伤要求及标准、材料明细、管段长度、热处理、焊接工艺、防腐等均应在图中表达清楚。

利用生产管理软件将上述信息反映在单线图上,具体样式如图 4-62 所示。

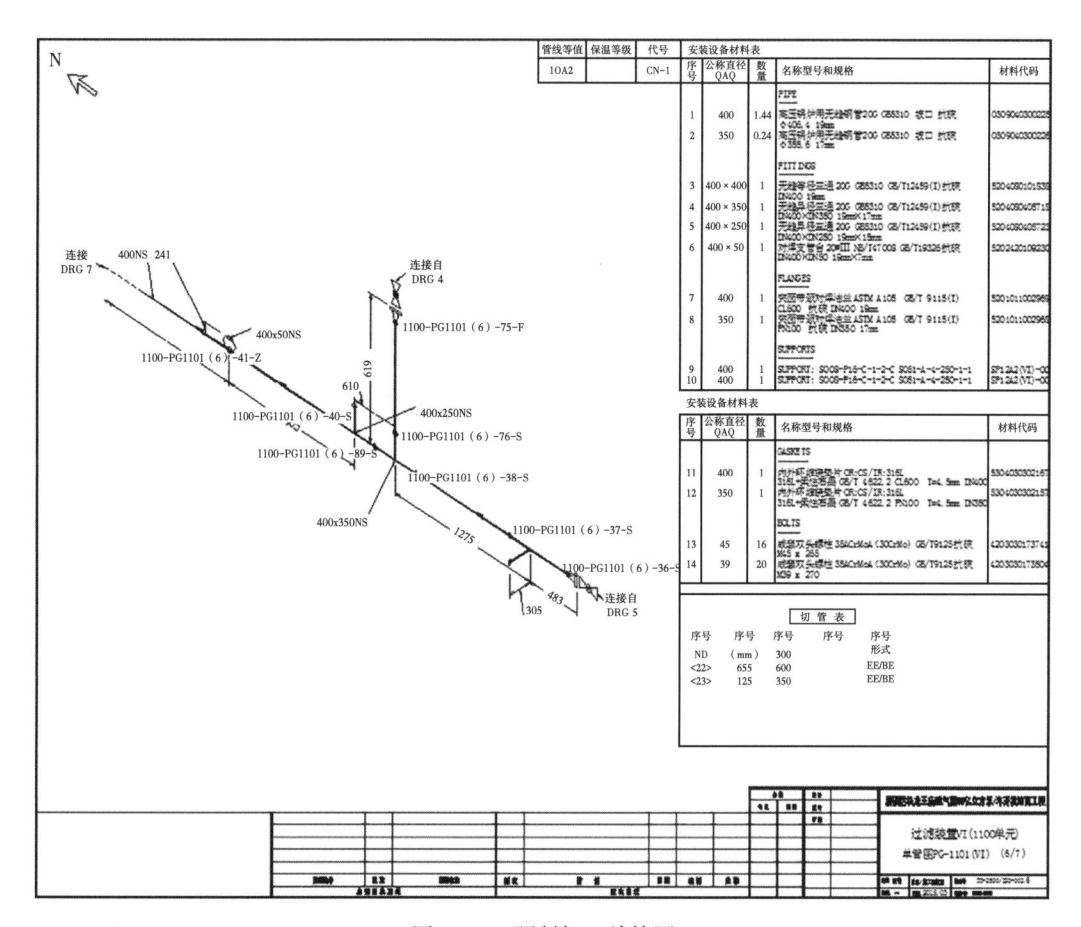

图 4-62 预制加工单管图

(七) 物资管理技术(含物资编码及色标标识、入库、出库、退料)

(1) 物资需求计划的自动比对和更新。

利用 SKID 软件,在编制物资需求计划时,将不同时期、不同设计版本的物资需求计划录入,可自动实现最新版本的物资需求计划,并对已提供的计划进行自动比对,提出最新的已采购量、需求量、多采购量,形成新的采购计划,并能分装置、分区域进行自动查询、对比,确保了物资需求计划更新的准确性、及时性。

(2) 运用物资编码及二维码技术。

运用物资编码技术对所有物资进行编码,并利用二维码技术进行喷涂、扫描,确保物资库存管理、发放、现场使用正确。

(3) 制定标识、标志管理规定,实现对原材料、半成品和成品有序管理。

①采用色标标识管理。为确保管道在下料、预制过程中不用错材质,防腐时根据设计要求、生产指令完成管道的喷砂除锈、底漆及中间漆涂刷,并按要求完成色标标识。标识的内容包括管道堆放的分区,管材材质、规格型号、执行的制造标准、炉批号等。标识方法为管材喷砂除锈后在底漆或中间漆表面按色标颜色规定在管口两端涂色并通体涂一道宽 10mm 的色带(图 4-63)。

材质		色带标识
无缝钢管	20#	不标识色带
无缝钢管	Q235B	红色
无缝钢管	20G	绿色
无缝钢管	20G,抗硫	绿色+黑色
无缝钢管	Q245R,抗硫	黄色+黑色
无缝钢管	06Cr19ni10	红色+黑色
无缝钢管	022Cr17Ni12Mo2	白色+黑色
无缝钢管	Q345E	白色
无缝钢管	L245N	黄色
无缝钢管	L245NS	黑色
无缝钢管	L360QS	绿色+黄色
无缝钢管	L360N	红色+黄色
直缝钢管	L485M	黄色+白色
直缝钢管	L415M	红色+白色
无缝钢管	Q245R	绿色+白色

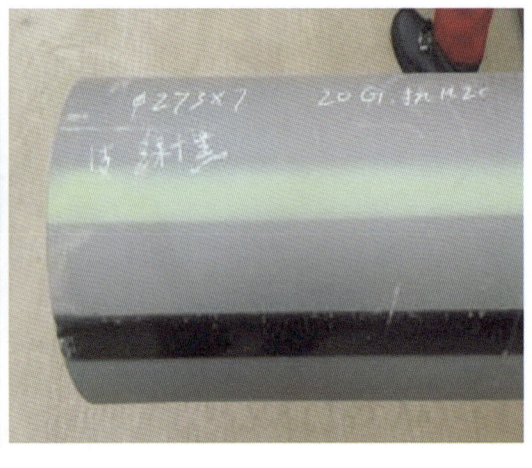

图 4-63 色标标识

②挂牌管理。对原材料、半成品和成品进行挂牌管理。

③对预制管段采用标识管理。

(八) 自动下料技术

根据工厂化预制生产方式,必须进行集中下料以保证生产所需,而目前管道预制下料采用人工排料方式,不能有效地控制和减少管材下料损耗量,耗时长,不能满足流水化作业的需求;同时在对已下料管段的标识移植方面信息化手段少,材料可追溯差,为此利用开发的基于"贪婪算法"的排料软件进行下料管段的自动排料。当下达生产指令后,供应人员根据物资需求指令提供需要切割的管材并将信息录入电脑进行计算,通过电脑与切割设备的联网,所有切割信息输入自动切割设备进行管道批量下料,每下完一段利用二维码技术进行自动喷码,对每一个管段进行标识,明确管线号、管材规格型号、材质、长度、炉批号、钢管编号、作业班组等信息。此技术管材利用率可达98.49%,钢管损耗率由5%降低到1.6%以内,管段的原始信息、生产信息可进行流转、保存,具有可追踪性,可真正实现限额领料。

(九) 工艺管道自动焊接技术

1. 优点

为了提高生产效率,各个施工单位都在工艺管道工厂预制生产方面推广应用自动焊焊接技术,其与手工焊相比具有诸多优点:

(1) 焊接效率高,焊接速度快,单层焊接速度为氩电联焊的2~3倍,与传统手工焊相比,焊接效率提高了近4倍。

(2) 焊接连续性较好,焊层可以一次性焊完,中间无需停顿更换焊材。

(3) 实行双工位焊接,焊接小车在两工位之间来回时间较短(1~2min),可实现无间断焊接。

(4) 自动焊焊接系统与手工焊相比,增强了自动化程度,减轻了焊工劳动强度,操作性能良好,与传统的手工焊长达数月的培训周期相比,自动焊焊接系统对焊工的适应性较强,一般焊工经过为期10天左右的培训即能够熟练掌握。

(5) 与传统的手工焊和半自动焊相比,管道预制自动焊焊接系统采用管材转动、焊接机头相对固定的方式实现自动焊接,设备操作简单,实行人机界面操作,通过控制面板实现对焊接参数的设定,可实现多套焊接参数的预设,在进行不同焊道焊接时可直接进行参数的调用。

2. 工艺原理

采用金属粉芯RMD技术进行管道根焊、热焊,实现了管道的单面焊双面成型。填充、盖面焊采用埋弧自动焊,由于埋弧焊是靠颗粒状焊剂堆积形成保护条件,因此焊接位置只适合水平面。本工法采用悬臂式埋弧自动焊接机,采用钢管自转的方式实现了1G位自动焊接,解决了埋弧焊自动焊只能水平位焊接的制约因素。

1) RMD根焊技术

RMD(Regulated Metal Deposition)是通过对焊丝短路过程的高速监控,对短路过渡作出精确控制,控制短路过程中各个阶段的电流波形(图4-64),从而控制多余的电弧热量,提高电弧推力,在根部产生高质量的熔深。采用RMD技术打底,焊丝的干伸长对焊接效果几乎没有影响,组对错边和间隙的要求不高。

2) 埋弧自动焊

埋弧焊的电弧掩埋在颗粒状焊剂下面,靠金属和焊剂的蒸发气体以及烧化的焊剂形成的熔渣外膜对电弧和熔池金属进行保护。熔渣凝固成渣壳,覆盖于焊缝表面,防止焊缝金属在一定程度下不与空气中的氧发生氧化反应从而得到高质量的焊缝。同时,较高的送丝速度保证了焊缝的熔敷量以保证焊接效率。

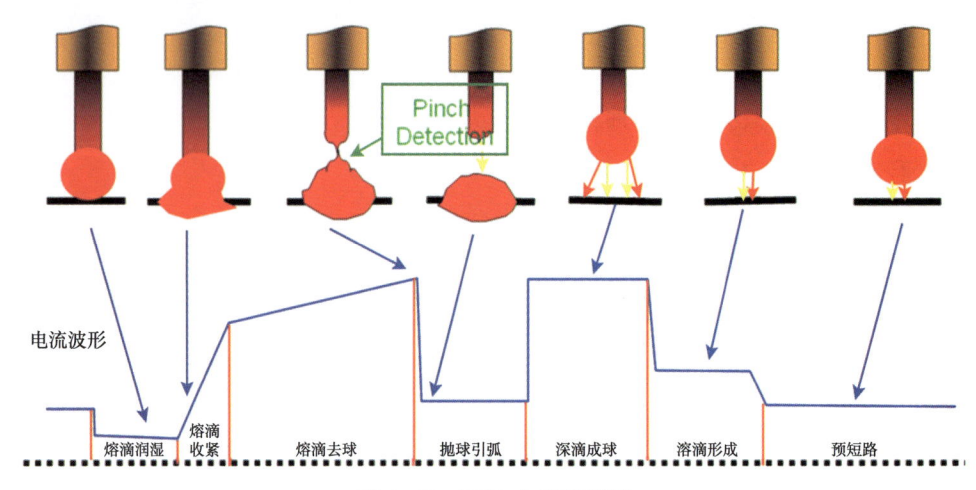

图 4-64　RMD 电流波形图

3. 操作流程

施工工艺流程如图 4-65 所示。

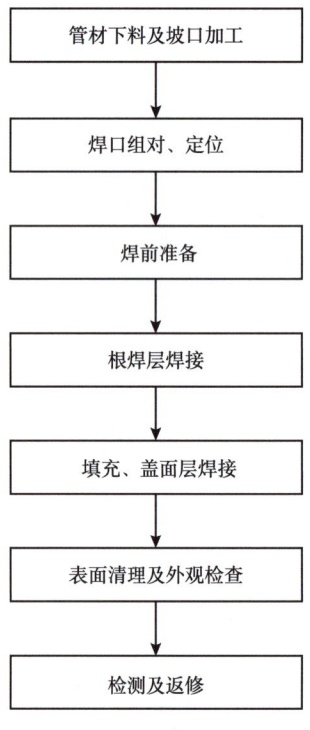

图 4-65　施工工艺流程图

4. 设备配置

使用的主要设备及辅助设备见表 4-11。

表 4-11 机械设备表

序号	设备名称	数量	备注
1	组对平台	1 套	组对、根焊
2	焊接平台	1 套	焊接用
3	导轨	1 套	支撑、移动
4	焊接电源	1 台	焊接
5	干湿温度计	1 台	测量环境温度、湿度
6	风速仪	1 台	测量环境风速
7	焊检尺	1 把	组对及焊缝外观检查
8	红外测温仪	1 台	测量预热温度、层间温度
9	游标卡尺	1 把	测量坡口尺寸
10	万能角度尺	1 把	检测坡口角度
11	焊剂烘烤箱	1 台	焊剂烘烤

管道自动焊焊接设备包括自动焊焊接平台、焊接电源以及组对工作台(图 4-66)。

焊接电源采用的是 Miller 公司的 PiPe pro 450 RFC 焊机,通过焊机控制面板可实现气保护自动焊和埋弧自动焊两种焊接工艺所需焊接电源的转换选择。

图 4-66 组橇厂管道自动焊设备

焊接操作系统包括夹持旋转机构,立柱、横臂、焊枪调节系统,摆动调节机构等部分组成。立柱可实现上下升降,横臂可实现前后移动,通过调节立柱以及横臂的位置可适应不同管径,焊枪调节系统主要实现对焊枪的上下、左右以及焊枪角度的调节已最适合焊接的位置需要,摆动调节可实现摆动频率、摆动幅度以及左右停留时间等参数的调节,以满足不同工艺参数的需求。夹持旋转机构主要实现对工件的夹紧以及旋转功能,适用工件直径范围168~610mm,通过调节旋转机构的旋转速度可以进行焊接速度的调节,工件旋转由电动机驱动单元控制,传动平稳,无抖动。焊接过程通过系统配备的主控制器或手持式控制面板进行控制,焊工可控制系统实现对焊接电流、焊接电压、焊接停留时间、焊接速度等参数的调节。

5. 技术特点

(1)施工效率高。焊接效率高,单层焊接速度为氩电联焊的2~3倍。自动埋弧焊单位时间内焊材填充效率比二氧化碳气体保护自动焊高33%,能够以较高的焊接速度和熔敷效率完成工艺管道的焊接,且焊接质量高,能有效提高工艺管道现场施工效率。

(2)焊接质量好。焊接工艺参数设置由技术人员专门负责,焊工仅需调取相应参数即可进行焊接;焊丝的送进及管子的转动均为机械化操作,人为干扰少;整个管道焊接过程只有一个焊接接头。焊接合格率高,一次焊接合格率可达97%以上。

(3)适用性强。埋弧焊工艺成熟,可焊接的材料多,适用于直径168mm以上、壁厚6mm以上的直管对法兰、直管对弯头、直管对三通、直管对直管等工艺管道对接形式的焊接,焊接质量稳定。埋弧焊抗风能力强,适合野外管道自动化预制。

(4)操作简便。焊接操作时,焊接操作手仅需控制焊枪是否对中即可,不需要其他操作。培训时间短,对焊工要求低,易掌握。

(5)无电弧辐射污染。埋弧焊采用颗粒状焊剂进行焊接保护,焊接弧光不外露,没有弧光辐射。

(十)管道预制质量管控要点

(1)确保二次设计质量。

在完成二次设计后认真进行复核,确保所建立的三维模型、焊口编号、焊接工艺、预制件的划分正确。

(2)确保任务单下发及反馈完成信息准确。

每天根据到货材料配对情况给台班下达生产任务单,下达时核对如下内容:橇号、管线代号、管段预制件代号及相关材料信息、焊品编号、无损检测、热处理、焊口达因数、台班编号、标准等信息。

(3)管段预制件标识。

①下料工段:管段预制件的编号应包括区号、管线号、管段预制件代号、管线规格及壁厚、管段长度、班长姓名、焊工代号、炉批号移植、焊接日期,由班长负责。

a. 管段编号:□□—□□□□□□(流水号)—□□ —□□
　　　　　　区号　　管线号(流水号)　　管段号 其他识别号

b. 标识示意(表4-12)。

表4-12 标识示意

管线管段号:		规格材质:		长度:	
焊工号:		班长:		工期:	
炉批号:		质检:		探伤:	

c. 管线号的定义作出明确。

组成：

"ＸＸＸＸ"——"ＸＸＸＸ"——"ＸＸＸＸ"——"ＸＸＸ"——"Ｘ"
　　↓　　　　　↓　　　　　↓　　　　　↓　　　　↓
　　1　　　　　2　　　　　3　　　　　4　　　　5

焊口编号说明：

1 —单位工程或装置代号：根据单位工程划分确定；

2 —工艺管线位号：根据施工图纸确定；

3 —焊工代号；

4 —焊口序号，同一条工艺管道焊口的流水号（如：1,2,3,…）；

5 —焊口性质，容器焊缝纵焊缝用"A"表示；环焊缝为"B"表示；弯头口用"W"表示；法兰口用"F"表示；大小头口用"D"表示；三通或四通口用"S"表示；未经试压的碰头口用"P"表示；无损检测不合格焊口根据返修次数分别以"R1""R2"表示；当焊口为割除后重新焊接时用"G"表示。

如 1100-5-PG1101-2345-01-S，表示：单位工程编号为 1100 单元第 5 列装置工艺管线编号为 PG1101，由焊工代号为 2345 的焊工焊接的该管线流水号为 01 的三通或四通焊口。

如：PG-1102(A)-10A2-400 与 PG-1102-1.6A1-400 在焊口编号视为同一条线，焊口流水号连续，这样做有所欠缺，影响施工管理（特别是抽检管线）。所以以后工程中应分成两条不同的管线处理。

②组焊工段：组对完成后，由组对班长完成班长姓名、材质的填写，组对标识完成，表明该焊缝已组对合格。焊接完一道焊口并经表面质量检查合格后，电焊工在焊口附近 50~100mm 焊缝标识框内进行焊工代号（打底/盖面）、焊接日期标识，焊接标识框位置原则如下，焊接标识框的箭头应指向所标焊口：

a. 弯头（三通、法兰、大小头等）+ 直管，标识在直管一侧；

b. 弯头+三通（大小头），标识在三通（大小头）一侧；

c. 弯头+弯头（法兰），标识在弯头一侧（顶部）；

d. 直管+直管，标识在直管一侧；

e. 三通（大小头）+ 三通（大小头），两侧皆可。

填写好焊接标识框，表明该焊缝已焊接完成。内部自检合格由班长打上"白色勾"。每天的组对焊接信息下班前反馈给信息管理员录入软件系统。

(4) 焊缝质检标识。

质检员应对已焊接完成的焊口 100% 进行外观检查，检验责任工程师负责抽查。对检查合格的焊缝，质检员在焊接标识框内签字认可"打蓝色勾"。对检查不合格的焊缝通知电焊工进行返工，返工完后重新按新焊口进行检查。质检员在焊接标识框内签字之后，表明该焊缝已表面质量检查合格，可进行探伤、热处理等后续工作（当需要时）。

对于监理根据设计检测要求抽查指定的需要进行无损检测的焊口用红绳绑扎作标记，以便于无损检测人员查找。当需要热处理时,由焊接质检员在管段标识附近标注"H"。

(5)探伤标识。

在探伤工段,探伤工段人员按探伤日委托单和现场点口标识进行探伤,探伤完合格后探伤工段班长在焊缝上作上探伤标识,"打绿色勾"。

(6)热处理标识。

在热处理工段,热处理工段人员按热处理委托单进行热处理,热处理后热处理工段班长在原焊接标签位置书写热处理标识,"打黄色勾"。

(7)管段预制件的流转过程中的质量控制方法。

管段预制件在下料、组对焊接、自检及质检员专检、无损检测、热处理过程中通过打白色勾、蓝色勾、绿色勾、黄色勾表明不同阶段的进程和质量是否合格,这是防止出现未检测就安装的事件的关键,必须严格控制,一旦控制不好将出现检测与未检测的管段分不清的混乱现象。

(8)材料改代的管理。

技术总工程师负责审核改代材料是否可用,并形成改代单,签字确认;技术部文控将签字确认改代单(纸质和电子版各一份)转物资部文控,并形成交接记录(改代单编号为项目简称—改代简称—编号,如 MX60-GD-001);物资部文控将改代单分发给系统材料管理员;系统材料管理员根据改代单要求,在 SKID 软件"数据修改"项进行相应改代操作:

指定位置改代:根据改代位置信息定位查找被改代原材料数据,再进行材料修改;

未指定位置改代:实行按原材料优先级"谁高代谁"的原则进行改代,即筛选出同种原材料数据,按从上往下的顺序修改,即可实现改代材料优先发放;

材料改代信息最终在生产指令单——预制明细表"是否改代"栏显示,并严格按指令执行材料改代。

三、模块化组装技术

模块化组装技术是本工程应用的新技术,是"五化"工程建设核心技术之一,主要应用在钢结构和工艺管道安装工程专业,是工厂化预制和现场安装的重要施工技术,是数字化建厂的重要技术构成。根据工程现场的进度安排、施工场地情况,在临时预制场地按照设计功能区块以一定的顺序和程序进行预制拼装,拼装的过程也确保了工厂化预制的"零部件"在工程现场能一次性准确回装,是设计结构的提前再现,可以及时发现设计或安装过程的问题并及时解决。工艺装置的拆除、运输、摆放及现场回装以搭拆"积木"的方式进行,施工全过程实现数字指令控制,三维图形辅助生产安排,实现了工程现场的有序化、程序化和规模化,是工艺装置常规平铺作业施工方法的重大技术改进,使"工厂化预制、数字化管理、模块化安装"真正深入人心。

(一)预拼装组橇技术

预拼装组橇(图 4-67)的基本流程:钢结构拼装—设备安装—工艺管道预制件安装—电气仪表安装—成橇安装。其中,工艺管道预制件组装和设备安装有时需要根据实际情况在组装橇的过程中穿插进行。按照情况不同,一般分为两个拼装流程:平行安装法和顺序安装法,以下是两种安装方法的简要安装流程图,每个流程按照两层橇组装进行描述(图 4-68 和图 4-69)。

图 4-67　预拼装组橇

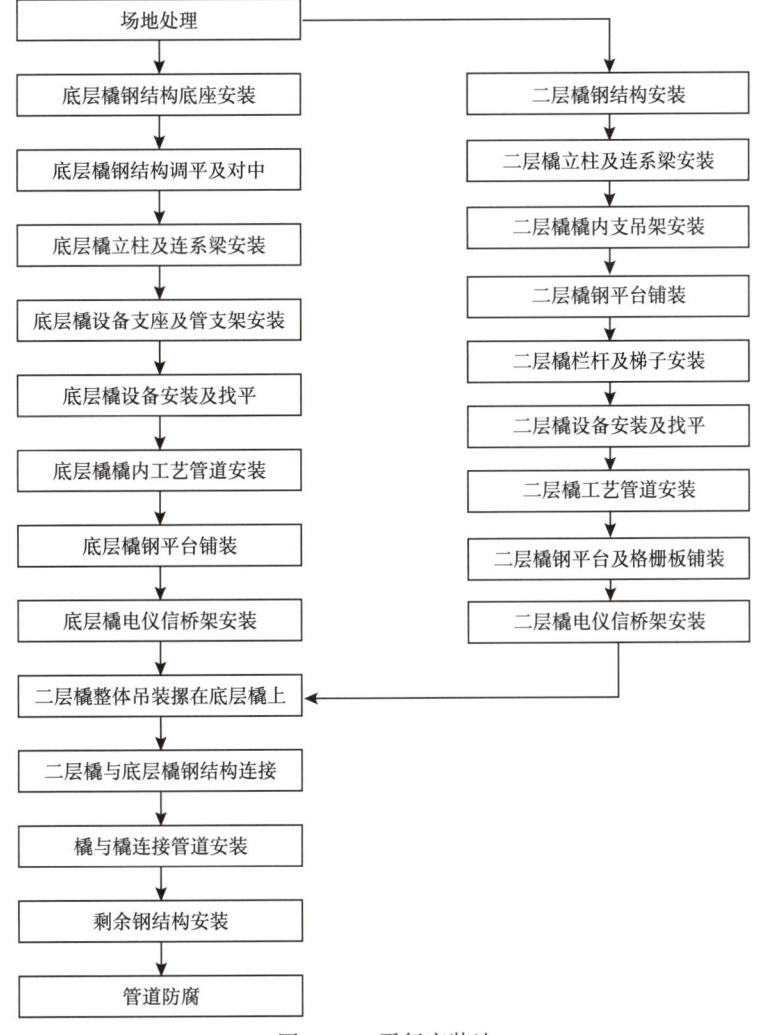

图 4-68　平行安装法

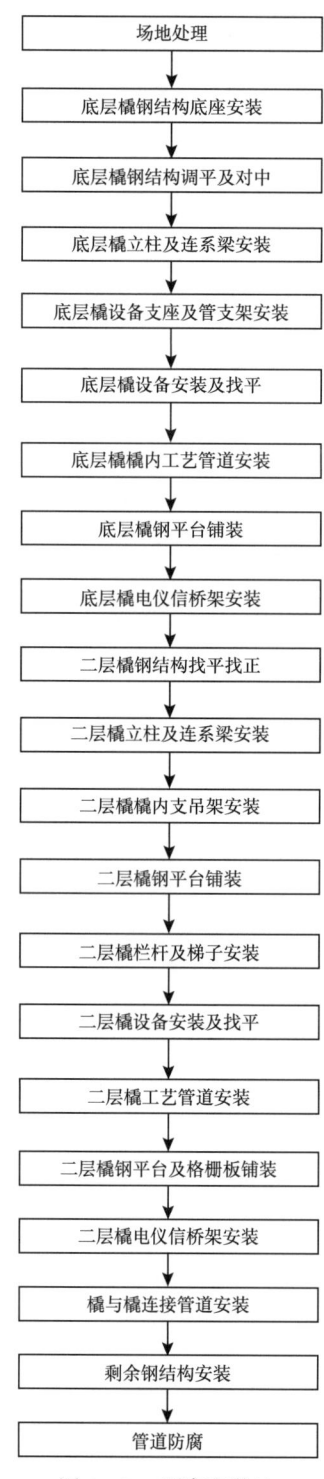

```
          场地处理
            ↓
    底层橇钢结构底座安装
            ↓
    底层橇钢结构调平及对中
            ↓
    底层橇立柱及连系梁安装
            ↓
   底层橇设备支座及管支架安装
            ↓
     底层橇设备安装及找平
            ↓
    底层橇橇内工艺管道安装
            ↓
       底层橇钢平台铺装
            ↓
     底层橇电仪信桥架安装
            ↓
    二层橇钢结构找平找正
            ↓
    二层橇立柱及连系梁安装
            ↓
     二层橇橇内支吊架安装
            ↓
       二层橇钢平台铺装
            ↓
     二层橇栏杆及梯子安装
            ↓
     二层橇设备安装及找平
            ↓
      二层橇工艺管道安装
            ↓
   二层橇钢平台及格栅板铺装
            ↓
     二层橇电仪信桥架安装
            ↓
      橇与橇连接管道安装
            ↓
       剩余钢结构安装
            ↓
          管道防腐
```

图 4-69　顺序安装法

在新工艺的实际应用过程中,以上两种安装方式都是结合使用的,如果橇内设备较重就以顺序安装法为主,如果较高层的设备材料到货较晚(重量不大)就以平行安装法为主进行,有时也是两种方式的结合应用。流程中每个流程节点的施工方法简述如下。

1. 底层橇安装

场地处理:为确保单橇组装方便快速,同时考虑橇预拼装场地的稳固性,组橇场地宜进行硬化,对于需要叠橇预拼装的场地,应先对场地进行夯实,然后浇筑200mm厚度的C15混凝土,常规组橇场地,在夯实后浇筑80mm厚度的C15混凝土,当达到100%强度时才允许组橇施工。

钢结构底座安装:先进行橇钢结构底座的拼装,这个工作原则上是在钢结构流水线上完成,钢结构框架预拼装拆卸时应保留底座部分。

底座调平:为确保橇块间的安装尺寸、标高满足设计要求及整体分解后便于复位安装,需对临时组橇场坪进行找平。找平的方法有两种:通过垫铁找平;设置临时支撑,用钢管等类似物体垫高200~300mm。沿橇主梁均布,满足橇底座不发生变形。找平的工具有水平尺、激光经纬仪、水平仪、磁力线锤等。

底座对中:对于底层橇多橇并列时,需确保相邻橇的纵横中心线满足设计要求,同时在进行相邻的另外的橇安装时也要遵循这个规定。

立柱及连系梁安装:通过分析待安装设备及管道的尺寸、连接方式,在不妨碍后续工作的前提下在底座上安装立柱和连系梁,为后续工作做好安装准备。

设备支座及管支架安装:在橇钢结构基本骨架安装完毕后进行设备支座、管道支架的安装,如果待安装的支座及管道支架会影响设备和管道安装,则需采用临时固定的方式进行处理。安装时按照设计图纸先安装一侧支座,对侧支座可以临时点焊固定,在设备就位时再进行固定焊接。

设备安装及找平:在吊车配合下,先就位的设备鞍座应是已经固定的设备支座,然后再安装对侧设备支座,此时应在规范要求的精度范围内定位支座并牢固焊接(图4-70)。

图4-70 橇块设备安装

橇内工艺管道安装：工艺管道安装一般以预制件为基本单位，主要应考虑后续安装环节的便利性。组装原则为先低后高、先主管后支管、先大管后小管。安装过程中应注意加强对设备及预制管段的保护。安装精度应按照相关标准规范的要求进行。所有阀门的安装高度、支撑及手轮方向应在满足设计要求的同时满足实际操作的便利。

钢平台铺装：橇钢结构、设备、工艺管道安装完成后，除穿管处，其他地方应铺装设计应有的钢平台、格栅板等。

电仪信桥架安装：电仪信桥架安装宜在工艺管道安装后进行。安装时应充分利用安装工艺管道的脚手架(图4-71)。

图4-71 安装完成的电仪信桥架

2. 二层及以上橇块安装

二层橇的安装有两种方式：平行安装法。相邻两个橇的底层与二层橇同时在地面安装，然后二层橇直接摞在底层橇上。此安装方式应确保底层及二层的设备、工艺管道预制件、阀门到货能满足安装进度要求(物资到货计划是按照底层、二层、三层的顺序)；顺序施工法。底层橇块设备、管道安装完成后，进行二层橇的安装，二层橇的安装方式类似底层橇。此种方式适合工艺材料设备到货按照底层到顶层的顺序。

钢结构的安装：对于平行安装法，在底层橇安装完成后将已安装的二层橇整体吊装并与底层橇的钢结构进行对接。在吊装时应注意二层橇吊装时的形变可能会影响钢结构立柱的对接，此时应采取吊装措施防止其底座变形，如采用平衡梁及拉手动葫芦调整等；对于顺序施工法，在底层橇安装完成后开始安装二层橇钢结构，进行找平找正。再安装立柱及连系梁、橇内支吊架、钢平台铺装、栏杆、梯子等，其安装要求同底层橇钢结构安装基本相同。安装二层橇内设备，对设备进行找平找正。

工艺管道安装：将完成的预制件在橇内进行安装，安装原则为先低后高、先主后支、先大后小。更高层橇也按照前述工艺进行施工。

其他安装:安装钢平台、格栅板以及电仪信桥架。

3. 橇与橇连接管道安装

橇间连接管道安装一般分为上下橇间连接管道安装和左右相邻橇间连接管道安装。连接管道的安装方式与设计有关,设计上有直管连接(非可拆卸式安装)和法兰连接两种,对于跨越多橇的管道,原则上在橇块回装和系统连头前进行。根据橇的设计形式,有些橇间连接管道可以在当层橇完成后及时进行,避免上层橇对本层橇间连接管道的施工造成影响。

4. 剩余钢结构安装

根据前述的安装情况,先将前工序剩余钢结构安装完成,然后再安装内部梯子以及栏杆,拆橇点附近的栏杆预留不安装。橇上设计的临时支撑梁应在运输前焊接牢固。

5. 管道防腐

橇内外安装工作全部结束后按照设计要求进行管道的防腐补口、补伤施工。防腐施工宜从顶层往下层进行。防腐面漆和保温层暂不施工。

橇块第二层预拼装如图 4-72 所示。

图 4-72 橇块第二层预拼装

(二) 橇块包装、运输技术

工艺装置预拼装组橇完成,工程现场具备安装条件后,按照事先确定的拆分形式对预拼装完成的工艺装置进行拆分,对拆分后的橇块进行包装和运输,流程如图 4-73 所示。以下是橇块包装、运输过程中应遵循的一些规定:

涂装、检验 → 包装 → 检验 → 装车 → 运输 → 卸货

图 4-73 包装、运输流程图

(1)设备与工艺管道、阀门等未超出钢结构外沿的橇尽可能整体运输,超出橇的部分拆下后按照分类进行打包,小件包装箱随本橇一起运输,大件包装如不能随橇运输,做好标示单独运输。

(2)充分考虑对橇内构件的保护措施,确保管件、阀门等在运输过程中不窜动、不变形、不损伤、不丢失。

(3)橇内钢格栅预装固定后不拆,随橇整体运输,跨橇之间的钢格栅按其相连接的方式打成一包并做好标识,采用钢带捆绑后运输。

(4)跨橇连接的管道、钢结构立柱、梯子、栏杆、电缆桥架、可拆的小的钢结构构件、其他连接件等均应按其零件或部件分别包装后按其形状采用特殊固定、捆绑等形式分组运输。

(5)根据单位工程、橇装名称按类别进行打包。小件物品尽可能做到仪表、工艺构件分开包装,大件物品可以采取同型号、同规格进行捆扎包装。

(6)包装标识:橇块和构件发运前需编制发运清单,清单上必须明确项目名称、橇块编号、构件号、构件数量、构件重量,并在实物橇钢结构的侧面或者正面用漏字板喷上橇装名称、单元号等信息。

(7)根据工程进度的需要,构件原则上将按运输计划,分层分橇块分批次地进行,对于超长、超宽或者超重的构件,应进行合理的分段划分,尽量满足最大运输限制,确保运输安全。如果现场安装计划变更,业主或者总包单位必须事先发出书面通知,运输计划根据实际情况作出相应调整(图4-74)。

图4-74 橇块运输

(三)橇块现场组合安装技术

工程现场具备橇块安装条件后,橇块按照预先确定的顺序发往现场,回装顺序根据现场道路规划、施工进度、专业配合、人员机械安排等各个方面确定,应用三维模型的辅助生产功能,在回装过程中及时修正和修改,确保橇块回装过程流畅运行。

1. 施工准备

(1)认真了解施工现场情况,准备好施工机具、材料、辅助小平台以及检验仪器等。制订施工计划、确定吊车摆放位置、了解工序交叉情况,特别要注意避免前橇块安装好后影响后续橇块的安装。

(2)根据回装的具体内容,准备好技术交底资料,对施工人员进行技术交底,认真讲解施工技术要求及施工注意事项。

(3)橇块就位前必须进行基础的验收和交接,交接过程中认真复核地脚螺栓尺寸,不符合要求的进行整改。

(4)根据现场场地布置情况、待吊装橇的重量、橇的安装高度、橇的外形尺寸等选择吊车的型号和数量。本净化厂配置了300t汽车吊1台,200t履带吊1台。

(5)根据橇装拉运尺寸和重量选择进场道路,重点清理进场道路上的异物、杂物,注意道路限高。对于埋地物件,需要保护的必须做好保护。

2. 底层橇就位安装

(1)橇块就位时,宜从内侧往外侧安装,从里往外回退安装。

(2)就位安装时,重型橇块一般用大吨位吊车主吊,小吨位吊车配合安装。

(3)橇块就位后应对橇块进行找平、找正及标高测量,同时从整体上保证纵横中心线符合设计要求。

(4)根据橇块预拼装的情况,安装橇内未完成的预制件,防止上层橇就位后影响管道连接(图4-75)。

图4-75 待安装的橇块单体

3. 上层橇就位安装

(1)在底层橇块上进行上层橇块安装,同样进行纵横中心线、标高的测量,同时进行调整。
(2)对于多层的橇块安装,橇间等强连接板上的螺栓首次不宜拧得过紧。
(3)上层橇的安装顺序和原则同底层橇。

4. 橇间连头及附件安装

(1)橇间连头按照从下往上的顺序进行,如果是穿多个橇的管道,需要优先安装。
(2)橇间连头以在预制厂确定的预留方式以及预制件为基础进行。
(3)根据施工经验,一般 DN80mm 以上的连头以焊接为宜。
(4)管道连接完成后进行橇间钢结构梁安装、钢格栅和梯子栏杆的恢复以及附件安装等。
(5)拆除临时支撑梁。

橇块的回装如图 4-76 所示。

图 4-76 橇块的回装

5. 橇外管道连接

橇外管道连接一般以橇内设备、阀门为起点向外部配管安装,连头口宜尽量远离橇本体。

6. 系统整体试压

(1)橇内外管道安装完成后,根据总体吹扫试压方案进行系统整体吹扫试压。

(2)吹扫试压过程中,橇间连接法兰不宜拆除作为吹出口或者隔断口。

(3)吹扫口和隔断口应选择管线弯头较多的管段上。

(4)试压排水完成后拆除剩余盲板,恢复连接,再次紧固管道支吊架及附件。

(5)橇块各处连接螺栓再次检查紧固情况,未拧紧的必须拧紧。

7. 防腐保温

(1)在橇块安装完毕,吹扫试压合格后,按照设计要求进行工艺管道、阀门类的补口、补漆、面漆涂刷等工作。

(2)进行管道、设备、阀门等的保温保冷工作。保温和保冷工作可以和橇拼装、回装、橇内外管道连接等工作同步进行,但是阀门本体、法兰连接处、螺纹连接处等易漏部位暂时不保温或者保冷,只进行保温和保冷的预制。

(3)在橇内外管道、钢结构、电仪信等安装完毕后,进行橇钢结构的面漆施工,有些钢结构有涂刷防火涂料的要求,还应进行防火涂料施工。

(四)三维试压包技术

传统的试压工作通常在工艺装置主体安装接近完工时开始进行,具体根据试压方案执行,试压方案一般由施工单位的项目总工程师组织编制,试压方案可以看作是试压包的一个重要组成。

宏观意义上的试压包可称为试压包集成,一般包括分介质或者分压力的系统流程图、试压系统参数一览表、各区单线图、焊口无损检测资料汇总分析表、工序结交资料情况表等试压前后的控制性资料。一个独立试压包应符合一定的规则,传统的试压包划分方法存在以下问题:

(1)试压包划分人员的水平参次不齐,每个人对划分规则理解不一样,划分结果多样,需要多次讨论归类统一。

(2)划分成果之一的流程图与编制人员的能力及水平有关,且不直观,需要拿着流程图现场复核。

(3)试压包无法与三维模型结合起来,常有"漏、重、错"的现象。

(4)试压包无法与施工进度结合,及时性较差,且无法动态反应试压进度以及管道系统能否进入试压工序,一般靠多专业工种相互结合,同时勘察现场"寻线",从而确定实际工作是否完工,工作繁杂且出错概率相对较大。

三维试压包技术基本解决了以上问题,技术的核心是:利用装置三维模型,通过设定判断准则,使用软件程序自动划分试压流程并进行优化选择,形成吹扫试压程序包,并能根据现场吹扫试压情况进行动态管理,将以前对"人"的素质和数量的依赖程度降低。该技术将本吹扫试压方案编制时间从传统的三个月缩短为一个半月,将现场作业时间从四个半月缩短为两个半月,有力保障了工程进度。三维试压包技术可以实现以下功能:

(1)三维模型中,通过预设定的试压包划分规则,软件系统自动将相同试验参数且物理相连的工艺管道与设备(含各类附件)划分为一个试压包,并以不同颜色标识。

(2)软件系统可以输出每个试压包的名称(名称按照一定规则设置)、所包括的管线号、设备名称及位号、施工进度情况、无损检测情况等,试压负责人可以根据相关数据安排生产,协调试压包集成中的各个相关工作进度。

(3)软件系统可以输出每个试压包的仪控阀门、常规阀门、盲板的导通及开启状态,且可通过人工设定阀门、盲板导通状态,增加隔离措施以调节试压包的范围。

(4)根据系统输出的各项相关数据,试压作业人员依据清单到施工现场进行核对记录,同步反馈到系统中,动态校正。试压作业中形成的数据也可及时写入三维模型,作为系统下一步状态显示的基础,如图4-77所示。

图4-77 三维图形中显示试压进度

第三节 高效建产技术成果

(1)"标准化、模块化"创造产能建设新速度。

施工图设计三维建模时,同步考虑模块的拆分、运输与现场组装;根据运输道路宽度、最小转弯半径、最大坡度、沿线电缆高度等,确定了各模块的最大外形尺寸与运输重量;主体装置划分成222个模块,207台主要设备安装在模块上,每个模块尺寸控制在15.6m×3.9m×4m,重量在55t以内。

通过全面实行工厂化预制,净化厂工程整体预制率达到80%;钢结构工厂化预制率100%,模块内工艺管道预制率94%,模块外连接管道工厂化预制率达到70%。

模块现场组对符合率达99%;焊缝射线检测一次合格率提高至98.1%;现场施工工期节约35%左右。

(2)开发了SKID生产管理软件及知识产权保护。

公司自行开发的SKID生产管理软件,在国内大型天然气厂站建设中首次实现了利用三维模型开展模块化施工及管理,实现了物资采购、生产、质量等可视化管理,在安岳气田磨溪区块龙王庙气藏磨溪第二净化厂及轮南轻烃项目成功应用,提高管理效率37%,大大减少了管理人员数量、提升了管理质量。同时为保护知识产权获得了两个授权的软件著作权,净化厂工艺装置橇装化生产管理系统(SKID)V1.1.0.0,登记号2016SR00825;大型厂站工艺管道排料系统(PIPE SORTER)V1.1.0.0,登记号2016SR157500。

第五章 安全运行管理

安岳气田龙王庙组气藏为我国迄今为止发现并成功开发的单体规模最大的特大型海相碳酸盐整装气藏,具有高温、高压、中含硫、单井产量大,安全开发风险高的特点。如何在快速、高效开发的同时,保证人员和设备的安全,是龙王庙气田开发面临的严峻挑战。本章主要从气田地面集输系统腐蚀控制与评价气田集输管道完整性管理、大型含硫气田快速应急管理体系、气藏开发质量监督管理和 HSE 监督管理 5 个方面对龙王庙组气藏安全运行管理情况进行介绍。

第一节 地面集输系统腐蚀控制与评价

在引起油气田设施腐蚀的众多因素中,硫化氢是最危险的,一旦发生事故,往往是突发性的,并且会产生严重的后果。龙王庙组气藏位于四川中部,所处部位人居密度大,因此安全高效开发显得尤为重要。气藏腐蚀与防护工作贯穿于气田开发方案编制、施工设计、工程建设和生产运行全过程,以实现气田整体腐蚀控制,保障气田安全平稳开发。

一、腐蚀环境

(一)天然气

龙王庙组气藏天然气中 CH_4 含量 95.24%~97.24%,H_2S 含量 0.35%~0.76%,CO_2 含量 1.53%~2.61%,属于低到中含硫化氢、中含二氧化碳气田。天然气中二氧化碳和硫化氢比值(CO_2/H_2S)在 2.8~4.8 之间,根据 MACE MR0175 规定(图5-1),这些管线腐蚀类型以硫化氢腐蚀为主。

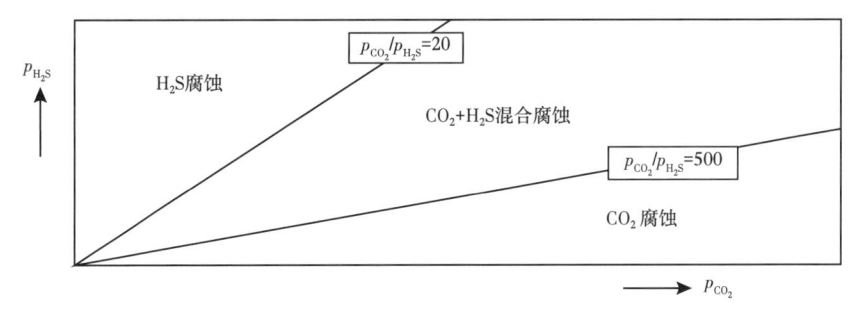

图 5-1 腐蚀主控因素

(二)气田水

龙王庙组气藏目前局部产水,水中 Cl^- 含量为 57~58693mg/L,pH 值 4.6~6.5,密度平均 1.04g/cm³,总矿化度平均 57212mg/L,以 $CaCl_2$ 水型为主。

不同的 pH 值条件下,溶解在水中的硫化氢离解成 HS^- 和 S^{2-} 的百分比不同(表5-1)[1]。

表 5-1　H_2S 水溶液中 H_2S、HS^- 和 S^{2-} 含量

pH 值	4	5	6	7	8	9	19
H_2S 含量(%)	99.9	98.9	91.8	52.9	10.1	1.1	0.1
HS^- 含量(%)	0.1	1.1	8.2	47.1	89.9	98.9	99.8
S^{2-} 含量(%)	—	—	—	—	—	0.01	0.1

不同的 pH 值条件下,溶解在水中的硫化氢解离成 HS^- 和 S^{2-}。这些解离的产物影响了腐蚀过程动力学、腐蚀产物的组成及溶解度,因而改变了腐蚀的反应速度。随体系 pH 值变化,硫化氢对钢铁的腐蚀过程分为三个不同区间[2,3]:pH<4.5 的区间为酸腐蚀区,腐蚀的阴极过程主要为氢离子去极化,腐蚀速率随着溶液 pH 值升高而降低;当 4.5<pH<8 时,主要为硫化物腐蚀区间,HS^- 成为阴极去极化剂,此时若硫化氢浓度保持不变,腐蚀速率随着 pH 值的升高而增大;当 pH>8 时,为非腐蚀区,因为在高 pH 值下,硫化氢可以完全解离并形成较为完整的硫化铁保护膜。据统计,龙王庙产出水 pH 值普遍在 4.5~6.5 之间,处于弱酸性环境,金属管材在此环境下腐蚀相对敏感。

(三)集输管材

龙王庙组气藏地面集输系统管线主要使用 L360 碳钢。对于用于含 H_2S 的湿气环境下的输送钢管,在钢级选择上,采用强度低、韧性好的管线钢可更有效地保证管线抗 SSC 和 HIC 的能力。根据 NACE MR0175 和 ISO 15156《石油天然气工业　油气开采中用于含硫化氢环境的材料》,L360 钢级可适用于该工程酸性天然气环境下的管道输送,但是耐酸性天然气电化学腐蚀性能一般。

二、腐蚀影响因素

一般而言,干气体无腐蚀性,而当存在水时,腐蚀速度会大大增加。龙王庙组气藏主要腐蚀介质为盐类、H_2S、CO_2 等。对于金属电化学腐蚀,根据原电池原理可知腐蚀集中在阳极区内,对阴极区无损失,影响腐蚀主要有温度、盐类含量、H_2S、CO_2、流速等因素。

(一)温度对腐蚀影响

温度对 H_2S、CO_2 腐蚀的影响比较复杂:通常在较低温度时,腐蚀随温度的上升而增加,温度继续上升,其腐蚀速率将下降。腐蚀产物也将随温度的升高而逐渐由富铁、无规则几何微晶结构保护性的产物膜,变为富硫的、有规则几何微晶结构和保护性的磁黄铁矿(Pyrrhonist)或黄铁矿(Pyrite),且温度越高这种转化过程越快。

H_2S 介质温度不仅对反应速度有影响,而且对腐蚀产物膜的保护性有很大的影响。研究表明:H_2S 对不锈钢电极表面钝化膜的破坏分为吸附—减薄—破坏三个阶段。当 H_2S 含量较低时,不锈钢表面钝化膜的厚度在 H_2S 的作用下不断减薄,但并未完全破坏,电化学阻抗谱图保留钝化膜的阻抗特征;当 H_2S 含量较高时,不锈钢表面钝化膜被破坏,表面覆盖一层硫化物膜,电化学阻抗谱图的特征发生变化[4]。

在 CO_2 存在条件下,当温度低于 60℃时,由于不能生成对腐蚀有保护作用的产物膜,腐蚀速率由 CO_2 水解生成碳酸的速度和 CO_2 扩散至金属表面的速度共同决定,于是以均匀腐蚀为

主。当温度高于60℃时,金属表面有碳酸亚铁生成,腐蚀速率由穿过阻挡层的过程决定,即垢的渗透率、垢本身的溶解度和介质流速联合作用而定。

总之,温度对 H_2S 及 CO_2 腐蚀的影响主要为3个方面:(1)温度升高,各反应进行的速度加快,促进了腐蚀的进行;(2)影响了气体(CO_2 或 H_2S)在介质中的溶解度,温度升高,溶解度降低,抑制了腐蚀的进行;(3)温度升高影响了腐蚀产物的成膜机制,使得膜有可能抑制腐蚀,也可能促进腐蚀。因此,温度在这三个方面所起的综合作用,影响了钢的腐蚀速率,具体的影响要视其他相关条件而定。

龙王庙组气藏环境下的温度对腐蚀影响呈现随着温度的增加,腐蚀趋势为先增加后降低的规律(图5-2)。

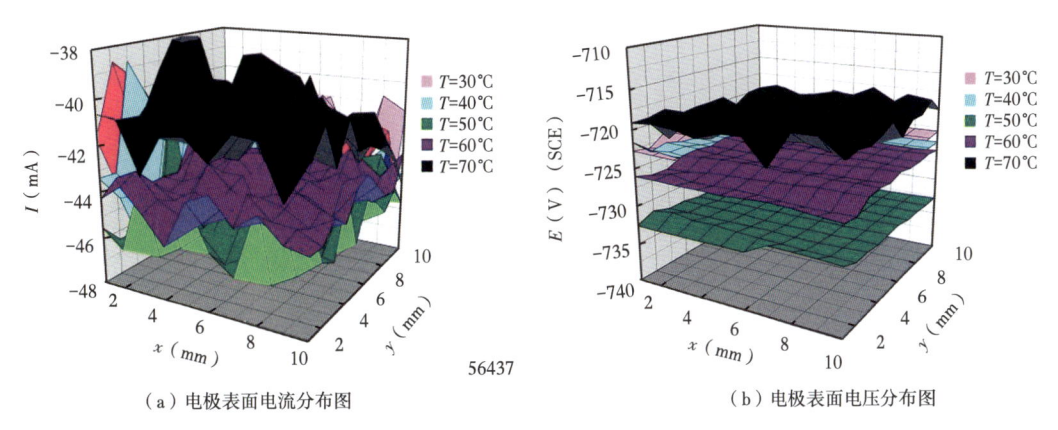

(a)电极表面电流分布图　　(b)电极表面电压分布图

图5-2　温度对腐蚀的影响

(二) Cl^- 的影响

Cl^- 对金属腐蚀的影响表现在两个方面:一是降低材质表面钝化膜形成的可能或加速钝化膜的破坏,从而促进局部腐蚀;二是使得 H_2S、CO_2 在水溶液中的溶解度降低,从而缓解材质的腐蚀。

Cl^- 具有离子半径小、穿透能力强,并且能够被金属表面较强吸附的特点。Cl^- 浓度越高,水溶液的导电性就越强,电解质的电阻就越低,Cl^- 就越容易到达金属表面,加快局部腐蚀的进程;酸性环境中 Cl^- 的存在会在金属表面形成氯化物盐层,并替代具有保护性能的 FeS 膜,从而导致高的点蚀率。

龙王庙组气藏产出水氯离子含量在57~50000mg/L之间,腐蚀环境相对复杂。随着氯离子浓度升高(图5-3),腐蚀速率总体具有逐渐增加的趋势。

(三) CO_2、H_2S 的影响

1. CO_2 的影响

地层深处水中有时含有大量 CO_2,它是由地球的地质化学过程产生的。CO_2 和所有的气体一样,它在水中的溶解度与压力、温度以及水的组成有关。CO_2 的溶解度随压力的增加而增加,随温度的升高而降低。当水中有游离 CO_2 存在时,水呈酸性反应,即

$$CO_2 + H_2O \longrightarrow H^+ + HCO_3^-$$

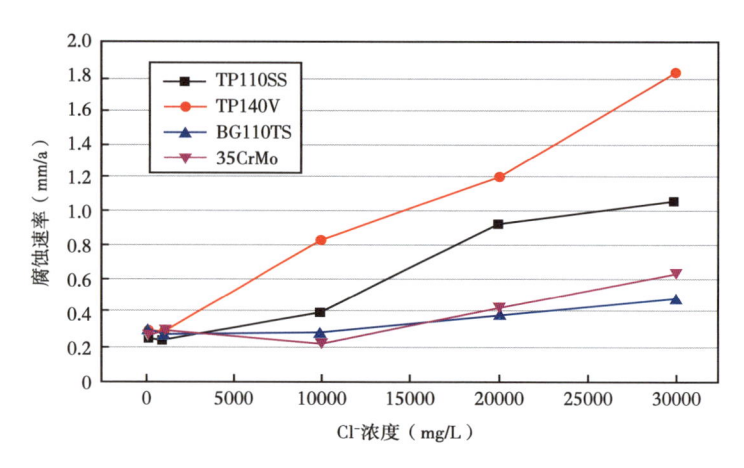

图 5-3　Cl⁻浓度对腐蚀影响

由于水中 H^+ 的量增多,就会产生氢去极化腐蚀。所以游离 CO_2 腐蚀,从腐蚀电化学的观点看,就是含有酸性物质而引起的氢去极化腐蚀。游离 CO_2 腐蚀受温度的影响较大,因为当温度升高时,碳酸的电离度增大,所以升高温度会大大促进腐蚀。游离 CO_2 腐蚀受压力的影响也较大,腐蚀速率随 CO_2 分压的增大而增加,若水中同时含有 O_2 和 CO_2 时,则钢材的腐蚀就会更严重。这种腐蚀之所以比较严重,是因为氧的电极电位高,易形成阴极,侵蚀性强;CO_2 使水呈酸性,破坏保护膜。这种腐蚀的特征往往是金属表面没有腐蚀产物,腐蚀速率很快。

2. H_2S 的影响

含硫油田中与油共生的水往往含有 H_2S。干燥的 H_2S 与 CO_2 一样都不具有腐蚀性,溶解于水中的硫化氢具有较强的腐蚀性。

碳钢在含有硫化氢的水溶液中会引起氢的去极化腐蚀,碳钢的阳极产物铁离子与水中的硫离子相结合生成硫化铁。

水中的溶解盐类和溶解的 CO_2 对 H_2S 有一定的影响。钢在含有 H_2S 的盐水中的腐蚀速率最高;而在含有 H_2S 的蒸馏水中的腐蚀速率较低。因为不同的水溶液形成的腐蚀产物不一样,所以腐蚀速率也不同。钢在蒸馏水中,最初形成保护性能差的 F_8S_9,继而形成保护性能较好的磁黄铁矿($FeOS$)和黄铁矿(FeS_2)。在含有 H_2S 的盐水中只能形成保护性能差的 F_8S_9,所以腐蚀速率继续增大。

水中的硫化氢还有更重要的腐蚀形式,H_2S 能使金属材料开裂,通常称之为硫化物应力开裂。硫化物应力开裂具有以下特点:硫化物应力开裂是一种低应力破坏,甚至在很低的拉应力下都可能发生开裂。

3. CO_2 和 H_2S 共存

系统中同时存在 CO_2 和 H_2S 时,用 p_{CO_2}/p_{H_2S} 可以大致判定腐蚀是 H_2S 还是 CO_2 起主要作用。现有的研究资料表明[5]:(1)在 $p_{H_2S}<6.9×10^{-5}$ MPa 时,CO_2 占主导作用,温度高于 60℃时,腐蚀速率取决于 $FeCO_3$ 膜的保护性能。(2)在 $p_{CO_2}/p_{H_2S}>200$ 时,材料表面形成一层较致密的 FeS 产物膜;导致腐蚀速率降低。有研究表明[6]:在 $p_{CO_2}/p_{H_2S}=888$ 时,H_2S 的存在有助于减缓腐蚀,在钢表面生成一层厚而均匀且附着力比较强的产物膜,此时钢的腐蚀倾向较低。(3)在

$p_{CO_2}/p_{H_2S}<200$ 时，系统中以 H_2S 腐蚀为主导，其存在一般会使材料表面优先生成一层 FeS 膜，此膜的形成会阻碍具有良好保护性的 $FeCO_3$ 膜的生成，系统最终的腐蚀性取决于 FeS 和 $FeCO_3$ 膜的稳定性及其保护情况。

龙王庙组气藏天然气中 CH_4 含量 95.24%~97.24%，H_2S 含量 0.35%~0.76%，CO_2 含量 1.53%~2.61%，属于低到中含 H_2S、中含二氧化碳气田。图 5-4 是模拟 H_2S 与 CO_2 不同比例下耦合多电极测试结果。

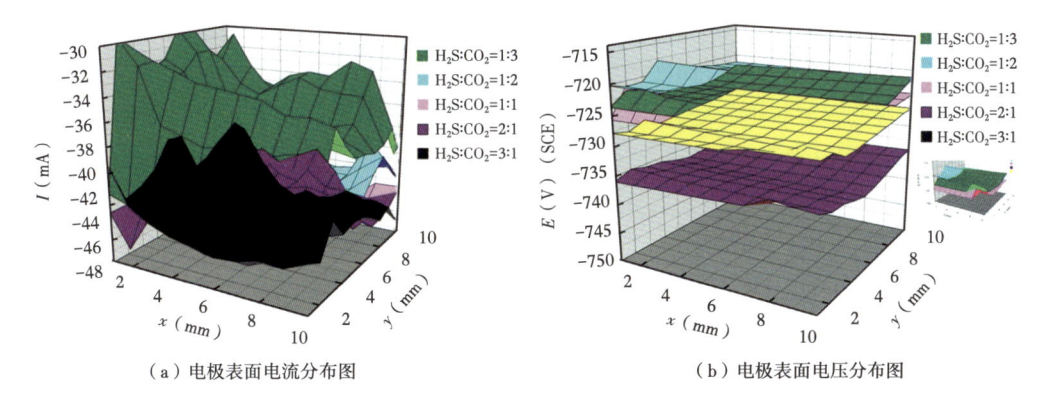

（a）电极表面电流分布图　　（b）电极表面电压分布图

图 5-4　H_2S、CO_2 不同比例对腐蚀的影响

可以看出，随着 H_2S 含量的增加，腐蚀电位及电流负移动，因此在条件范围内，随着 H_2S 含量增加，腐蚀速率增加。

综上所述，水中溶解了 CO_2、H_2S 等气体后，水的腐蚀性大大增强。事实上水中的溶解气体是大部分腐蚀问题的主要原因。如果把它们排除掉，并使水的 pH 值保持中性或稍高，则在大部分水系统中将很少出现腐蚀问题。

（四）溶解盐类的影响

除氯化物外，油气田水中的溶解盐类对水的腐蚀性也有一定的影响。在油气田产出水中，硫酸盐也是常见的溶解盐类。

通常，含有溶解盐类的水的腐蚀性随着溶解盐浓度的增大而增大，这是因为含盐量增加，盐水导电性增大，腐蚀性增大（图 5-5）。

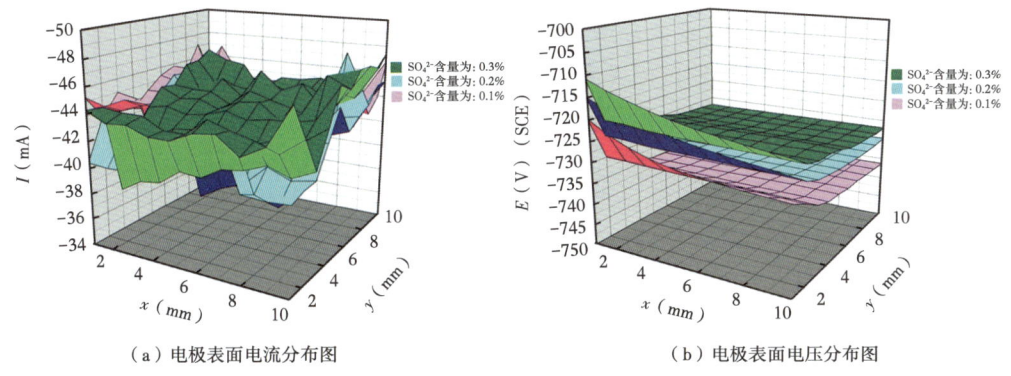

（a）电极表面电流分布图　　（b）电极表面电压分布图

图 5-5　SO_4^{2-} 浓度对腐蚀的影响

可以看出,随着SO_4^{2-}的增加,腐蚀电位降低,腐蚀电流增加,腐蚀倾向增大。

(五) 液体流速对腐蚀影响

在生产中,流速在两个方面影响管材的腐蚀速率。首先,流速决定流动特性。总的说来,随着流速的增加,分别表现为静态(即很小或没有流动)、中等条件下的层流以及高流速条件下的湍流。其次,随着流速的增加,导致质量传递增大;而在更高的流速条件下,会清除具有保护性的腐蚀膜(即腐蚀产物和缓蚀剂膜),从而加速腐蚀。在静态条件下,腐蚀速率比在中等流速条件下观察到的还要大。出现这种现象的原因在于,在静态条件下,腐蚀产物和其他沉积物会从液相中沉降下来,造成腐蚀产物膜形貌和结构的变化,从而促进腐蚀。

图5-6是模拟龙王庙组气藏环境下不同液体流速的腐蚀实验结果。可以看出,随着流速的增加,腐蚀速率却急剧下降,当流速达到0.75m/s后又开始上升。

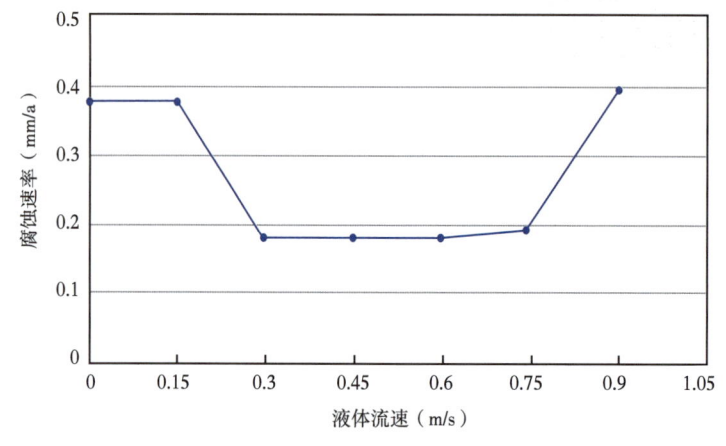

图5-6 液体流速与腐蚀速率的关系

SEM观察试片表面形貌,发现静止状态,形成的腐蚀产物膜虽然较厚,但有大的裂纹存在,表面形成的腐蚀产物以大颗粒状存在,此时腐蚀介质易与金属表面接触,导致腐蚀速率增大。流速为0.3m/s及0.75m/s时,腐蚀产物膜相对致密,且裂纹尺寸小,可以阻碍腐蚀介质与金属表面的接触,腐蚀速率相对较低。在0.9m/s的时候,腐蚀产物膜结构上又有明显裂纹存在,腐蚀产物以小颗粒形状存在,有冲刷腐蚀痕迹,腐蚀速率再次增大(图5-7)。

在龙王庙组气藏地面集输系统环境下,流速增大除了会加快腐蚀性物质的传递、较少腐蚀产物膜在试样表面的堆积、增加试样表面的切应力导致腐蚀速率增加外,同时还会造成腐蚀产物膜形貌和结构的变化,导致腐蚀速率降低。两方面综合作用造成随流速增大,腐蚀速率呈现先减低再增加的趋势。

综合温度、H_2S与CO_2比值、离子含量、流速等影响因素,发现在龙王庙组气藏地面集输环境下,温度、H_2S含量、氯离子含量和流速对材料腐蚀影响比较大。因此,现场重点腐蚀部位是硫化氢含量高、温度40~50℃、氯离子含量高、停产或者流速大于0.9m/s的部位。

（a）0m/s

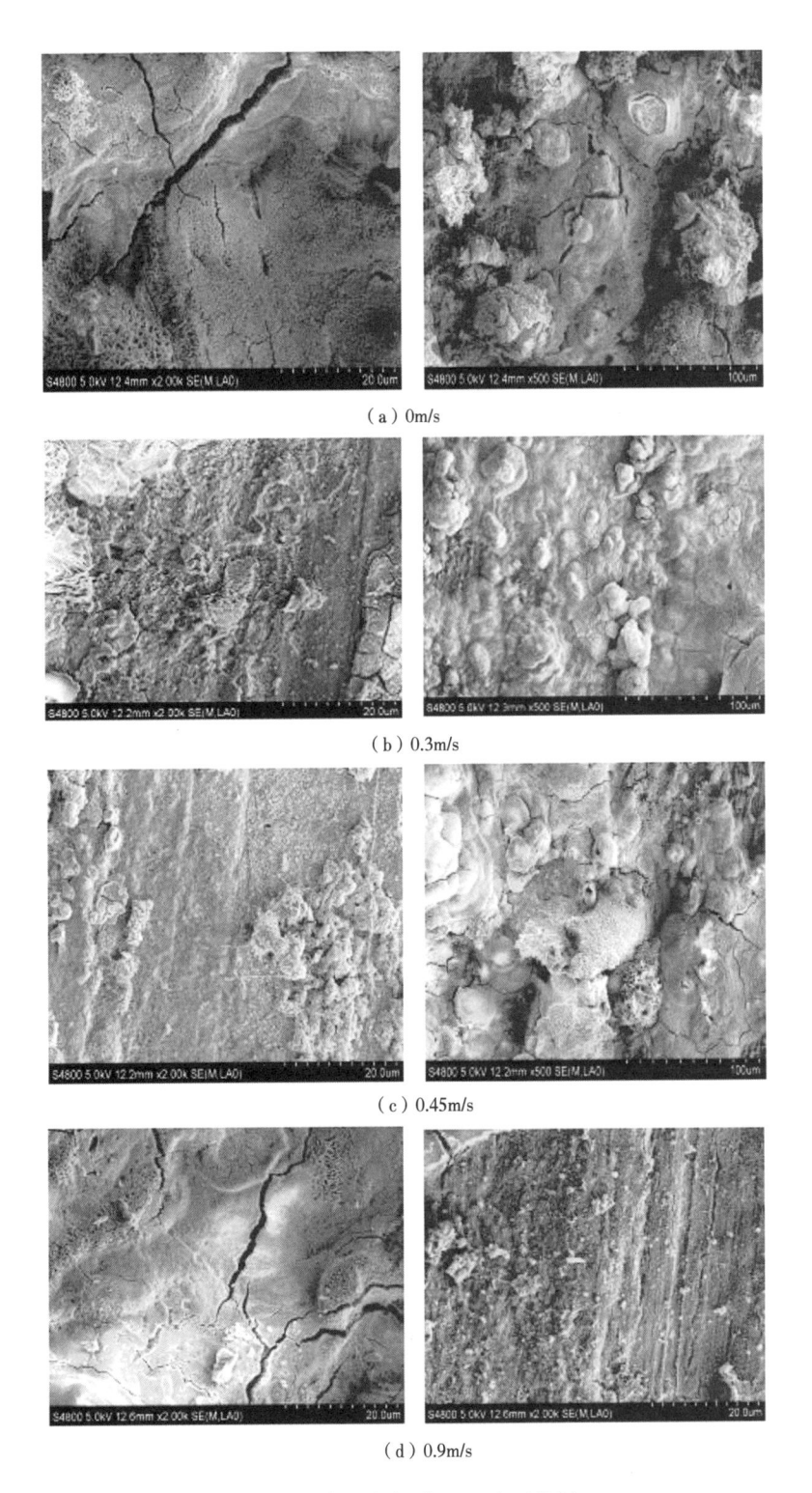

（b）0.3m/s

（c）0.45m/s

（d）0.9m/s

图 5-7 腐蚀产物膜 SEM 表面分析

三、设计阶段

(一) 管材选择

1. 管型选择

对于在高 H_2S 分压的湿气环境下的输送钢管,采用母材无焊缝、质量可靠的无缝钢管,以保证管线抗 SSC 和 HIC 的能力。

2. 钢级选择

根据国内外类似气田的实际开发、使用经验,结合技术经济比选,采气管线、集气干线、试采干线均采用 L360 QS 无缝钢管。

(二) 缓蚀剂加注工艺

1. 井口缓蚀剂加注工艺

磨溪区块的采气井在不同配产下,井口温度为 45.36~98.31℃,一级节流之后的温度为 37.26~90.26℃,二级节流之后的温度为 -11.09~50.09℃。配产高于 $40×10^4 m^3/d$ 的采气井二级节流之前的温度很高(57.57~90.26℃),为了防止高温、高压等复杂环境下的腐蚀,二级节流阀之前使用耐高温高压腐蚀的锻件,无需加注缓蚀剂;二级节流之后使用碳钢加缓蚀剂方案,防止 H_2S 和 CO_2 腐蚀。配产低于 $40×10^4 m^3/d$ 的采气井井口温度较低,通过在一级节流阀前加注缓蚀剂防止 H_2S 和 CO_2 对管线的腐蚀。

站内井口缓蚀剂加注系统的主要功能是保护站内设备和管线,采用连续式加注缓蚀剂工艺,即将缓蚀剂以雾状喷入管道内,使缓蚀剂雾滴均匀分散在气流中,并吸附在管道、设备内壁,起到防腐效果。

2. 集输管线缓蚀剂加注工艺

线路采用连续加注缓蚀剂和缓蚀剂预膜相结合的方式,防止线路腐蚀,并根据投产之后的实际运行情况,合理地调整缓蚀剂加注方案。

在采气管线和集气干线投入运行之前,需要在管线的内壁涂抹一层缓蚀剂,尽量防止酸性天然气与管线的直接接触,使管线在一开始时就得到充分的保护。由于地形等因素的影响,处于低凹部位的管线内部可能积液,导致该处的腐蚀加剧,因此,需要定期采取清管措施来清除积液,然后再利用清管发送装置推动清管器及缓蚀剂,对管线内管壁进行成膜处理,保证管线内壁始终被缓蚀剂膜所覆盖。利用发送装置与出站截断阀之间的管线作为缓蚀剂注入空间。管线预膜清管示意图如图 5-8 所示。

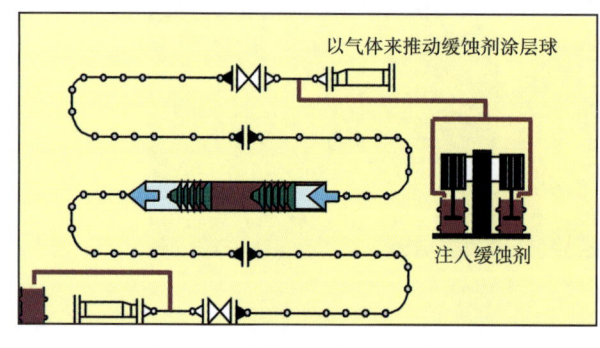

图 5-8 管线缓蚀剂加注示意图

四、地面系统金属材料适应性

(一)地面系统主要金属材料

根据《油气田腐蚀与防护技术手册》[7],当H_2S压力大于0.0003MPa时,可能产生硫化物应力腐蚀破裂和电化学腐蚀,含H_2S酸性油气田的腐蚀特征表现为由点蚀导致局部壁厚减薄、蚀坑或(和)穿孔。根据SY/T 0515—2007《油气分离器规范》,当CO_2分压大于0.1MPa时,有明显腐蚀。在H_2S和CO_2腐蚀介质同时存在情况下,H_2S和CO_2相对含量具有复杂的影响。而Cl^-是腐蚀催化剂,相关资料研究表明,Cl^-存在时候,可以明显加速腐蚀2~5倍,特别是促进局部腐蚀(孔蚀、坑蚀)。在H_2S—CO_2—Cl^-腐蚀环境下,酸性油气田环境选用的碳钢和低合金钢的腐蚀破坏主要表现在以下几个类型:

(1)H_2S、CO_2、Cl^-等腐蚀介质引起的电化学腐蚀、点蚀;

(2)H_2S引起的应力腐蚀开裂(SCC)、氢诱导腐蚀(HIC)和氢鼓泡(HB);

(3)H_2S引起的应力导向氢致开裂(SOHIC);

(4)高温条件下设备(如容器)上发生的硫化腐蚀作用。

地面系统的金属材料选择遵循 ISO 15156《石油天然气工业 石油和天然气生产中含H_2S环境使用的材料》的要求,并且在实验室对金属材料按照 ISO 15156 和 NACE 0248、TM 0177 中提供的抗 SSC、HIC 评价方法的要求进行评价试验,将金属的材料发生 SSC/HIC 风险降到最低。气质中含H_2S及CO_2,且井口温度、压力、Cl^-含量均较高,对井口一级节流和二级节流之间的高压原料气管线均采用锻件堆焊625材质;对二级节流后的中压原料气管线的选择,应符合 GB/T 9711—2017《石油天然气工业 管线输送系统用钢管》的规定。原料气管线当$DN \geqslant 150mm$时,采用L360QS,$DN<150mm$时管线采用L245NS的材质。试采干线、集气干线、采气管线L360QS的投资较L245QS和L415QS低。现役龙王庙气藏开发地面系统金属材料见表5-2。

表5-2 现役地面系统主要材料

序号	应用位置	材料
1	井口阀门主体材料	12Cr13,35CrMo
2	井口阀门阀杆等其他组件	718,318,304,30CrMo
3	采气管线	L360QS
4	分离器排污管	L245
5	回注水管线	20G,L245
6	放空管线	16Mn

(二)L360QS 管线钢的适应性

1. L360QS 的电化学腐蚀适应性

模拟龙王庙组气藏环境下 L360QS 材料的钢腐蚀速率在0.11mm/a至0.35mm/a之间(图

5-9），属于中度至严重腐蚀区间，耐电化学腐蚀能力较差。

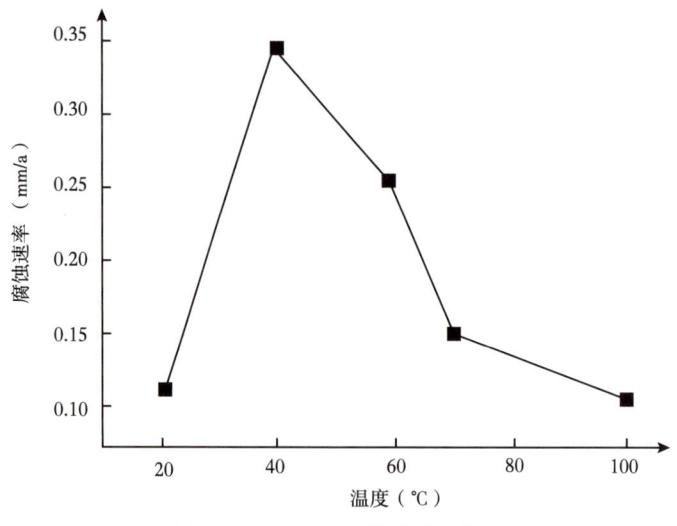

图 5-9　L360QS 电化学腐蚀结果

2. L360QS 的抗硫适应性

L360QS 耐应力腐蚀性能良好，按 NACE TM0177 试验方法（A 溶液）进行 SSC 试验，经 720h 未发生应力开裂（图 5-10）。

图 5-10　应力开裂腐蚀试验后试件形貌

3. 氢致开裂适应性

前期实验结果显示，L360QS 具有良好的耐氢致开裂性能（表 5-3、图 5-11，参照标准：NACE TM 0284—2011《管线钢和压力容器钢抗氢致开裂评定方法》）。

表 5-3 HIC 裂纹检测结果

试片号	断面号	CLR(%)	CTR(%)	CSR(%)
1 号	211	0	0	0
	212	0	0	0
	213	0	0	0
	平均	0	0	0
2 号	221	0	0	0
	222	0	0	0
	223	0	0	0
	平均	0	0	0
3 号	231	0	0	0
	232	0	0	0
	233	0	0	0
	平均	0	0	0

图 5-11 HIC 试片试验后形貌

(三) 12Cr13、35CrMo、304、318 和 718 金属材料的适应性

1. 12Cr13 材料的适应性

12Cr13 含 C：≤0.15%，Si：≤1.00%，Mn：≤1.00%，S：≤0.030%，P：≤0.035%，Cr：11.50%~13.50%，Ni：≤0.60%。经淬火回火后具有较高的强度、韧性，良好的耐蚀性和机加

工性。主要用于要求较高韧性、一定的不锈性并承受冲击载荷的零部件,如刃具、叶片、紧固件、水压机阀、热裂解抗硫腐蚀设备等,也可制作在常温条件耐弱腐蚀介质的设备和部件。

在模拟现场环境下,12Cr13 在 60℃和 80℃下的腐蚀速率分别为 0.062mm/a,0.085mm/a。根据 NACE 标准 RP-0775-91 对腐蚀程度的划分,12Cr13 的腐蚀处于中度腐蚀。图 5-12 为 12Cr13 材料静态高压条件下腐蚀速率,可见,较之于常压条件,随着压力的升高,12Cr13 在模拟现场环境条件下的腐蚀速率有所增加,腐蚀速率处于严重腐蚀等级,液相腐蚀速率大于气相腐蚀速率。液相中氯离子的存在增加了溶液的电导率,同时其也是点蚀发生的催化剂。图 5-13 为液相条件下的试片表面腐蚀形貌,表现为大面积的局部腐蚀,均匀腐蚀特征不明显。

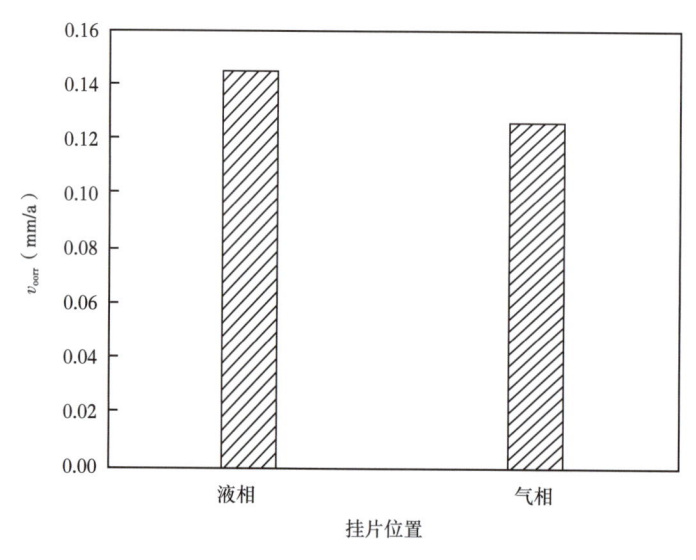

图 5-12　12Cr13 材料静态高压条件下腐蚀速率

（a）宏观形貌　　　　　　　　（b）微观形貌

图 5-13　12Cr13 实验后表面体视显微镜照片

2. 35CrMo 材料的适应性

磨溪 9 井井口阀门服役时间为 248 天,阀门的主体材料 35CrMo。35CrMo 合金结构钢执行标准:GB/T 3077—2015《合金结构钢》,有很高的静力强度、冲击韧性及较高的疲劳极限,淬透性较 40Cr 高,高温下有高的 35CrMo 蠕变强度与持久强度,长期工作温度可达 500℃;冷变形时塑性中等,焊接性差。图 5-14 为井口阀门流体通道打开后的表面图像及下阀盖的腐蚀状况。

(a)阀体流体通道　　(b)下阀盖面状况

图 5-14　阀体流体通道(靠近采气管线部分)和下阀盖表面状况

在模拟实验下,35CrMo 的腐蚀较 12Cr13 严重,尤其 35CrMo 在气相中腐蚀速率达到 0.357mm/a,处理完试片表面也不光滑,有轻微的局部腐蚀。12Cr13 的 Cr 含量为 1.50% ~ 13.50%,可称之为耐蚀合金,而 35CrMo 的 Cr 含量为 0.80% ~ 1.1%,只能称之为低合金钢。Cr 含量的提高能够提交金属的耐腐蚀性能,因此相同条件下 12Cr13 的腐蚀速率要小于 35CrMo。

3. 718、304 和 318 合金的适应性

INCONEL718 合金是含铌、钼的沉淀硬化型镍铁基高温合金,其微观结构为奥氏体组织,具有优良的综合性能。304 相当于 0Cr18Ni9。C:≤0.08%,Si:≤1.00%;Mn:≤2.00%;S:≤ 0.030%;P:≤0.045%;Cr:18.00~20.00%;Ni:8.00~10.50%。304 不锈钢具有优良的耐腐蚀性能和较好的抗晶间腐蚀性能。对有机酸和无机酸具有良好的耐腐蚀能力,具有良好的加工性能和可焊性。318,采用热固熔法进行热处理,具有较强的耐蚀性能。三种材料服役过后,没有明显的腐蚀特征,耐蚀性能优良,表面光亮如新,如图 5-15 所示。

(a)304不锈钢垫圈　　(b)718阀杆　　(c)318阀杆

图 5-15　服役后的三种材料

（四）L245 材料的适应性

龙王庙组气藏磨溪区块已投产单井中已有磨溪 9、10、12 等井在单井排污管线上设置了腐蚀挂片和腐蚀探针设备，2015 年 5 月对腐蚀挂片进行了取挂片工作，相关数据见表 5-4，排污管均匀腐蚀能满足要求。

表 5-4 不同井及集气站、联合站的腐蚀速率

井号	材质	挂片时间	监测周期（d）	腐蚀速率（mm/a）	腐蚀形态
磨溪 8 井	20G				①
磨溪 9 井	20G	2014.9.4—2015.5.15	253	0.00957	均匀腐蚀
磨溪 10 井	20G	2014.9.4—2015.5.19	257	0.0113	均匀腐蚀
磨溪 12 井	20G	2014.9.4—2015.5.19	257	0.0206	均匀腐蚀
磨溪 13 井	20G				②
磨溪 204 井	20G	2014.9.4—2015.5.15	253	0.00778	均匀腐蚀
磨溪 009-X1 井	20G	2014.9.4—2015.5.19	257	0.0153	均匀腐蚀
集气总站	20G	2014.9.4—2015.5.15	253	0.00543	均匀腐蚀
联合站	20G	2014.11.6—2015.5.20	205	0.00041	均匀腐蚀

① 5 月 18 日下午，磨溪 8 井打开后发现无挂具。
② 5 月 19 日下午，磨溪 13 井打开后发现无挂具。

（五）16Mn 材料的适应性

16Mn 钢在 1MPa CO_2+ H_2S NACE 溶液中的腐蚀速率见表 5-5。放空系统的介质主要为干气，16Mn 材料有较好的抗局部腐蚀性能。16Mn 钢在 CO_2+H_2S 腐蚀条件下，60℃腐蚀产物膜为 FeS 及少量的 $FeCO_3$ 和 Fe_3O_4，90℃时膜中含有 FeS 和少量的 FeO、Fe_3O_4，在 120℃形成 FeS 和少量的 Fe_2O_3。腐蚀膜晶粒紧密堆砌，晶粒呈具有棱边的多边体状。由于 FeS 具有较完整的点阵，阳离子在腐蚀反应期间穿过膜扩散的可能性处于较低状态，120℃的钢表面生成的 FeS 致密且与基体结合良好，对腐蚀有一定的减缓，起到很好的保护作用，但在 60℃、90℃生成的 FeS 不致密时，此时，FeS 为阴极，它在钢表面沉积，并与钢表面构成电偶，反而促使钢表面继续被腐蚀。

表 5-5 5 口井的腐蚀速率

温度（℃）	60	90	120
腐蚀速率（mm/a）	4.89	6.72	3.11

第二节　集输管道完整性管理

一、设计阶段完整性管理

(一)可行性研究阶段

可行性研究阶段在水土保持方案报告、环境影响评价、地震安全性评估、安全性预评价、职业病危害评价、地质灾害危险性评价和矿产压覆七大报告的基础上,识别出管线路由地区安全等级、管道沿线的高后果区和可能发生的危害,特别是大中型河流穿跨越、地质灾害多发区、特殊土壤等环境敏感区域。重点地段结合现场勘测结果合理选择线路走向及纵断面、三穿位置、工艺站场位置及敷设方式。

(二)初步设计阶段

(1)初步设计前收集类似管道发生的事故以及存在的缺陷,分析类似管道在运行过程中可能发生的风险,作为管道工程可能发生的风险进行分析,依据分析结果,在设计过程中采取技术措施尽量预防发生上述类似的风险。

(2)初步设计采用管道成熟、适用、先进的标准。

(3)初步设计阶段符合预可行性研究和可行性研究阶段的批复文件要求,对线路工程进行高后果区识别,进一步识别出管道沿线的高后果区段,把高后果区分析结果作为线路走向优选的一项重要条件。

(4)初步设计阶段对线路工程进行风险评价,并根据风险评价结果,设计单位采取有效的措施,规避风险。

(5)初步设计阶段尽量减少管道高后果区段,尽量规避风险,对于无法通过设计规避的高后果区管段根据所处高后果区情况和存在的风险,除对所采取的安全技术措施提出设计,还有必要对那些存在风险的重点管段增加监测、检测和后果控制等的设施提出设计,并提出运行维护建议、注意事项和应对措施等。

(6)初步设计阶段比选管道平面走向、纵断面、大中型河流穿跨断面及方案,并根据线路阀室、工艺站场、特殊地段等的具体情况,分别进行埋地管道设计、穿跨越工程设计、防腐蚀工程设计及附属工程设计。

(7)初步设计阶段识别出在运行过程中可能出现的风险源、可能发生事故的后果、发生事故的可能性和在这些威胁存在情况下可能采取的措施需要的安全投入成本,并通过分析,对可能发生的运行风险提出预防技术措施。

(8)初步设计阶段按可行性研究阶段要求,初步设计内容考虑完整性管理要求,提出重点管段现场检测或在线检测方案,并考虑管道路由应保证管道维护及抢修。

(9)初步设计阶段考虑施工阶段可能对周围环境和地形、地貌造成的扰动和破坏可能使管道工程发生衍生灾害,在初步设计中提出相应的预防措施。

(10)初步设计阶段提出事故工况下的安全措施,包括应急措施、维抢修措施等。

(11)初步设计阶段充分考虑管道预可研、初步设计、施工图设计、施工、投产试运各阶段的数据要求和规范,以及应该提交给运行管理者的数据,为运行的管道完整性管理基础数据提出要求,并在施工图设计中落实。

(三)施工图设计阶段

(1)施工图设计为管道运行中完整性管理所需检测、监测等风险减缓措施提供详细设计。
(2)施工图设计按初步设计要求,对重点管段现场或在线检测设施提供设计。
(3)施工图设计提出穿跨越、水工保护等特殊工序的施工要求,包括质量、尺寸、检测等。
(4)较大线路设计变更考虑对高后果区的再分析和风险的再评价,并提出相应预案。

二、施工阶段完整性管理

(一)施工阶段完整性管理

(1)建设单位组织设计、施工等参加的施工图设计交底及图纸会审会议,相关的会议纪要、记录、设计变更单等及时存入数据管理系统。
(2)在施工阶段对施工过程进行风险识别,识别出由于施工缺陷,对今后运行可能产生的危害,并提出消除缺陷和预防风险的措施。
(3)在施工阶段还识别出在施工过程中所采用的方法、设备对今后管道运行可能产生的风险或威胁,并提出相应预案。
(4)施工阶段对工程变更进行变更风险识别,识别出由于变更对今后运行可能产生的危害,并提出消除危害和预防风险的措施。
(5)施工阶段加强施工工序质量控制,搞好施工现场管理。
(6)提交完整的管道组对焊接监督检测记录和结论。
(7)建设单位对建成管道进行线路复测,保证了管道位置、焊接、补口、埋深、阴极保护、防腐绝缘层和三桩等资料准确。在管道对组焊接未回填前采集了焊缝精确位置数据。
(8)施工阶段制定合理试压方案,避免由于试验压力不足或超压、稳压时间过短等情况可能给运行带来的隐患,试压记录录入数据管理系统。

(二)施工阶段完整性数据

国家和行业相关法规标准明确了对建设施工阶段的管道完整性数据进行采集,企业规定了所属油田三类集输管道施工阶段完整性数据采集内容,包括管道属性数据、环境及人文数据、管道建造数据,见表5-6。

(1)管道属性数据,主要包括中心线数据、基础数据等。例如:起始点、结束点、测量控制点、壁厚、设计温度、设计压力、设计流量、弯管类型、压力试验、管材、管径、三通、弯头、焊口、防腐层、补口材料、缺陷记录等数据。
(2)管道环境及人文数据,主要包括地理信息数据、侵占数据等。例如:行政区划、地理位置、土壤信息、水工保护、附近人口密度、建筑、三桩、海拔高度、交通便道、环保绿化、穿跨越、管道支撑、道路交叉、水文地质、降水量、航拍和卫星遥感图像等数据信息,还包括管道周边的社会依托信息,例如:政府机构、公安、消防、医院、电力供应和机具租赁等数据。
(3)管道建造数据,主要包括阴极保护系统数据、设施数据等。例如:管子制造商、制造日期、施工单位、施工日期、连接方式、工艺及检验结果、阴保的安装、管道纵断面图、埋深、土壤回填等数据。

表 5-6 三类管道的数据采集内容和要求

编号	数据类型	数据项	Ⅰ类管道	Ⅱ类管道	Ⅲ类管道
1	管道属性数据	中心线数据	√	√	√
2		基础数据	√	√	√
3	管道环境及人文数据	地理信息数据	√	√	区域采集
4		侵占数据	√	√	区域采集
5	管道建造数据	阴极保护数据	√	√	不要求
6		附属设施数据	√	√	不要求

1. 数字地图要求

(1) 1:250000 及更小比例尺数字地图。

地图覆盖管线(含支线)两侧各 50km 范围。地图包含行政区划、公路、铁路、水系、居民地、等高线等基础地理图层和 DEM 数字高程模型。数字地图标准依据国家同比例尺地图的分层、属性、编码标准,见 GB/T 20257 和 GB/T 20258。

(2) 1:25000~1:100000 数字地图。

覆盖管线两侧各 2km 范围。地图包含行政区划、公路、铁路、水系、居民地及设施、植被与土质、地震带、等高线、DEM 数字高程模型等基础地理图层。数字地图标准依据国家同比例尺地图的分层、属性、编码标准,见 GB/T 20257 和 GB/T 20258。

(3) 1:2000~1:25000 数字地图。

天然气管道根据 SY/T 6621—2016《输气管道系统完整性管理规范》的潜在影响区域计算结果,覆盖范围大于潜在影响区域。主要包含行政区划、公路、铁路、水系、居民地及设施、建(构)筑物、植被与土质、土地及植被、地震带、等高线、DEM 数字高程模型等基础地理图层、应急资源、站场、阀室、桩等数据层。数字地图标准依据国家同比例尺地图的分层、属性、编码标准,见 GB/T 20257 和 GB/T 20258。

2. 中心线测量要求

(1) 管道中心线带状地形图成图比例尺为 1:1000。

(2) 中心线采集中采集钢管、焊缝的属性。

(3) 建设期采集:管道中心线测量在管道下沟后、回填前进行,采用环焊缝处管道顶点、弯头转角点和穿越出入地点为准测定管线点坐标和高程,并采用全站仪测量或者 GNSS 的 GPS 实时动态测量、GPS 后动态测量方法测量管顶经纬度及高程,具体要求见 CH/T 2009—2010《全球定位系统实时动态测量(RTK)技术规范》。

(4) 管道桩测量成图比例尺等要求见数字地图要求:

① 建设期到运营期桩号变更、运营期内的桩号变更有变更记录表;

② 对建设期桩,每套桩号提交桩号、坐标;

③ 桩测量做好测点编号,并建立编号和桩号对应关系。

(5)站场、穿(跨)越采集要求成图比例尺为1:500。

(6)测量的其他技术要求,执行GB/T 50026—2007《工程测量规范》(附条文说明)和GB/T 50539—2017《油气输送管道工程测量规范》的规定。

(7)提交成果按照站列进行组织:

①发球筒与管道的连接点一定是一个站列的起点;收球筒与管道的连接点一定是一个站列的终点。

②站列和管网为多对一的关系。

③建设期的进站和出站采用进站和出站法兰,采集中补充法兰到收发球筒盲板之间的管道。

④成果最小单元为两个阀室的间距,按照里程顺序提交,通过关联字段建立前后联系。

3. 属性采集

(1)附属设施。

①管道设施测量获取管道沿线设备设施的位置和属性信息。

②测量包括以下要素:收发球筒、水工保护设施、阴极保护设施(阴保地床、阴保电缆、阴保电源、牺牲阳极、阴保通电点)、小型穿跨越、场站边界、阀室边界。

③对于建筑阻挡等原因难以测量的设施,结合设计资料,使用测距仪、皮尺等设备进行测量成图。对于定向钻、隧道等无法测量部分,对设施起点、终点进行测量,同时结合原始设计图纸(由运营公司提供)在内业完成无法测量部分管道中心线成图。

水工保护设施窄边宽度不小于1m的采集为面状要素,否则采集为线状要素。

(2)外部管道及公用设施。

①外部管道及公共设施测量获取管道沿线第三方管道和公共设施的位置信息。与管道交叉按照地下障碍物范围要求采集,其他并行情况、地上按照高后果区要求范围采集。

②采集包括以下要素:线状要素包括地下电力电缆、污水管道、自来水管道、地下电话电缆、光纤、电视电缆、高架电力线路、高架电话线、光纤、外部输油管道、外部输气管道、索道、实体墙、栅栏、地下障碍物;点状要素包括:油井(抽油机)、气井、电力变压器、建筑物和构筑物。

③采集范围满足图5-16要求。

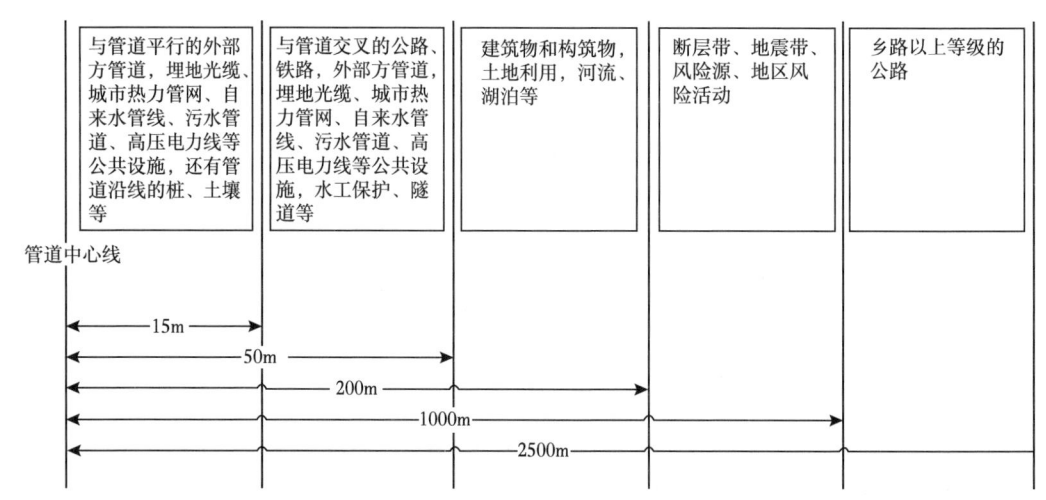

图5-16 管道中心线两侧环境信息

三、试运行阶段完整性管理

试运行阶段需要进行管道基线检测,目前尚缺乏集输管道的基线检测标准和规范,在国内外长输管道基线检测基础上,龙王庙气田制定了集输管道的基线检测方法,主要为内检测和直接评价两种技术方法,通过基线检测,确定管道施工质量,明确管道的基础风险。

(一) 内检测

内检测方法是一种多用途的完整性评价方法,它可以使用各种不同的内检测工具开展相应检测,检测工具可以分为以下几类:几何变形检测器、金属损失检测器(包括)、裂纹检测器、测绘及应变评估检测器。气田集输管道内检测推荐Ⅰ类管道实施。检测流程和技术要求可参考 SY/T 6597—2018《油气管道内检测技术规范》。

(二) 直接评价

1. 内腐蚀直接评价

含硫气田管道内腐蚀趋势强,由于 H_2S 的高毒性,失效后果相比非含硫气管道更严重。因此,对含硫管道的腐蚀管理始终是油气田管道管理的重点。含硫管道介质中存在 H_2S、CO_2 等酸性气体,腐蚀的不确定性和复杂性使得含硫管道内腐蚀管理难度非常大。由于采集气管道管径小、曲率大、大部分出入端无收发球装置,限制了内检测技术在该类管道上应用。气田集输管道输送介质气液体积比大都超过 5000,实际应用中大都采用了湿气管道内腐蚀直接评价方法。评价流程和技术要求参考 NACE SP0110《湿气管道内腐蚀直接评价方法》和 SY/T 0087.2—2012《钢质管道及储罐腐蚀评价标准 埋地钢质管道内腐蚀直接评价》。

2. 外腐蚀直接评价

含硫气田集输管道的外腐蚀受土壤电阻率、水、离子含量、pH 值等影响,且相互间阴极保护系统可能带来杂散电流干扰。由于输送介质含水,易造成绝缘接头内部导通,使阴极保护系统异常或故障。因此,在进行外检测时着重检测防腐层性能、阴极保护有效性、外部环境腐蚀性。

在方法应用上与长输管道无过多区别,检测评价方法参考 NACE RP0502《管道外腐蚀直接评估方法》、SY/T 0087.1—2018《钢制管道及储罐腐蚀评价标准 第 1 部分:埋地钢质管道外腐蚀直接评价》、GB/T 21246—2007《埋地钢质管道阴极保护参数测量方法》等标准。

(三) 风险及高后果区管理

1. 风险评价

1) 风险评价方法

根据气田集输管道特点,在常用的肯特法基础上,优化完善了部分评价指标,使指标项更符合国内管道运行现状。龙王庙气田根据集输管道特征,研究形成了一套集输管道风险评价指标体系,对Ⅰ类管道采用肯特法,Ⅱ类管道采用简化的肯特法、Ⅲ类管道采用风险矩阵法。

简化肯特法是在原肯特法指标体系下,优选符合集输管道评价指标,减少了资料量和评价所需时间,能够满足Ⅱ类管道风险管理要求。风险矩阵法即检查表法,通过专家系统给出管道风险评价指标,技术人员按照给出的表单进行评分,最终获取Ⅲ类管道初步风险等级,极大简化了风险评价的复杂性,同时满足Ⅲ类管道的管理要求。

以肯特法为例,介绍风险评价技术在集输管道的应用,其评价模型如图5-17所示。

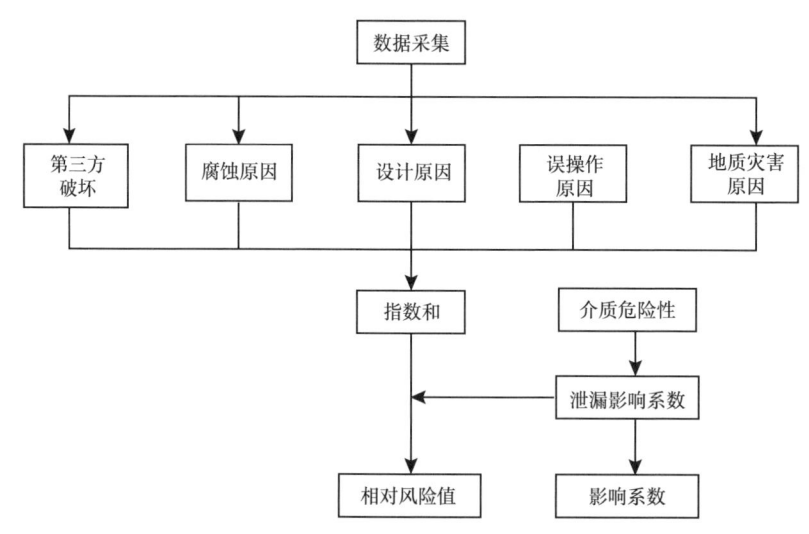

图5-17 风险评价模型

2) 数据收集

各类风险评价方法都需要获取大量的评价数据,包含管道设计资料,如管径、壁厚、管材型号及执行标准、输送介质、设计压力、防腐层类型、管道里程、管道穿跨越、阀室等;管道施工资料,如敷设方式、补口形式、施工及检验记录、竣工验收记录等;管道运行资料,如运行年限、里程桩及其他地面标识、安全防护措施、历史失效和事故情况、当前及历史运行情况、腐蚀与防护情况、检验和维护情况(包括各类管道检测评价报告)等;管道沿线环境资料,如地形地貌特征描述、建(构)筑物分布、人口密度及地区等级、进出气支线及气源与用户情况、土壤性质与气候条件、沿线社会治安情况等;其他相关信息。

3) 管道分段

考虑高后果区、管材、管径、压力、壁厚、防腐层类型、地形地貌、站场位置等管道的关键属性数据,比较一致时划分为一个管段(图5-18)。在出现变化的地方插入分段点。分段时考虑成本开支和期望的数据精度。

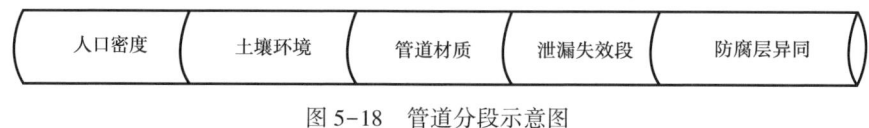

图5-18 管道分段示意图

4) 风险计算

失效可能性得分=第三方损坏得分+腐蚀得分+设计与施工缺陷得分+运行与维护误操作得分+地质灾害得分。

泄漏影响系数:

$$泄漏影响系数 = 管输介质危害性 \div 扩散系数$$
$$管输介质危害性 = 当时性危害 + 长期性危害$$
$$当时性危害 = N_f + N_r + N_h$$
$$扩散系数 = 管输介质泄漏率 \div 人口密度$$

按照管道风险评价国际通用指标体系评分法的计算法则,相对风险分值可按如下计算:

$$相对风险分值 = 指标总和 \div 泄漏影响系数$$

完成各管段分级或评分及风险值或分级计算后进行计算结果汇总,同时绘制直观的图表来展示风险值。

2. 高后果区识别

高后果区指如果管道发生泄漏会严重危及公众安全和(或)造成环境较大破坏的区域。随着管道周边人口和环境的变化,高后果区的位置和范围也会随着改变。气田集输管道高后果区识别基本沿用了长输管道的识别方法。

高后果区识别收集以下资料:管道名称、管道规格、管道设计压力(MPa)、管道最大允许操作压力(MAOP)(表压力)(MPa)以及反映管道走向的资料。

通过影像资料和现场踏勘确定沿线人口密度,并按居民户数和(或)建筑物的密集程度等划分等级,划分要求按照 GB 50251—2015《输气管道设计规范》执行。同时识别沿线特定场所,如人口聚集的广场、学校、医院、车站等。在潜在影响半径内,管道途经的三级、四级地区和特定场所区域即为高后果区,具体如下:

(1)管道经过的四级地区。
(2)管道经过的三级地区。
(3)如果管径不小于762mm,并且最大允许操作压力大于6.9MPa,其天然气管道影响区域内有特定场所的区域。
(4)如果管径小于273mm,并且最大允许操作压力小于1.6MPa,其天然气管道影响区域内有特定场所的区域。
(5)其他管道两侧各200m内有特定场所的区域。
(6)除三级、四级地区外,管道两侧各200m内有加油站、储气库等易燃易爆场所。

根据 SY/T 6621—2016《输气管道系统完整性管理规范》,对于燃烧爆炸的潜在影响半径,按式(5-1)计算:

$$r = 0.99\sqrt{D^2 p} \tag{5-1}$$

式中 D——管道外径,mm;
p——管段最大允许操作压力,MPa;
r——受影响区域的半径,m。

四、龙王庙集输管道完整性管理实践

龙王庙气田在借鉴国内外完整性管理先进做法基础上,率先开展了大型整装气田的集输管道基线检测,建立了龙王庙集输管道完整性管理基础信息,为持续推进完整性管理,保障管道安全运行奠定了基础。

(一)龙王庙集输管道现状

龙王庙气藏地面集输管道介质为含硫湿气,输送压力 6.4MPa 左右,内腐蚀防护措施有腐蚀探针监测、加注缓蚀剂、定期清管,外腐蚀防护采用 3PE 防腐层和外加电流阴极保护。管道敷设环境为典型川中丘陵地带,水田、山坡和旱地交错,沿线人口密度小,通常为一、二类地区,建设开发较少,部分敷设地带易发生小型地质灾害,如水毁、滑坡等。

(二)完整性管理数据

收集设计和建设期管道基础数据,建立管道信息台账,包括管道名称、管径、长度、输送介质等数据(表5-7)。管道中心线是数据整合的重要基础,其精度直接决定管道数字化水平(表5-8)。龙王庙地面集输管道建设期回填前以相邻管节之间的焊缝作为特征点,测量了焊缝的平面坐标和高程,焊缝坐标总数达44000余个。沿线调查管道设施数据,包括标志桩、测试桩、警示牌、套管、第三方交叉管道、水工保护、穿跨越、阴极保护设施等描述和测量(表5-9)。除对管道设施调查外,还应调查管道外部环境,包括地区等级、特定场所、地灾敏感点等。共采集埋深、三桩一牌、浮露管、穿跨越坐标13000余个。

表5-7 管道基础信息数据收集

生产单位	管线名称	管段名称	起点名称	终点名称	管径	壁厚	长度	管材	制管方式	防腐材料	阴保方式	设计输量	设计压力	投运时间	传输介质	干气或湿气	是否含硫	管线功能	运行状态

表5-8 中心线焊缝信息

生产单位	管道名称	管段名称	环焊缝焊接编号	绝对里程	相对里程 桩号	相对里程 相对距离	位置信息 X	位置信息 Y	位置信息 Z	施工日期	记录人

表5-9 管道沿线敷设环境调查结果表

浅埋段(处)	测试桩(个)	标示桩(个) 里程桩	标示桩(个) 偏桩或倒桩	露管(处)	穿越(处)
92	306	3085	545	21	558

(三)风险评价

对40条管线开展了基于肯特法半定量风险评价,评价结果为:无高风险和较高风险管段;中风险管段占12.3%;低风险管段占87.7%。面临的主要风险因素为第三方破坏、腐蚀、地质灾害。对处于高后果区域的Ⅰ类集气管道进行了定量风险评价,确定了试采干线两段个人风险和1段社会风险偏高区域。以龙王庙东集气干线为例,相对风险分值在85.32~181.93之间,评价结果如下(图5-19):

(1) 无高风险段;
(2) 无较高风险段;
(3) 中等风险 2 段,长度为 1.81km,占 19%;
(4) 无较低风险段;
(5) 低风险 9 段,长度为 7.72km,占 81%。

图 5-19 管线风险结果图

管线面临的主要风险因素是腐蚀与第三方破坏,结果如下:

第三方破坏:现场调查发现管道沿线露管,位于第二分段中 K0+976m 处,露管长度 3m,防腐层已破损;在 K8+516m 周边为人口聚集区,有从事农业活动和建设活动。该项的分值范围值为 60.40~73.28 之间。

腐蚀:内腐蚀方面,输送介质为含酸性气体(H_2S 和 CO_2)的湿原料气,H_2S 分压为 0.0311MPa(大于 0.0003MPa),CO_2 分压为 0.1417MPa(大于 0.05MPa),CO_2 和 H_2S 分压比 4.55(小于 20),采出水矿化度最大值 16904mg/L(Cl^- 含量 10873mg/L),因此该管线可能存在以 H_2S 腐蚀为主,CO_2 和盐类加速腐蚀的内腐蚀。外腐蚀方面,管道沿线土壤腐蚀性为中,1#开挖点管体有棕色均匀锈渍,存在外腐蚀可能性,该项的分值范围为 66.6~68.8 之间。

针对高后果区域的 I 类管道需进行定量风险评价(QRA),例如在龙王庙试采干线联合站周边的人口密集区域开展定量风险评价(QRA),确定了试采干线两段个人风险和 1 段社会风险偏高区域,并对该区提出了制定泄漏和爆炸的应急预案(图 5-20)。

(四)高后果区识别

按照高后果区识别标准,对 40 条管道进行高后果区识别,确定识别半径为管道两侧各 200m 范围内的三、四级地区或特定场所。通过现场调查,沿线共识别出 6 条管道存在高后果区,部分结果列于表 5-10。

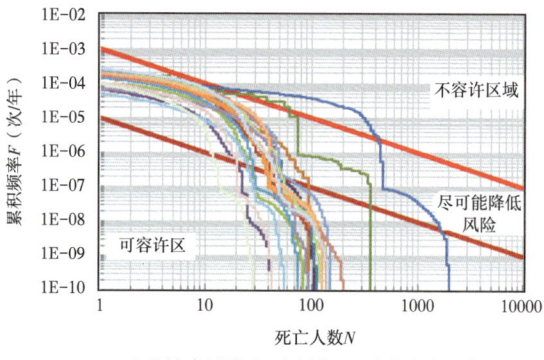

(a) 人个风险(黄色线死亡概率 $3×10^{-6}$/a, 橙色线 $1×10^{-5}$/a)　　(b) 社会风险(F 为频率, N 为伤亡人员数)

图 5-20　试采干线定量风险评价结果

表 5-10　高后果区识别结果

序号	管道名称	起止位置	风险等级	评价时间	高后果区长度(km)	高后果区特征
1	试采干线		中等	2015 年 6 月	0.597	四级地区(常住人口大于 100 户)/特征场所Ⅰ(幼儿园)
2	试采干线		中等	2015 年 6 月	0.986	四级地区(常住人口大于 100 户)/特征场所Ⅰ、Ⅱ(小学、中学)

(五) 内检测

Ⅰ类集气管道——试采干线实施内检测。该管道设计压力 7.5MPa, 管道规格 D406mm× 10(11)mm, 长度为 23.6km, 输送含硫湿气, 材质为 L360NS 抗硫无缝钢管。目前运行压力 6.2MPa 左右, 输送量 $260×10^4 m^3/d$。

通过内检测实施, 共检出本体缺陷 5918 个, 在此基础上开展智能检测后评估, 开展内、外部金属损失、凹陷分布、腐蚀增长速率、缺陷评估等技术分析, 确定了 2~5 年后腐蚀增长量和缺陷剩余强度评价, 据此制定缺陷修复周期和方案(图 5-21 至图 5-24)。

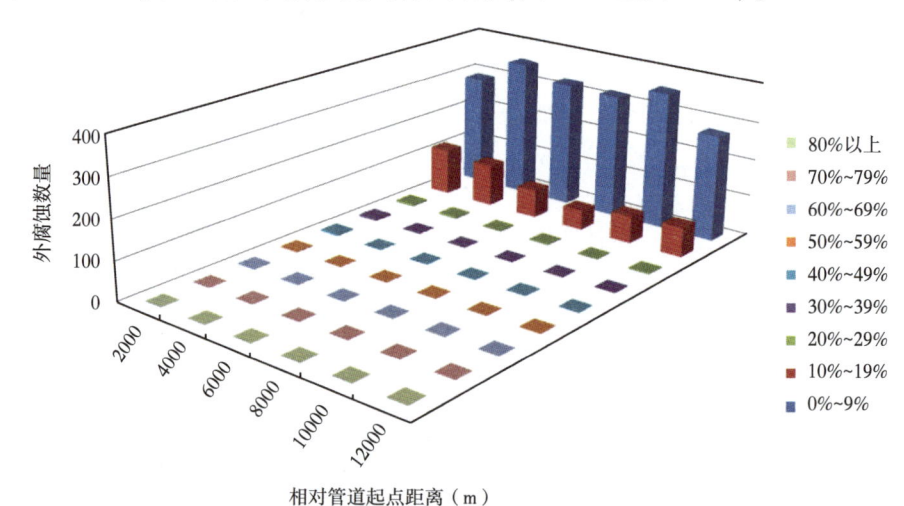

图 5-21　外部金属损失深度分布统计

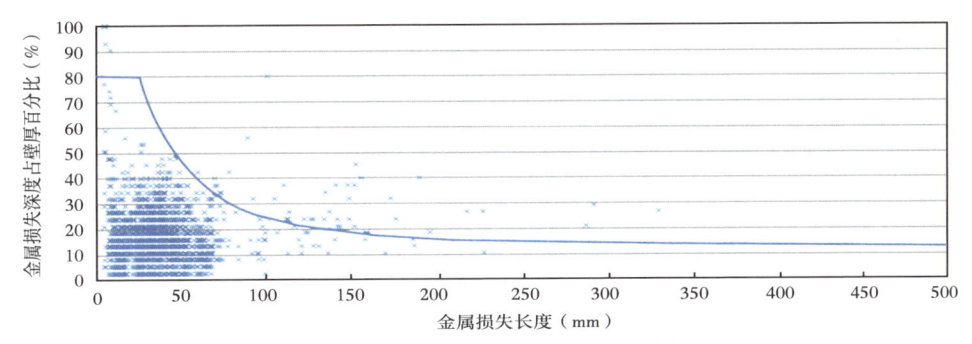

图 5-22　5 年外部金属损失严重性分析

图 5-23　内检测现场实施

图 5-24　内检测开挖验证

（六）外腐蚀检测

龙王庙集输管道外腐蚀防护措施主要采用 3PE 防腐层和外加电流阴极保护。通过对 40 条集输管道（265km）防腐层检测，共发现 319 个破损点，防腐层整体评价为 Ⅰ 级，绝缘性能良好；开挖直接检测，防腐层破损处金属未发生明显腐蚀，得益于运行良好的阴极保护系统，以及该地区土壤腐蚀性属中等（图 5-25 和图 5-26，表 5-11）。

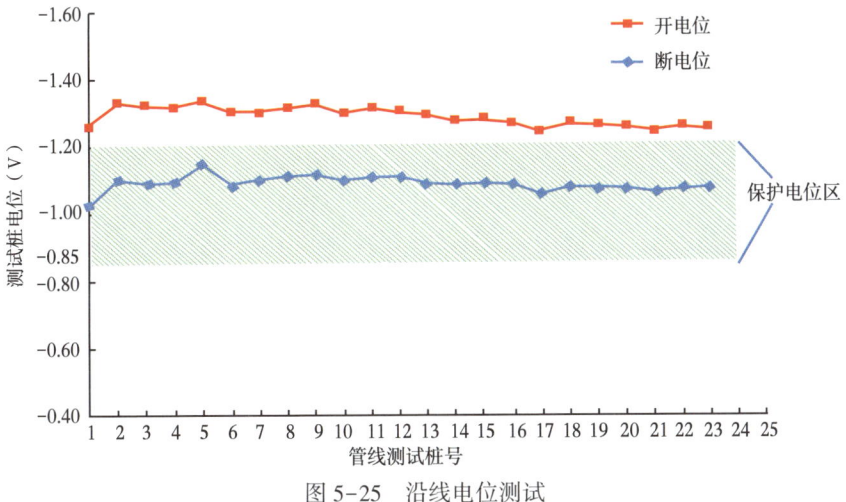

图 5-25　沿线电位测试

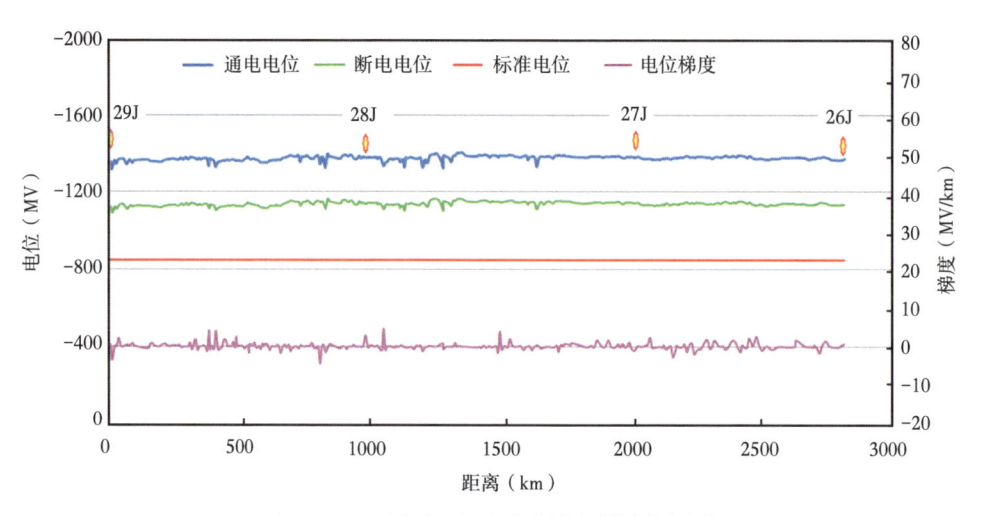

图 5-26 密间隔电位和直流梯度测试结果图

表 5-11 土壤理化性能测试和评价

指标项	土壤电阻率 （Ω·m）	自然电位 （mV）(CSE)	氧化还原电位 （mV）	pH 值	土壤质地	土壤含水 （%）	土壤含盐量 （%）	Cl^-含量 （%）
测试值	53	−650	240	7.85	壤土	18.9	0.3	0.0012
评分	0	5	1	1	1.5	5.5	2	0

注：土壤腐蚀性指标评分：N = 0+5+1+1+1.5+5.5+2 = 16，11<N≤19 属于第 3 等级，土壤腐蚀性为中。参见 GB/T 19285—2014《埋地钢质管道腐蚀防护工程检验》。

经开挖检测防腐层漏损点，检查出焊缝补口处防腐失效，并使用黏弹体和聚乙烯外护带进行了修复（图 5-27）。

图 5-27 防腐层破损点开挖检测及修复

通过防腐层、阴极保护、环境腐蚀系统检测,获得了防腐层绝缘性能、管道极化水平、外部杂散电流和土壤腐蚀性数据,综合评估龙王庙集输管道外腐蚀程度为轻,属于可控范围。

(七)维修维护

维修维护主要根据运行管理、内检测、直接评价、地质灾害分析出问题开展应对措施。

内腐蚀控制:立即维修或更换内检测发现的超标缺陷,根据腐蚀速率分批维修内检测识别的其他缺陷。采气井口定期加注缓蚀剂,评估缓蚀效果;Ⅰ类管道宜实施内腐蚀监测系统,长期评估介质对金属的腐蚀程度。Ⅰ、Ⅱ类管道制订清管计划,包括清管流程、周期、清管污物分析。定期监测Ⅱ、Ⅲ类管道的内腐蚀敏感点。

外腐蚀控制:立即修复大面积破损的防腐层,使防腐层绝缘电阻值达到标准要求,当阴极保护有效时,可暂缓修复Ⅱ、Ⅲ防腐层缺陷。立即整改阴极保护故障,使阴极保护设施达到设计条件,管道极化水平达到$-0.85V_{(CSE)}$的标准要求。若管道受到杂散电流干扰,应根据杂散电流的类型制订下一步排流措施。

运行管理:维护管道沿线的"三桩一牌",使管道路由清晰可辨,防止第三方破坏。制订管道巡线计划,高后果区一日一巡,非高后果区一周一巡,与村镇代表组成联合保护小组与管道沿途土地所有人进行沟通,增强公众管道保护意识。结合完整性管理六步循环技术要求,制定员工培训计划。

(八)效能评估

每年定期开展内部审核,评估完整性管理实施效果。内部审核一般由上级主管部门和技术支撑单位组成审核小组,通过审核组查阅相关文件和记录,以及同相关人员访谈等方式,从完整性管理6个方面考察基层单位上一年度执行完整性管理方案的完成度和实施效果。审核依据为《完整性管理评分细则》,按照审核体系中各程序的平均得分率,将完整性管理水平划分为10级,具体见表5-12。

表5-12 完整性管理分级列表

评分等级	1	2	3	4	5	6	7	8	9	10
单一程序最低分(%)	10	15	20	25	30	35	40	50	60	70
平均得分率(%)	20	30	40	50	60	70	70	80	80	90
等级	初级	初级	初级	初级	中等	中等	良好	良好	先进	先进

龙王庙气田集输管道效能评估于2015年启动实施,已经陆续开展了2年内部审核。每年按计划对基层单位完整性管理方案、大修完成情况、地面适应性分析进行审核。通过不断完善管道管理流程,精细检测评价计划,细化考核细则,促进了龙王庙运营单位完整性管理的持续提升,审核评分逐步升高,由2014年56分上升到2015年77分,顺利保障了龙王庙气田安全高效开发。

第三节　龙王庙含硫气田快速应急管理体系

一、安全应急保障体系

(一)危险有害因素分析

如何防止对站场、管道和净化厂建设、生产运营和检维修全过程中造成严重人员伤亡、较大社会影响和重大财产损失的事故发生,以及上述事故发生后如何采取有效的应急措施,是磨溪龙王庙组气藏开发工程应急保障体系建设重点。对重大事故的辨识,可用于评估应急预案中对工程风险识别是否充分;对重大事故原因的分析,可以为采取有效的控制措施提供依据。

1. 天然气站场

施工过程中分离器等大型设备吊装、动土作业中土、岩滑动,以及触电可能导致严重的人员伤害。在天然气站场生产过程中,井口装置失控、站内设备管道损坏导致大量天然气泄漏,可能引发火灾、爆炸和人员中毒。在天然气站场检维修过程中,设备检修打开,隔离失效操作失误,可能因天然气泄漏引发火灾、爆炸和人员中毒;FeS自燃、空气置换不完全,可能导致火灾、爆炸事故。

对无人值守站场,监控不到位,远程操作失效及在事故发生时人员不能及时赶到站场,均可能导致较为严重的事故发生。

2. 采气、集气、气田水输送管线

管线施工动土作业中土、岩滑动,管沟塌方,布管过程中吊装及抬管下沟操作失误,以及触电可能导致严重的人员伤害。在管道试运行过程中,空气置换不彻底,可能引发火灾、爆炸和中毒事故。清管发球过程中,卡球可能导致超压损坏管道,造成天然气泄漏。在管道运营过程中,由于腐蚀、第三方破坏及自然灾害导致的管线损坏,天然气泄漏引发火灾、爆炸和中毒事故。检修作业时,在进行管段动火检修时,可能会因空气吸入管段内(硫化铁自燃),管道隔离失效等原因,造成火灾、爆炸。检修结束后,空气置换不彻底,可能引发火灾、爆炸和中毒事故。管道巡检不到位、远程监控失效及站场通讯不畅及交通不便,可能导致事故发生后不能得到及时处理,事故后果更为严重。

3. 天然气净化厂

施工过程中脱硫塔、脱水塔等大型设备吊装操作失误可能导致严重的人员伤害。碰管时隔离措施不当,可能发生火灾爆炸事故。施工与生产的交叉作业管理和沟通不畅,人员误操作可能造成人员伤害、火灾、爆炸、人员中毒、装置停产等。净化厂生产过程中,高压气体窜入低压系统,设备超压损坏导致天然气泄漏,可能出现火灾、爆炸和中毒事故。锅炉超压可能导致爆炸和人员烫伤。管线、设备因腐蚀或质量问题导致天然气泄漏,可能出现火灾、爆炸和中毒事故。硫黄成形装置和仓库因人员违规导致火灾、爆炸事故。检修过程中,设备打开 FeS 自燃,动火施工设备管线隔离失效,进入有限空间作业防护不到位,管线和设备空气置换不完全,均可能导致巡检不到位、火灾、爆炸、人员中毒等事故。现场监控失效,仪表控制信号失真、自动控制系统报警功能失效,以及远程控制系统失效,可能使事故扩大。

4. 自然灾害

根据龙王庙气藏所处地理位置,气藏开发主要应考虑滑坡、泥石流、雷击、山火等自然灾害造成的危害。此外,管道河流穿越还应充分考虑洪水对管道的影响。

通过对磨溪龙王庙组气藏开发工程危险有害因素辨识及分析可知,系统中存在的大多数危险有害因素不会直接导致重大事故的发生;除自然灾害类重大事故,生产类重大事故均由初始事件(或事故)在一定条件发展成重大事故。这一特点符合海因里希法则。1931年美国的海因里西统计了55万件机械事故,从而得出一个重要结论,即在机械事故中,死亡、重伤、轻伤和无伤害事故的比例为1:29:300。对于不同的生产过程,不同类型的事故,上述比例关系不一定完全相同,但这个统计规律说明了在进行同一项活动中,无数次意外事件,必然导致重大伤亡事故的发生。要防止重大事故的发生必须减少和消除无伤害事故,要重视未遂事件和事故隐患的控制。

(二)应急保障需求分析

磨溪气田龙王庙组气藏开发工程具有以下特点:天然气快速上产,建设节奏快,产能规模大,气藏为中含H_2S、低—中含CO_2的高温高压高产能气藏,数字化气田建设与气藏开发同时进行。天然气站场、管线、净化厂在同一区域内相对集中,且工程设计与建设按气田整体开发模式统一布局,站场、管线、净化厂之间相互关联、相互影响。

此外,本工程开发区域内井站周边及管道沿线人居稠密,部分场站和管线距场镇、医院、学校及其他公共设施较近,社会环境较为复杂。与国内外其他高压气藏相比,龙王庙组气藏开发工程区域内井站周边及管道沿线,交通发达,人居稠密。根据2015年统计数据,气田开发区域所在的磨溪镇人口密度553人/km²,而同处于四川盆地的普光气田所在的普光镇人口密度为335人/km²,元坝气田所在元坝镇人口密度为472人/km²。开发区域内部分场站和管线距场镇、医院、学校及其他公共设施较近,社会环境较为复杂。

因此,为防止重大事故的发生,本工程应急保障系统应满足以下条件:采取针对性措施控制系统中危险有害因素;能有效管理系统中存在的隐患(对危险有害因素的控制措施失效),防止初始事件的发生;当紧急情况发生时,能采取有效监控手段及时发现初始事件(紧急事件),并制定和采取有效的应急处置措施,防止重大事故的发生。以预防事故发生为目的采取的工艺和监控措施,是本工程应急保障体系的重要组成部分。

(三)应急保障组织机构

龙王庙气田开发过程中,认真贯彻落实国务院、四川省政府和中国石油集团公司关于保障工程建设安全、气田安全生产、HSE管理和应急预案体系建设的指示精神,结合龙王庙气田开发工程实际,在充分进行危险源辨识和周边环境调查的基础上,编制了总体应急预案、单项活动应急预案、专项应急预案、各建设、生产单位突发事件应急处置程序及单项活动应急预案,以及岗位(班组)应急处置卡。预案中,对井喷、管线泄漏、天然气净化厂和生产场站装置泄漏等可能造成区域性影响的事故,进行重点辨识,并针对性地提出应急措施。

按相关法律、法规和标准应急救援体系编制要求,对龙王庙组气藏已投产工程,龙王庙建设项目组编制了《安岳气田磨溪区块龙王庙组气藏已投产300万试采系统突发事件应急处置程序》，以及《集气总站岗位应急处置卡》《西区集气站岗位应急处置卡》《东区集气站岗位应急处置卡》《磨溪 8 井岗位应急处置卡》《磨溪 9 井岗位应急处置卡》《磨溪 10 井岗位应急处置卡》《磨溪 11 井岗位应急处置卡》《磨溪 12 井岗位应急处置卡》《磨溪 13 井岗位应急处置卡》《磨溪 204 井岗位应急处置卡》《磨溪 205 井岗位应急处置卡》《磨溪 009-X1 井岗位应急处置卡》等 29 个井站的岗位应急处置卡，根据各井站生产现状，分别对各井站可能出现的事故和风险进行辨识，并根据辨识结果，制定站场应急控制措施并配备救援物资。

磨溪龙王庙天然气净化厂运行项目部编制了《磨溪龙王庙天然气净化厂突发事件应急预案》，包括 13 个现场处预案，1 个现场处置方案，4 张事故处理卡、14 张异常处理卡，对可能出现的事故和风险进行辨识，并根据辨识结果，制定龙王庙天然气净化厂应急控制措施并配备救援物资。

在应急资源配置方面，磨溪龙王庙天然气净化厂建设了气消防中心，建二级消防站，消防站编制 29 人，其中指挥员 2 名、战斗员 18 名、驾驶员 7 名、电话员 2 名，共配备消防车 5 台（RY5272XFPM120G 型泡沫消防车 1 台，SX5300JXFJP16 型多功能泡沫消防车 1 台，SL5140XZHQ 通信指挥消防车 1 台，SJD5140TXFQ75W1 型抢险救援消防车 1 台，SJD5140TXFGQ78W 型供气消防车 1 台）。生产及检维修基地位于龙王庙净化厂北侧。此外，各采气站、集气站均按要求配置便携式及固定式可燃气体和硫化氢气检测报警仪、灭火器、空呼、应急照明灯、风向标、警示带等应急设施；龙王庙净化厂在装置区设置消防水炮、喷淋系统、便携式及固定式可燃气体和硫化氢气检测报警仪、灭火器、空呼、应急照明灯、风向标、警示带等应急设施。净化厂 10kV 装置变电所旁，还设有防毒抢险庇护所。气田建设覆盖整个开发区域的通信网络。气田配备救护车，并与周边医疗机构签订相关协议，保障应急需求。

(四)应急保障体系特点

根据上述龙王庙组气藏开发危险有害因素分析结果及工程开发自然及社会区域特点，应急救援体系建设中突出了以下特点：

(1)工程应急救援体系建设，将龙王庙组气藏开发区域作为一个整体，既能满足各站场、管线、净化厂等危险源局部事故应急需求，同时也具备重大事故发生时区域应急能力。

在同一开发区域内，龙王庙组气藏开发工程的建设和生产必然与已建工程存在相互影响。在制定应急预案时，建设方和生产经营单位充分认识到事故发生时，危险源之间的相互影响，事故对周边环境的影响。

(2)工程应急救援体系建设，与工程开发同步进行。

龙王庙组气藏开发工程为整体区域开发工程，应急救援体系的建设、运行和完善，贯穿工程的整个生命周期。工程建设分期进行，工程设计与建设按气田整体开发模式统一布局。工程应急救援体系建设，与工程整体开发模式相匹配，在工程设计阶段就充分考虑应急救援体系建设，根据气藏开发的整体布局，全面考虑工程应急保障体系建设要求。

(3)在对工程进行全过程、全方位危险有害因素分析的基础上，有针对性地制定应急处置措施。

(4)龙王庙组气藏开发工程应急救援体系建设，充分结合龙王庙组气藏开发数字化气田的特点。

龙王庙组气藏数字化气田建设与气藏开发同时进行。信息技术与开发业务的紧密结合，搭建了对龙王庙气藏建设、生产进行统一安全管理的平台。应急救援体系建设在数字化预案、预警、报警和快速预警和应急指挥等方面充分发挥了数字化平台的优势。

二、大型含硫气田快速应急管理平台

（一）数字化气田安全应急平台

1. 三维地理信息系统

物联网、智能视频监控与三维建模、可视化融合技术，实现数据自动采集、场站自动巡检、无人值守。

GIS 图形导航与关联技术，利用 2D/3D GIS 实现空间数据导航和信息关联，提高勘探开发数据的应用效率和展示效果。

大范围三维场景实时渲染技术，综合影像金字塔模型、模型加载网格优化、可见性裁剪、自适应渲染等技术实现大范围三维场景的实时渲染。

系统首先通过卫星遥感或航拍技术建立包括场站、集输管线、净化厂、外输管线等区域的三维地景，然后对厂区、场站、管线等主要目标进行实体建模。建立了覆盖全气田工区范围的高精度三维地形地貌，在此基础将井站、站场与原料气管线周边 1km 范围内的单户居民与周边 2km 范围内的敏感目标定位入库。

包括采气设施周边 5km 范围内的应急救援力量及应急抢维修道路进行矢量化入库，实现了对系统计算确定疏散人员的短信群发快速通知功能。

2. 应急资源集成

龙王庙组气藏综合控制系统实现应急资源的综合集成与调配，包括以下主要数据：
（1）龙王庙总体及专项电子化应急预案；
（2）系统报警与联锁控制；
（3）井站、净化厂及气消防中心应急物资清单；
（4）气藏开发范围内危险源及周边敏感目标三维地理信息；
（5）气藏周边医疗机构信息；
（6）气藏周边消防机构信息；
（7）气藏周边政府及其他救援机构信息。

3. 远程控制系统

龙王庙组气藏综合控制系统以"数字化气田"DCS 和 SIS 系统为核心，实现对生产过程的监视与调控，能实现异常工况下的报警和连锁，能够提供有毒气体泄漏报警，对整个气田进行监视控制和生产调度管理。龙王庙组气藏开发工程单井站、丛式井站和远控阀室采用 RTU/PLC，集气站采用 RTU/PLC 和 SIS 系统；各站场设置了紧急截断装置和放空系统。通过龙王庙组气藏数字化气田前期工程的建设，已实现场站数据自动采集、自动巡检、无人值守；综合运用物联网、SOA、空间 GIS、三（四）维可视化、地质地理导航等先进技术，集成总部统建系统、油田自建系统，基于同一平台实现数字化气藏、数字化井筒、数字化地面，已建成并投入运行 17

个子系统,321个功能模块,采集整合了2万余份图档资料,系统集成了A1、A2、生产运行系统、录井数据库、生产实时数据平台等系统4000多万条数据,实现井筒、气藏和地面工程的全生命数字化周期管理。

龙王庙天然气净化厂控制系统依托于数字化平台。遂宁龙王庙净化厂采用DCS/SIS进行控制及联锁保护,同时设置FGS系统,用于可燃/有毒气体泄漏检测和火焰检测报警。龙王庙净化厂采用独立的冗余、容错并具有SIL3安全完整性等级的控制系统作为安全仪表系统(SIS),对净化厂各个工艺装置和设施实施安全监控,同时向DCS系统提供联锁状态信号,根据需要,可通过DCS系统对气田上游或下游的井站、集气站、阀室等进行安全联锁动作,对人身安全、设备及集输系统的正常运行进行保护和控制。龙王庙净化厂全厂紧急关断系统分为三级:一级关断:全厂关断;二级关断:装置关断;三级关断:设备关断。

(二)重大事故实时应急处置

系统建立应急状况的识别和响应机制,制定响应的应急预案,在应急突发时做出有效的响应。

龙王庙组气藏综合控制系统以"数字化气田"DCS和SIS系统为核心,实现对生产过程的监视与调控,能实现异常工况下的报警和连锁,能够提供有毒气体泄漏报警,对整个气田进行监视控制和生产调度管理。当紧急情况出现时,监控系统报警的同时,可通过装置自动联锁、远程控制和指挥现场操作人员实施现场处置,控制事故发展。

在出现事故险情,进行应急救援时,通过该系统可实现事故现场与各级调度中心同步通信,可在三维场景中将现场态势、分析得到的事故影响范围及后果、目前应急资源调配情况和现场部署等借助三维可视化平台展示给各级指挥中心和领导,达到信息直观传递与快速了解的目的,利于各级救援指挥部门联合制定救援措施、采取统一的救援行动、实时反馈救援信息。

系统充分整合了地形环境、生产工况、实时气象、周边人居、救援力量的应急会商平台。利用数学模型能够快速地动态模拟任一事故点的影响范围,从而辅助进行抢险部署、资源调配,合理下达疏散命令并及时预测事故发展态势,为应急救援的快速响应和科学决策提供支持。

第四节　龙王庙气藏开发质量监督管理

一、质量监督体系的形成与建立

(一)项目监督机构成立及资源配置

工程质量监督部门受理监督注册后,选派专业的监督人员组成项目监督机构着手开展对龙王庙组气藏开发工程的质量监督工作。项目监督机构包括总监督工程师以及涵盖工艺安装、无损检测、电气仪表通信、土建工程在内的专业配套的17名专业监督工程师。为便于管理,监督部门按照区域划分了净化厂工程监督组、内部集输工程监督组、道路建筑工程监督组,并任命了三名副总监督工程师担任监督组组长。此外,监督部门对监督工作所需要的电火花检测仪、光谱仪、硬度计等常规检测工器具、交通工具、数码相机、打印机等设备设施进行了资源配置,为质量监督工作的开展夯实了人员、物资基础。

(二) 监督工作准备

项目监督机构在总监督工程师组织下,在熟悉整体建设部署、施工图设计文件、施工组织设计、监理规划等文件的基础上,编制《龙王庙组气藏开发工程质量监督工作方案》。该方案通过了中国石油集团公司主管部门的审查,用于宏观指导项目监督机构开展质量监督工作。根据集团公司《石油天然气建设工程质量监督工作程序》《中国石油天然气集团公司工程建设项目质量监督管理规定》等规章制度以及审批的质量监督工作方案,项目监督机构在进一步熟悉施工质量检验计划和质量控制要点的基础上,编制了《龙王庙组气藏开发工程质量监督计划书》。监督计划书中对监督部门应抽查的质监点内容、频次和方法进行了明确。

(三) 监督工作实施

龙王庙组气藏开发工程开工前,项目监督机构召开了建设单位、勘察设计单位、施工单位、监理单位、无损检测单位等参加的监督交底会,向各参建单位明确了监督工作的性质、监督工作的依据、监督检查方式、质量问题处理方法等内容,并详细解释了监督计划书质监点设置情况以及各单位需配合的事项。

根据龙王庙组气藏开发工程建设的特点,及监督部门优化监督资源配置,开展了以内部集输工程巡视检查+净化厂工程驻场监督相结合的监督模式,同时对原材料及设备监造、工厂化预制、橇装装置工厂化制造等纳入监督工作范畴,确保了监督工作内容的深度和广度。监督工作过程中,监督人员以质监点核查、工程质量巡视抽查和专项大检查相结合的方式开展了质量监督工作。对查处的质量问题按照要求进行了分类处理,促进了工程建设水平的提高。

(四) 监督工作内部审核

为保证项目监督机构认真履职,质量监督部门抽调了其他专业监督骨干,按照监督管理规定、监督工作方案和监督工作计划内容,开展监督工作质量内部审核。重点审核监督工作程序执行情况、质监点检查到位情况、质量问题处理及闭环情况等内容,确保了监督工作满足要求。

(五) 监督工作外部监督和检查

龙王庙组气藏开发工程建设质量监督工作中,监督部门参加建设单位主持的工地例会,及时将监督情况向各被监督单位予以通报,并接受被监督单位的监督。同时,监督部门还将接受西南油气田公司基建管理部门组织的现场督导组以及相关部门的检查和指导。此外,集团公司工程质量监督总站组织集团公司监督系统内的专家对工程质量和质量监督工作开展情况进行检查。

质量监督体系的构建,为保障龙王组气藏开发工程质量监督工作的实施,打下了坚实基础。

二、承包商质量管理人员备案

(一) 承包商质量管理人员分析

在龙王庙组气藏开发工程建设中,以四川油建公司、蜀渝建安公司、四川华成监理公司为代表的主要承包商具有明确的组织机构、质量管理制度及各部门、岗位的工作职责。其质量保证体系通过了监理单位、建设单位的审查，保证了承包商质量管理体系基本健全。在工程建设阶段，承包商质量保证体系的有效运行是工程顺利实施的关键。

施工单位的项目经理、技术负责人、质量负责人及专业质量检查员，监理单位的总监理工程师、专业监理工程师、监理员等与工程质量密切相关的管理人员，其履职质量将直接影响着工程的建设水平。因此，将承包商主要质量管理人员纳入质量监管重点内容，是对承包商实施精准管理的重要举措。

(二) 质量管理人员备案制

1. 质量管理人员备案制的提出

龙王庙组气藏开发工程建设具有工艺复杂、施工难度大、建设工期紧等特点，对承包商质量管理水平提出了更高的要求。同时，主要承包商及其各分包商基层质量管理人员流动性强，质量管理技术水平参差不齐。以往的工程实践表明，在工程建设中承包商出现过未按照要求履职、质量管理人员数量不足、专业质量检查员及监理员变更频繁、现场监管不到位等质量问题。工程质量监督部门对大型工程建设的承包商监管的难度大，监管方法有限。

在此背景下，龙王庙组气藏开发提出了主要承包商管理人员备案制，通过加强对关键人员的管理，达到了监控质量保证体系有效运行的目的。

2. 质量管理人员备案制的具体举措

项目监督机构在质量监督交底会上提出主要承包商质量管理人员实施备案制。EPC总承包商单位、施工单位、检测单位、监理单位等主要承包商各级质量管理人员，在规定时间内，由本人持有效件到质量监督部门陈述其负责的岗位及相应岗位职责并签名备案。质量监督部门在核查承包商质量管理人员资格，并就其岗位职责内容进行交流后，对管理人员亲笔签名予以备案。

3. 质量管理人员备案制的益处

质量管理人员备案制，使质量监督管理部门与承包商各级质量管理人员尤其是基层质量管理人员"面对面"接触。通过承包商质量管理人员岗位陈述和工作交流，初步了解质量管理人员的业务水平，并对承包商在质量管理中投入的人力资源情况、质量管理工作界面等内容进行评估。质量监督部门将相关信息归纳整理后，进一步明确了工程质量监督管理要点。

在工程建设期间，将对承包商质量管理部门及质量管理人员现场履职情况，重要技术文件、方案、人员、机具报审，施工质量过程控制资料，监理资料签署等内容进行核查，确认质量计划中设置的各级质量控制点均有对应的质量管理人员负责。

(三) 工程实践

龙王庙工程建设中，工程质量监督部门共对19家承包商45名工程质量管理人员进行了备案管理。为便于对比分析，同时对5家纳入重点监管的承包商未实施备案管理。

龙王庙工程建设期间，已备案的与未进行备案的承包商项目部质量管理人员履职情况基本相同，但基层施工质量检查员的履职情况差别明显。已备案的承包商质量检查员基本按照要求对施工质量实施了监管，且在项目监督机构监督检查时能主动与监督人员进行沟通交流，质量管理水平持续提升。未备案的质量检查员中施工质量三检制履职不到位,关键质量控制资料签字不一致等问题出现频次相对较多,现场质量管理人员与监督人员主动性沟通意愿不强。

实践证明,实施工程质量管理人员备案制,对承包商基层质量管理人员履职情况促进明显。

三、预防式质量监督

工程建设施工阶段是质量问题产生的高发期,也是项目管理监控重点。如果仅实施质量问题形成后的被动式监管,工程质量问题得不到系统性治理,问题整改将会造成建设成本增加,影响工程进度,弊端明显。

龙王庙工程建设中,监督部门在总结龙王庙组气藏开发基本建设项目监督管理经验基础上,转变监督管理思路,创新质量问题事中控制、事后处理向事前预防转变,优化质量问题处理方式等管理方法,形成一套科学实用的工程建设预防式监管模式。

(一) 项目管理人员预防监管

龙王庙组气藏开发工程开工前,建设单位主管部门、监督部门对建设单位、监理单位、施工单位等项目管理人员组成情况进行了调研,发现项目管理人员的技术及管理水平参差不齐,部分人员对大型天然气净化厂等工程建设经验不足,业务水平需要进一步提高。为此,监督部门重点查找了项目管理人员施工质量管理技术水平欠缺、组织结构不健全等质量管理缺陷,有针对性地提出了整改及预防建议。同时,组织监督人员整理编制承包商质量管理、工程建设基本程序、工艺安装工程施工质量控制要点分析、电气仪表及自动化工程施工质量控制要点分析、土建工程施工质量控制要点分析等课件、案例,以多媒体授课,现场案例分享等方式对项目管理人员进行培训。开工前对项目管理人员进行培训,帮助项目管理人员梳理明确了工程质量控制要点,促进了现场质量管理水平的提升。

(二) 工程建设质量持续下滑预防监管

龙王庙组气藏开发工程建设中,监督部门采用差异化监管方式,通过对每日检查发现的质量问题统计分析,识别质量问题产生的高发部门和环节。监督人员帮助参建单位分析质量下滑的原因,并提出针对性的预防措施,防止断崖式质量下滑的迹象出现。例如,在工程建设中,监督人员发现土建分包商对钢筋绑扎工序质量管理不到位,施工质量出现下滑迹象,果断向建设单位发送工程质量警示通报,并召开了质量问题专项分析会,与建设单位、施工、监理单位共同分析质量下滑的原因,提出了整改建议和预防措施。通过预防式监督,及时将质量隐患消除在萌芽状态。

(三) 施工现场"低、老、坏"问题预防监管

龙王庙组气藏开发工程进入施工高峰期后,EPC总承包单位、监理单位管理力量被进一步分散。施工现场"低、老、坏"问题数量呈现上升趋势。针对此类问题,监督部门及时在项目周例会上进行通报,指出施工班组存在重进度、轻质量的苗头,施工作业队逐渐增多,EPC总承包质量部、现场专业质量检查员及监理人员的专业需要优化调整、人员数量需要增加。此外,监

督部门还给出了强化施工技术交底、加强班组管理和考核、开展针对性技术及管理培训、增加质量问题处罚力度等措施,遏制现场"低、老、坏"问题的持续发生,保障工程质量稳定受控。

四、零距离监督,融入式服务

(一)零距离监督与常规监督检查方式的对比

常规的监督检查采用间隔式抽查的方式,即根据工程进展情况,定期或不定期地对工程质量进行抽查。工程质量监督的性质和有限的质量监督资源决定了间隔式抽查是常规的检查方法。在此监督检查模式下,监督部门对上一检查周期监督检查发现的质量问题整改情况进行有重点的核查,对这一检查周期施工质量和各责任单位履职情况进行检查。间隔式抽查可对工程质量状况进行阶段性评估,监督效果良好。但在此监督模式下,可能存在质量隐患发现及处理不及时,后期整改难度、整改成本相对较大的特点。

零距离监督即项目监督机构采用驻守施工现场监督的模式,又称为驻场监督。在此监督模式下,监督人员可不间断地对工程质量进行巡视抽查。必要时,对关键工程质量控制点可采用全过程监督检查。检查间隔周期短,发现质量问题及时,质量问题整改难度、整改成本相对较低。零距离监督虽然占用监督资源多,但可及时将质量隐患消除在萌芽状态,保驾护航作用明显。

(二)零距离监督在现场质量监管中的实践

1. 原材料进场验收质量监督

传统的监督检查,受检查时间、检查实际限制,以查验原材料质量证明文件及报审报验资料、抽查原材料外观质量的检查方式为主,重点对施工、监理、物资采购等单位的履职情况进行监督。零距离监督模式下,监督人员对原材料质量的监督更加全面。在原材料进场时,项目监督机构实时监督原材料采购单位、建设单位、监理单位、施工单位等相关责任单位和人员履行原材料进场验收情况;检查原材料运输过程成品保护情况;按照设计文件、采购补充技术协议和标准规范对原材料质量证明文件进行核查,并使用硬度计、光谱分析仪、超声波检测仪、涂层测厚仪、游标卡尺等工器具对原材料质量进行抽检;检查施工单位库房环境及原材料堆放、保管质量;检查施工单位原材料进场复检、阀门试验及绝缘法兰绝缘性能检验及物资入库、出库管理质量。零距离监督将实体质量抽检和质量行为监督进行有机结合,监督效果提升明显。

2. 质量关键控制点监督

监督部门对质量关键控制点实施质监点报监制度,根据质量控制点的重要程度,在施工单位自检合格基础上,经监理单位确认后报向项目监督机构申请实施监督。由于监督资源等其他原因的限制,当监督人员未能及时进行监督检查时,施工单位可继续施工。监督人员事后抽查核对施工记录、监理记录及相应的影像资料以确认质量符合性情况。当发现存在问题时,监督人员有权利要求施工单位停止施工并进行整改。这种方式在常规的工程项目中是适合且有效的,也是石油天然气建设工程质量监督程序中推荐的做法。

3. 工程质量验收质量监督

传统的监督检查模式主要为事前和事后监督。事前监督是指在工程质量验收前,监督人员核查单位工程划分情况,抽查施工、监理单位编制的质量计划,确认质量验收程序、质量验收人员、质量验收内容及标准是否满足要求。事后监督是指在检验批项目验收后,听从施工、监理单位对工程质量验收工作的汇报,查阅质量验收会议纪要和验收记录。

以往的工程案例表明,石油天然气工程质量验收工作执行不认真,验收工作流于形式的现象较为普遍,个别项目中还存在将不合格检验批验收为合格的现象。零距离监督模式的优势是既可以对工程质量验收实施事前监督和事后监督,又可以实施事中监督。事中监督即是对具备验收条件的检验批或隐蔽工程按照拟定的验收方案,对原材料质量证明文件进行核查,对工程实体质量进行现场抽测,对相关的施工记录和影像资料检查情况进行跟踪监督,确保了验收方法和程序、验收人员资格、验收内容及合格标准均满足要求,促进了质量验收工作水平的提高。

(三)融入式服务对工程建设的推动作用

龙王庙组气藏开发工程建设中,监督部门监督与服务并重。既重视监督的作用,促进建设单位项目部、施工、监理单位等责任单位自身质量保证体系的良好运行,又重视对工程建设的服务质量。监督人员对检查发现的质量问题,通过认真分析,辨识出问题产生的直接原因、间接原因。在与导致问题产生的施工班组等直接责任者进行沟通、指导的基础上,也对施工项目部专业质量检查员、质量部负责人等相关人员履职情况进行追踪,从班组管理、制度建设、体系运行等多方面分析存在的管理漏洞,指导、督促责任单位对问题进行举一反三的整改。监督人员积极参加建设单位组织的每日工作对接会、每周工作生产会,及时掌握工程动态和工程中存在的薄弱环节。同时,监督人员参加专项施工方案审查、质量问题整改方案审查等技术管理环节,参加气田等各级主管部门组织的专项检查,以多种方式融入工程建设中,推动了工程建设的发展。

五、关联性分析监督检查

(一)关联分析监督法

监督检查工作需要挖掘问题产生的根源,从源头上防控质量问题的产生,也对常规的监督检查方式提出了挑战。施工质量管理是指导和控制某组织与质量有关的彼此协调的活动。施工过程中出现质量问题与施工质量管理存在的问题密不可分。通过施工质量问题寻找施工管理上的问题,并以此为抓手,可促进施工水平的整体提高。川渝工程质量监督站在龙王庙组工程建设中,采用关联分析监督法,对检查发现的问题进行进一步的追溯。监督人员对监督检查发现的表面质量问题,通过与相关人员细致交谈、查阅施工及管理记录、召开专题座谈会等方式进行深度的追踪和排查,以查询施工管理上的原因(表5-13)。

表5-13 施工质量问题分析表

序号	要素特征	工作要求
1	这是什么问题	详细描述质量问题以及违反的条款
2	为什么会发生这个问题	寻找问题产生的直接原因
3	在哪个环节可以避免问题的发生	寻找避免问题产生的关键工序或活动
4	在什么时候可以进行管理和控制	寻找避免问题产生的最后时间节点
5	谁来为这个问题承担责任	寻找问题的直接责任人
6	怎么样避免问题的再次发生	分析预防问题产生的有效措施

(二)关联分析监督的实践

开展对承包商质量管理状况的准确性评估,有利于质量管理工作的实施。质量问题的产生是多种因素推动的结果,单一的质量问题很难对承包商质量管理状况进行系统性分析和评价。为此,龙王庙组气藏开发通过设计质量检查表单,对某一个质量检查点进行纵向和横向的延伸检查。

例如,检查净化厂某一焊缝的外观质量超标,仅能判断出焊工技术水平和班组的施工质量三检制执行质量。采用关联分析表单检查,将对该焊口涉及的管道组对质量、焊材质量、钢管质量、焊接设备及焊接工器具、焊接工艺执行状况进行检查,对焊工人员资格、专业质量检查员资格、施工班组技术交底情况、近期施工质量三检制执行状况、施工质量部管理人员巡视检查状况等进行系统性检查。

以监督检查某一点为突破口,梳理各个质量要素符合性情况,初步分析出问题产生是偶然性因素还是多种原因造成的必然结果。

六、质量问题曝光和管理信息共享

(一)质量问题曝光栏警示

防止出现重大质量问题,消除质量隐患是监督管理的重点。虽然工程建设中出现质量问题是不可避免的,但提高对工程建设中存在的一般性质量问题警惕程度,防止质量问题进一步扩大是监督管理的重点内容之一。监督部门对工程中存在的质量问题实行分级处理,对于数量较多的一般性质量问题,采用质量问题曝光栏的方式进行处理。实践证明,曝光处理的方式效果明显。

现场作业员工是一般性质量问题的直接责任者。质量问题曝光栏设置在作业员工集中食宿区和施工现场休息区,以图文并茂方式展现施工中出现的质量问题,时刻提醒作业员工严格遵守施工工艺规程,提高质量合格率。同时,对一般性质量问题高发区域的质量管理人员、施工作业队及分包商进行曝光,促使其加强员工的管理。

(二)管理信息共享

一方面,监督部门对检查发现的质量问题进行通报,并对质量问题整改情况进行监督和指导;另一方面,监督部门对质量问题责任人和责任单位进行记录和统计,对质量管理松懈、质量管理人员不作为、现场操作人员不遵守工艺纪律操作等责任单位和责任人进行分类备案。监督部门定期或不定期将搜集整理的质量信息与建设单位、监理单位、EPC总承包商单位等相关质量管理人员共享,对责任单位和人员开展差异化监督检查。

七、橇装装置工程监督管理

在龙王庙组气藏开发天然气净化、单井集输等建设工程中,由于工艺流程相对固定,某个工艺目的橇装化施工、模块化建设成为工程建设的特点。龙王庙组气藏开发工程建设中橇装装置采用建设单位物资管理部门采购和EPC总承包单位采购两种方式。由于建设单位、EPC总承包采购单位对橇装工程的制造质量管控缺乏统一的标准,更多的借助于项目管理人的业务水平和工作经验,造成了对橇装化工程制造质量的管理参差不齐。物资采购、设备监造等管理人员对制造过程管控存在要点不明确,重点不突出,质量管理缺少针对性的问题。当橇装工程制造厂家质量保证体系运转不正常时,项目管理人员不能及时发现并处理相应的问题,易造成橇装工程制造质量降低或工期延误等问题,影响整个工程建设水平。

龙王庙组气藏开发将橇装装置工厂化制造纳入监督管理范畴。工程质量监督以橇装装置监造质量为抓手,以橇装装置制造质量为核心,对制造厂家采购的压力容器、管道组成件等原材料、设备进厂验收质量、按照设计文件和标准规范开展材质光谱半定量分析、阀门安装前压力试验等检验质量执行情况进行抽查;对橇装装置内静(动)设备安装质量、工艺管道安装电气仪表安装质量进行抽查;对管道焊接、焊缝返修、无损检测、焊后热处理和硬度检测、工艺管线试压、橇装装置防腐等质量关键工序进行核查。同时,对橇装装置制造厂质量管理体系运行情况进行核查、对监造单位重点环节审查、关键工序旁站、质量验收等履职质量进行抽查,对橇装装置整体出厂验收物资采购单位、监造单位、制造厂等各方责任主体履职质量进行监督。

质量监督部门从原材料验收、制造过程质量控制关键点监控、橇装化产品验收等方面开展质量监督工作,保障了橇装化工程的顺利实施。

第五节　龙王庙气藏开发 HSE 监督管理

一、监督模式

在龙王庙组气藏地面工程实施前,对该项目的监督工作进行系统性的策划和顶层设计。基于该项目的规模、实施周期、项目复杂程度、风险大小等主要因素,确定了龙王庙组气藏地面工程的 HSE 驻场监督遵循全面监督与重点监督相结合、监督检查与指导服务相结合、教育与惩戒相结合的原则。同时采取驻场监督与巡回监督相结合,以驻场监督为主,巡回监督为辅的模式,做好建设项目区域内的 HSE 监督工作,确保工程项目的安全施工。

为适应项目的实施周期长、复杂程度高和专业性强等特点,成立了龙王庙组气藏地面工程的 HSE 监督项目部,负责对该项目建设周期进行 HSE 监督。项目部设置在龙王庙组气藏地面工程的施工现场,开展连续性的现场办公,并随施工的进度和施工组织情况进行及时调整,以适应现场 HSE 监督工作开展的需要。项目部人员从分公司 HSE 监督机构中抽调监督经验丰富的专业监督人员组成,并根据工程项目进度进行适当调整和补充。HSE 监督项目部结合龙王庙地面建设工程的整体施工方案及相关文件,根据工程项目的进度及作业风险的阶段性特点,编制了《龙王庙气田龙王庙组气藏开发地面工程驻场 HSE 监督方案》,经审核批准后发布实施。

二、"多位一体"监督机制

该项目实施过程中,各级建设单位、属地单位及各责任主体均设置了 HSE 监督队伍或 HSE 监督岗位,在各自的区域内开展 HSE 监督工作。主要有公司、气矿、净化厂等各级 HSE 监督机构,同时龙王庙组气藏地面工程建设项目部、施工单位和监理单位等也有专职的 HSE

监督岗。

如何有效地引导各级监督力量,有序、高效地开展HSE监督工作是关键和难题。通过多次汇报和协调,分公司决定以分公司级的龙王庙组气藏地面工程HSE监督项目部为主导,协调和统筹区域内的各级HSE监督力量,统一开展HSE监督工作。其中各属地监督机构在各自属地区域内开展HSE监督工作,并接受分公司级监督机构的协调和统筹,监督结果定期上报;各单位的HSE监督岗,按照岗位职责,开展监督工作,并接受各属地单位HSE监督机构的协调和统筹,监督结果定期上报。

通过有效的统筹和协调,基本形成了分公司HSE监督中心、川中油气矿监督站、重庆净化厂监督站、建设项目部HSE监督岗、施工单位HSE监督岗、监理单位专职HSE监理工程师等"多位一体"的HSE监督(图5-28)。有效保证项目的HSE监督高效、有序地开展,为建设项目的安全实施奠定坚实基础。

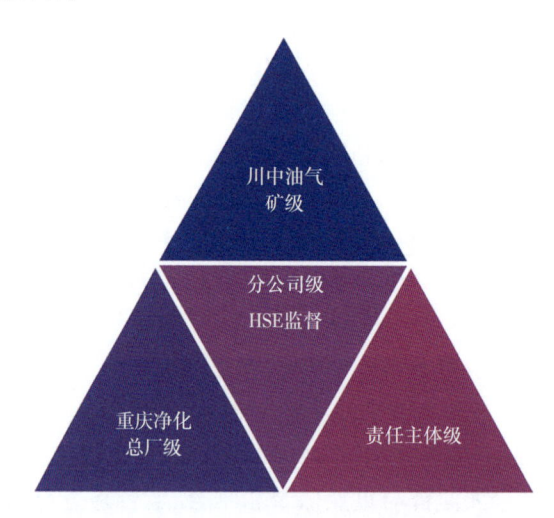

图5-28 龙王庙组气藏地面工程HSE监督力量

三、隐患分级处置机制

为实现现场问题的快速处置,针对不同性质和不同严重程度的问题和隐患,形成了不同的处置方式,确保问题和隐患得到及时、有效的处置。

通过定期对监督结果的分析,对现场整体的风险进行预警,从事后监督向事前监督转变,做到早前干预和风险提示,防范事故的发生(表5-14)。

表5-14 隐患分级处置

隐患类型	一般性问题	一般操作违章	严重操作违章	作业现场重大风险失控	风险预警	重大管理缺陷
处置方式	问题或隐患整改通知书	"Stop"卡	"三违"行为处罚通知书	HSE停工通知单	HSE风险警示	HSE警示通报

四、问题交流、沟通机制

对发现的问题,采取四级交流沟通方式,即现场沟通、办公室沟通、每周四检查情况沟通、每周一参加龙王庙建设例会沟通。

针对在龙王庙施工现场检查发现的高风险危害,HSE 监督中心第一时间在龙王庙建设例会上进行通报。促使项目建设单位和承包商及时解决存在的风险和隐患。

五、HSE 警示专栏

在龙王庙地面建设项目部设置了 HSE 监督警示栏(图 5-29),设置有 HSE 警示区、三违曝光区、安全经验分享区。

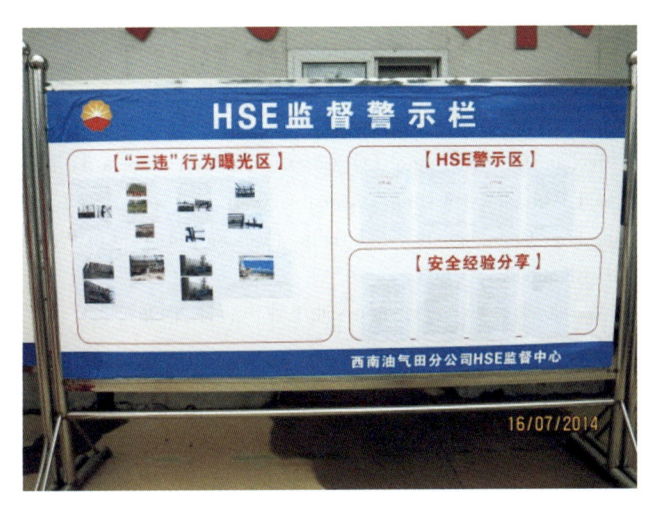

图 5-29　HSE 监督警示栏

将 HSE 警示通报和监督检查发现的典型问题公示,以示督促和警示。同时将分公司相关危险作业安全管理规定张贴在安全经验分享区,启发现场作业人员自觉执行安全规章制度,促进全员 HSE 意识的不断提高。

六、HSE 培训

积极开展承包商入场前的培训工作,参加培训的人员包括管理人员、专职 HSE 人员、作业人员,共开展 30 期入场培训,二次 HSE 监理专项培训,共计培训了 3001 人,培训合格率为 73.9%,其中培训管理人员 482 人,培训合格率为 85%,培训操作人员 2519 人,培训合格率为 68.9%,并对入场培训考试合格的 2220 名承包商人员发放了出入证,培训不合格人员禁止进入现场。

针对建设过程中个别施工单位在龙王庙施工现场违反公司"十条禁令"较多的情况,HSE 监督中心对其"三违"现象进行分析并提出整改建议,开展针对性的专项安全培训。如通过开展高处作业专项培训,使施工单位负责人加强现场管控,现场高处作业有较大改观,作业人员均采用全身式双挂钩安全带,有效地保证了移动过程中的安全;脚手架搭设较以前规范,作业层能及时铺设脚手板,避免站在管架上作业;主管廊架上都搭设了生命线,在管廊架上作业时安全带能够充分保障作业人员安全。

在龙王庙气藏地面建设项目中,各级监督机构严格认真履行 HSE 监督职责,开展巡检抽查和驻场全方位监督检查相结合的方式,把握了关键环节、重要节点的 HSE 监督检查,督促建设单位、监理单位和各参建单位规范现场管理,有效遏制了施工安全事故的发生,确保了龙王庙组气藏地面工程的顺利进行。

参 考 文 献

[1] 熊颖,陈大钧,王君,等.油气开采中 H_2S 腐蚀影响因素研究[J].石油化工腐蚀与防护,2007,24(6):17.

[2] 吕建华,关小军,徐洪庆,等.影响低合金钢抗 H_2S 腐蚀的因素[J].腐蚀科学与防护技术,2006,18(2):118-121.

[3] 赵平,安成强.H_2S 腐蚀的影响因素[J].全面腐蚀控制,2002,16(5):4.

[4] 刘烈炜,胡倩,郭汍.硫化氢对不锈钢表面钝化膜破坏的研究[J].中国腐蚀与防护学报,2002,22(1):22-26.

[5] Kun-Lin John Lee. A Mechanistic Modeling of CO_2 Corrosion of Mild Steel in the Presence of H_2S[D]. Texas: College of Engineering and Technology of Ohio University,2004.

[6] Sun J Y. Multiphase Slug Flow Characteristics and Their Effects on Corrosion in Pipelines[D]. Illinois: University of Minois at Urbana-Champaign, 1991.

[7] 李章亚.油气田腐蚀与防护技术手册[M].北京:石油工业出版社,1996.